湛庐CHEERS

与最聪明的人共同进化

HERE COMES EVERYBODY

追求精确

[英] 西蒙 · 温切斯特（Simon Winchester）著
曲博文 孙亚南 译

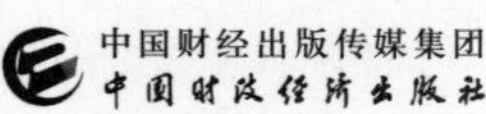

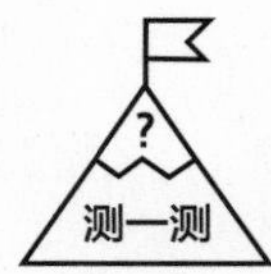

你对精密制造了解多少?

扫码激活这本书
获取你的专属福利

- 工程界公认的真正的精密工程之父是谁?

  A. 威廉 · 肖克利

  B. 约翰 · 威尔金森

  C. 亨利 · 莫兹利

  D. 约瑟夫 · 布拉马

扫码获取全部
测试题及答案,
测一测你对精密制造
了解多少

- 公差被定义为“机器工艺中允许存在的误差范围”，以下具有更低公差的是：

  A. 喷气式发动机

  B. 圆珠笔

  C. 鞋子

  D. 鱼雷的导航系统

- 在古埃及，人们在确定一个长度单位前，往往会测量法老前臂的长度，并以此为依据测量其他物品。后来人们逐渐接受了用法老的前臂作为测量距离的单位。这是真的吗?

  A. 真

  B. 假

扫描左侧二维码查看本书更多测试题

西蒙·温切斯特

SIMON WINCHESTER

精密制造先行者

大英帝国勋章获得者

从“水门事件”报道者到“大英帝国勋章”获得者、加拿大皇家地理学会院士

西蒙·温切斯特1944年出生于伦敦。从牛津大学地质系毕业后，他在非洲一家矿业公司担任地质研究员，却发现自己实际上是个“非常糟糕、无能的地质研究员”。一天晚上，在矿场的帐篷里，温切斯特读了简·莫里斯（Jan Morris）广受赞誉的历史文学作品，这立刻激发了温切斯特成为作家的愿望，他跳起来写信给莫里斯寻求职业建议。莫里斯很快回信，并敦促他在接到信的那一天就放弃地质学，去找一份给报纸写作的工作。不久之后，温切斯特就顺利地在英国一家报社找到了工作。

1969年，温切斯特加入《卫报》。最初是驻纽卡斯尔的代表，后来成为驻贝尔法斯特的通讯员，经常作为BBC电台的评论员和撰稿人出现在公众面前。1971年，他被提名为英国年度新闻人物。1972年，温切斯特成为《卫报》华盛顿特区通讯员，报道了理查德·尼克松总统下台、吉米·卡特总统上任等新闻，其中就包括举世哗然的“水门事件”。1982年春，温切斯特开始担任《星期日泰晤士报》海外特派员。

因为在新闻和文学上的卓越贡献，以及在地质学上的不断探索，温切斯特在2006年获得了由伊丽莎白二世女王亲自颁发的大英帝国勋章。2016年，荣获加拿大皇家地理学会劳伦斯·伯比勋章，并当选为院士。

屡登《纽约时报》《华尔街日报》榜首的畅销书作家，好莱坞巨制电影原作者

温切斯特第一部引起轰动的作品是1998年出版的《教授与疯子》。该书讲述的是《牛津英语词典》背后的故事，并从中揭示人的卑微与伟大。这本书出版之初，不管是出版方还是温切斯特本人，都没有对它抱有多大的期待，以至于首印量只有10 000册。而《教授与疯子》刚一上市，销量就迅速攀升，很快突破数百万册，并一举登上《纽约时报》畅销榜。2019年，此书被翻拍成电影上市，由好莱坞两大著名影星肖恩·潘和梅尔·吉布森领衔主演。即使在20多年后的今天，这本书的平装版和精装版仍然在不断重印。

2001年出版的《改变世界的地图》(*The Map That Changed the World*)，温切斯特从地质学家威廉·史密斯（William Smith）通过追踪化石得以绘制出联结整个世界的地图的传奇故事入手，使这本书再次成为《纽约时报》畅销榜的爆款。

2005年出版的《世界边缘的裂痕》(*A Crack in the Edge of the World*)，将人们重新带回1906年举世瞩目的旧金山大地震的现场，温切斯特以其特有的讲述方式和对地质学的独特理解，颠覆了我们看待世界的方式。

2010年出版的《大西洋的故事》，温切斯特则将故事置于人类知识进化的背景下，融合历史与轶事，地理与怀旧，科学与博览会，娓娓讲述大西洋的壮丽传奇。

精密制造先行者 照亮智能制造未来的“点火者”

温切斯特与精密制造结缘，始于他的父亲。温切斯特的父亲一生都从事精密机械工程师的工作。在他职业生涯的最后几年里，他还设计并制造了应用于鱼雷制导系统的微型发动机。虽然很多时候，温切斯特的父亲参与的工作都是保密的，但偶尔他也会偷偷地把温切斯特带到他的工厂里。温切斯特半是钦佩半是困惑地观察着那些精密的仪器，对精密制造的好奇心以及憧憬为他以后研究精密制造埋下了种子。

半个多世纪之后，时过境迁，但是玻璃工程师科林·波维（Colin Povey）的一封来信再次唤起了温切斯特对于精密制造的热情，他展示了精密制造是如何在经过 250 年的发展历程后达到顶峰的。在此之前，几乎所有需要一定精确度的设备和产品都通过某种物理运动来实现各自的功能：活塞起起落落；锁打开和关闭；步枪射击；缝纫机缝合布料，制作出卷边和镶边；自行车在车道上摇摆前行；汽车在公路上行驶；滚珠轴承旋转；火车呼啸着驶出隧道；飞机在空中飞行；望远镜展开；时钟滴嗒或嗡嗡作响，指针不断向前移动，从不后退，每动一下正好一秒。这项研究其实是一场对精密制造改变世界大问题的深刻探讨。

完美从时间中诞生，现代世界从精确中涌现，而人类社会也必然在精密制造下实现质的飞跃。

致我的岳母佐藤亚纪子女士

并深切怀念我的父亲

伯纳德·奥斯汀·威廉·温切斯特

一个真正的完美主义者

机器的循环过程如今到了尾声。在过去的三个世纪里，通过机器提供的严格秩序，以及对于实际可能性敏锐而坚定的把握，人类学到了很多东西。但是如同我们无法成功地在月球荒芜的表面生活一样，我们也无法继续在这个机器的世界中生活下去。[①]

——《城市文化》（*The Culture of Cities*）

我们必须像重视科学、发明创造和实务组织一样重视情感的激发、道德与美学价值的表达。否则，它们便无法发挥各自应有的作用。

——《生存的意义》（*Values for Survival*）

忘记该死的汽车，为爱人和朋友建造城市吧。

——《我的工作与生活》（*My Works and Days*）

以上内容选自

作家刘易斯·芒福德（Lewis Mumford）的著作

对于各位读者而言，最好将这些话铭记于心

---

①刘易斯·芒福德.城市文化［M］.宋俊岭，李翔宁，周鸣浩，译.北京：中国建筑工业出版社，2009.——译者注

坐在人类历史的滩头，窥探宇宙的边缘

田涛
华为管理顾问

“牛顿这冷冰冰的妖怪将宇宙描绘成一部机器，使人愈发觉得科学本质上是机械的”，这是我在《理念：卓越组织的原动力》一书中引用的一句话[①]。在阅读《追求精确》这部译著时，我看到了另一段话：“在精确度的历史上，晶体管的发明标志着运动的机械部件让位于静止的电子器件，牛顿将衣钵传给了爱因斯坦。”

在我少年至今的几十年阅读史上，《追求精确》属于百分之一那一类让我用心至深、用功最多、用时最长的一部书。我花了将近一个月的时间

①原文出自《银河系简史》，作者蒂莫西·费瑞斯，湖南科学技术出版社。

泛读了一遍，又精读了一遍，然后又抽读了一些精华章节，在做了 3 000 多字批注的基础上，又做了 1.2 万字的内容摘要，同时又给书中的 16 位人物做了每人百字左右的小传。

《追求精确》是一部 250 年精密制造的沧桑巨变史，是一部恢宏的机械交响史和一首激荡人心的智能制造交响曲，是关于人类不断逼近精确极限的创造史、创新史。

而牛顿与爱因斯坦则是这部宏大史剧的隐身编剧和导演。牛顿主宰了上半场，爱因斯坦主导了下半场。

“少了一个铁钉，失去了一个国家”

一切精确的起点，来源于一种对完美的信仰。质量还能更好吗？缺陷还能更小吗？功能还能更优吗？效率还能更高吗？ 250 年以来，一个叫作“公差”[①]的概念如黑色幽灵般，偏执而狂热地左右着一代代的天才与狂徒、工匠与技师、架构师与程序员，他们用“公差主义”重构世界，将人类带入现代性。

我 19 岁才知道什么是公差和量块，那时我是一家国营造纸厂的工人。在阅读《追求精确》这部书稿时，我曾几次和华为总裁任正非电话交流书中一些故事与观点，在讲到“公差”于工业革命、信息技术、人工智能的影响时，任正非告诉我：“我高中时读过作家草明的小说《乘风破浪》，那时就知道了公差，这本书给我的印象很深。”华为有今天之成就，追求“极

① “公差”指“机器工艺中允许的误差范围”。预先设定的可接受变量，便是公差。

小公差”应该是成功要素之一①。

公差绝对刚性，就像射出去的子弹，射手极微的一下抖动，将有可能决定一轮比赛、一场战争、一支军队的命运。战场赢在公差，市场赢在公差，国家间的竞争、企业间的竞争也在绝大程度上取决于公差，取决于公差所定义的武器的精良度、产品的精良度，取决于企业、军队和国家管理的精确性、系统性、通用性、可预测性、可检测性。

从 0.1 到 0.000 000 000 000 000 000 000 000 000 000 000 01，在这不断迭加的 0 的公差世界的背后，是开放与封闭、创新与停滞、理想主义与功利主义的竞跑，同时，也是企业与企业在管理文化上的较量。追求极致精确、极致精益，不仅是一种产品质量观，更是一种关乎企业存亡乃至国家兴衰的哲学观。

以芯片制造为例，精确度已经达到不可思议的程度。比如，制造芯片的光刻机的运行环境，其清洁度几乎是不真实的，每立方米空气中仅仅允

①所谓的“追求极小公差”，换个说法就是精密制造。华为的精密制造在全球科技制造企业中属于少数的领先者之一，这和华为过去 30 多年尤其是过去 20 年对大质量体系（包括质量文化、质量与教育、质量与人才、质量与组织管理、质量与供应链、质量与开放合作等等）的高度重视有绝大关系，华为总裁任正非从 1994 年至 2022 年关于产品质量的内部讲话整理稿和文件多达 20 万字以上，关于精密制造、智能制造的讲话整理稿和文件将近 8 万字，关于工匠、工匠精神的讲话整理稿和文件共 10 篇。华为从创立之初至今，始终把“产品质量是华为生存之魂”确定为一种最高律条。华为的精密制造体系也是坚持开放式学习的结果，向世界上一切先进的企业、优秀的对手、卓越的专家和人才学习，尤其是向德国和日本学习，学习和引进他们的质量管理哲学、管理文化和质量管理体系。自动化、数字化、智能化是华为精密制造的显性特征，而“人才密集型”则是它的内在特质，华为制造公司是由一批世界一流的技术专家和技术顾问、工程师和一流工匠、数百位世界一流大学毕业的博士生和博士后，以及几千位训练有素的技术工人构成的。

许含有10个大小不超过0.1微米的微粒。而“相比之下，生活在正常环境下的人类就像是游走在由空气和蒸汽构成的瘴气中，而这种瘴气的清洁度只是阿斯麦（ASML）[①]工厂内的房间清洁度的1/5 000 000。”——倘若不如此，一粒极微小的灰尘瞬间会毁掉数百块即将制成的芯片。

哈勃望远镜在被送入距地球380英里的轨道时，却由于主镜头上只有人类头发粗细的1/50的误差，使得它“经历了1 300天毫无意义的漂泊”，其原因仅仅是技术人员极微小的一个疏忽所致：矫正用的金属棒的盖子上少了一小块油漆。

1814年8月24日，英国军队将正在建设中的美国白宫付之一炬。美军的惨败，是因为那个年代，“美军的枪支是出了名的不可靠”，而英军的枪械依靠精密制造，实现了可互换零部件。

2015年，日本一家主流移动通信运营商在对华为产品进行认证时，一个微小细节给华为员工留下了深刻印象：质量认证专家在华为的制造车间，踩着梯子，戴着雪白的手套，检测几米高的门窗顶上是否有灰尘……

阿拉伯谚云：“少了一个铁钉，失去了一个国家。”多了一粒灰尘，也许会毁掉一家企业。

新的世界秩序，是由追求精确性塑造的

自由经济学家们欠失公平地把过去两百多年的人类经济发展大半归功

①荷兰阿斯麦公司（Advanced Semiconductor Material Lithography），全球最大的半导体设备制造商之一，向全球复杂的集成电路代工企业提供光刻机等领先的综合关键设备。

于亚当・斯密，就像把工业革命的桂冠赐予瓦特一样，殊不知，瓦特改进和发明了蒸汽机，但瓦特早期的蒸汽机基本上是靠另一个人非凡的技术能力才得以诞生的。这个人叫约翰・威尔金森（John Wilkinson），他是一位工匠，也是公认的“精密工程之父”。发明家瓦特的赫赫威名遮蔽了工匠威尔金森的伟大。

谁定义了现代世界？在一定意义上，自18世纪下半叶以来的世界秩序，是由精密制造塑造的。“精密制造是一个被刻意发明的概念，源于人类非常实际的需求”，同时亦源于人类征服世界、征服宇宙的野心。瓦特说：“大自然是有弱点的，只要我们能够找到它，便能对其加以应用。”瓦特与威尔金森，两颗睿智的大脑和两个热忱的灵魂，再加上两双灵敏的手，共同“让工业革命诞生了”。

生活在现代的人们，应该把对牛顿和爱因斯坦、亚当・斯密和凯恩斯同一殿堂的那些伟大科学家和思想家的至高崇敬，匀一部分出来给威尔金森、给约瑟夫・布拉马（Joseph Bramah）、给亨利・莫兹利（Henry Maudslay）、给亨利・罗伊斯（Henry Royce）、给亨利・福特（Henry Ford）、给威廉・肖克利（William Shockley）……正是威尔金森这位“可爱的疯子”，将公差控制到了0.01英寸，从此“精密制造的精灵从瓶子中钻出来了”，于是，250年波澜壮阔的技术创新史诗、工程进步史诗展开了，从蒸汽机到可互换零部件，从汽车到喷气式飞机，从哈勃望远镜到韦伯望远镜，到GPS，到芯片，到激光干涉引力波天文台，到时间和空间的度量、物体质量的度量……公差在200多年间，从0.01迈入0.000 000 000 000 000 000 000 000 000 000 01，并且还在持续缩小中。

精密制造和智能制造的一部辉煌史，背后是一部英雄史。莫兹利发明了车床，制造出了“一台推动历史前进的发动机”，是“工业时代的工具之母”，拿破仑是他一生中的“理想英雄”；伊莱·惠特尼（Eli Whitney），一个自大狂，奸商，欺诈者，江湖骗子，后来却成为美国精密制造的先驱者，与华盛顿、爱迪生、富兰克林等杰出人物并列出现在美国邮票中；亨利·罗伊斯①与亨利·福特，前者在他所制造的劳斯莱斯汽车上，实现了对机械之美的极致追求，时至今日，劳斯莱斯仍然是完美和超越一流的代名词。而后者，则以他所推动的全流程、全产业链的生产线，不仅改变了汽车工业，最终“改变了整个工业世界”，他是精密制造领域的“高效的革命家”；弗兰克·惠特尔（Frank Whittle），喷气式发动机的发明者和喷气式飞机的奠基者之一，他以 13 年的寂寞与坚韧，将人类思维从纯粹的机械世界转移到了超越时空的超凡世界，使得精密设计与精密工程，在航空领域发展至今，基本达到了人们能力的极限。威廉·肖克利，在 76 年前的 1947 年，首次公开了最早可用的晶体管，70 多年后，可以毫不夸张地讲，晶体管几乎统治了现代世界，现在，地球上正在运行的晶体管数量“比地球上所有树上的叶子还要多”，人类“从纯粹的机械和物理的世界进入了一个静止无声的宇宙”……

极小的会变成微观的，微观的会变成亚微观的，亚微观的可能会变成原子级的。精密制造大踏步地朝两极推进，宏观至宇宙，微观至原子。精密制造领域 250 年的“军备竞赛”，既是企业层面的，更是国家层面的。在很大程度上，在当代，哪家企业在精密制造、智能制造上领先，它就进入了全球产业的执牛耳者序列；哪个国家在精密制造、智能制造上领先，它就拥有了关于前沿技术标准的定义权和前沿产业方向上的话语权，以及

---

①亨利·罗伊斯，英国工程师和汽车设计师，1906 年与查尔斯·罗伊斯创立劳斯莱斯有限公司，以生产高级轿车和航空发动机闻名于世。

世界科技、经济、军事上的制高点地位[①]。

历史上，大部分的技术创新是军事需求推动的

军事是智能制造的引擎之一。当今世界的技术创新大部分是军事需求推动的，是少数人的“战争妄想症”推动的，是国家之间的军备竞赛推动的。这实在是人类世界的悲哀：我们今天所享有的一切舒适便捷，包括电子设备、医疗器械、跨时空旅行、跨时空信息交流，以及现代文明的方方面面，皆源于过往 300 年左右层出不穷的技术发明、技术创新，源于智能制造的加速度演进，源于公差的指数级缩小。然而，这些发明和创新背后的元驱动力之一却主要是国家之间的军事对抗。好无奈的悖论！

1776 年，铁匠大师约翰・威尔金森从一个硕大的实心金属块上钻出了一个空心圆柱体，从而开启了工业革命的新时代。但这种技术起因于制造枪炮，威尔金森发明的大炮参与了 18 世纪中叶英国的所有战争，包括美国的独立战争。威尔金森将他的火炮技术与瓦特的蒸汽机结合起来，军事发明才得以第一次大规模商业化，造福于人类。

从枪械开始，零部件实现了通用，“这是构成现代制造业的基石之一”。亨利・莫兹利在“精密机械制造”、“批量生产”和“实现完美平整度”方面的一系列发明，使得英国皇家海军在将近一个世纪拥有了“统治世界各大洋的能力”，并最终推动了全球航运业和贸易的蓬勃发展。

---

① 1978 年以来，中国以 40 年左右的时间迅速发展成为门类齐全、产业链相对完整的制造业大国，在船舶、航天、高铁、特高压、光伏发电、通信设备、大型工程设备、大型储电设备等精密设计和精密制造领域，过去几十年也有了非凡的进步。中国正在从制造大国逐渐努力迈入精密制造强国。

美国第二次独立战争期间，英军放火烧毁美国白宫的那一天，却注定了英美技术实力的转移和美国精密制造的崛起。落后就要挨打，善于自我批判和自我反思的美国精英阶层，以足够的自信和足够的谦卑，足够的激情和足够的忍耐，开始了向一切先进者、一切优秀的对手学习的漫长过程。37 年之后的 1851 年，英国在伦敦举办“万国工业博览会”，机械的澎湃动力和移山倒海的力量，无比夸张地张扬着“日不落帝国”无人比肩的技术和工业实力。但正是在浮华喧闹的宏大叙事中，一位来自美国的年轻人，花了 51 个小时，打开了英国锁匠约瑟夫・布拉马设计的一把锁。布拉马曾经向全世界的工匠发出公开挑战书:“谁要是能制造出撬开或打开这把锁的工具，他将得到 200 几尼的奖赏。”整整 60 年之后，大洋彼岸的一位美国人打开了这把“那个年代英国人极为痴迷的东西”。

这样一个象征性的细节，恐怕不仅仅具有象征性。

现代喷气式发动机的研究来自英国人弗兰克・惠特尔，他的身高约 1.52 米，“颇有卓别林的气质”，战争加速了他的发明从实验室走向天空，梦想与坚韧将他的“身高”拉长成了“巨人”。而当今引领航空制造的却是美国波音公司。

第一次和第二次世界大战，是传统精密制造与现代精密制造的分水岭，美国取代英国、法国和德国后来居上。

1973 年 5 月初的一个周末，一群美国空军军官讨论了 GPS 的架构轮廓，5 年后正式启用，最初是美国军方的最高机密之一。现在，全球经济社会运行的大部分都要依赖美国的 GPS、中国的北斗卫星导航系统、欧洲的伽利略系统和俄罗斯的格洛纳斯系统。

互联网、手机、传感器等最早的技术发明和应用都源于军事需求。今日的全球技术中心硅谷，之前被称为“国防谷”（Defense Valley），从 20 世纪 50 年代到 80 年代，硅谷的最大雇主是军工巨头洛克希德·马丁公司，著名的仙童半导体公司的第一个合同是为美国军队和美国国家航空航天局（NASA）制造芯片。

为什么大部分的技术创新、精密制造来自军事和军队需求？要言之：军队是与死亡对抗的组织，军事是与已知和未知的生死危机对抗的特殊领域，军队对精确性的要求是绝对刚性的。因此，军事和军队在技术创新和精密制造上的资本投入、人才投入以及其他投入从来是不计成本的。虽然军事技术研发在一定意义上并不适用于常规的“资产负债表”概念，然而，军事技术成果、精密制造向商业的大规模扩散所产生的经济社会晕轮效应，却具有无法估量的巨大价值。

一个人的灵光一闪，也许就是一个改变世界的时刻

危机，或者军事需求并非技术创新和智能制造的唯一驱动力。仰望星空是人类最古典的精神本能。人类来自丛林，恐惧如影随形地永远困扰着人类。但人类也是梦游者，梦想与想象力是人类区别于其他一切种群的文明胎记。危机是创新的胎盘，而关于自然与人、宇宙与人、不确定性与人的人类想象力则是科学发现、技术创新、智能制造的产婆。

坐在人类历史的滩头，窥探宇宙的边缘。天才的梦想家爱因斯坦曾经想象：遥远的浩瀚宇宙中所发生的事件会在时空结构的“湖面”引发涟漪，如果这些“涟漪”经过或穿过地球，就会使地球的形状发生改变，这即是著名的引力波理论。它既是爱因斯坦那硕大的脑瓜推理出来的，也是他那天马行空的大脑的奇幻想象。

他的推理和想象确定吗？宇宙真的像一座神奇的湖面，时而有一片片的石子掠过，并荡起由远而近、由强到弱的一簇簇“美丽的”涟漪吗？

激光干涉引力波天文台诞生了，它与战争无关，与军事和军队无关，在某种意义上，它只关乎人类的好奇心、想象力。

“科学是发现上帝密码的，技术发明是改写上帝密码的，精密制造是重构上帝密码的。”在我和一位智者交流《追求精确》一书中关于哈勃望远镜、韦伯望远镜，尤其是激光干涉引力波天文台这一部分的内容时，他冒出了上面这一段哲语。

激光干涉引力波天文台的建造，是为了观测宇宙“涟漪”是否真的存在，观察这种“涟漪”对地球的“冲击”是否会引起地球形状的微小改变。它做到了。

它不仅是对“爱因斯坦想象”的有力应答，也成功挑战了精密工程的最高精度极限，它同时是迄今为止人类多门类的科学发现、多学科的技术发明、多层面的精密设计和精密制造方法的集成，当然，也是人类那些仰望星空的精英群体的想象力的系统性展现。

一个人的灵光一闪，也许就是一个改变世界的时刻。

《追求精确》这本令人着迷的关于精密制造的“史书”的作者西蒙·温切斯特，还出版过另外一本令人着迷的书:《天才与狂徒》。两本书共同的特点是其严谨的专业水准，对技术发明史、精密制造工程史从宏观至微观的通透把握，而贯穿两本书始与终的主旋律则是人：奇奇怪怪的人，奇奇怪怪的天才，奇奇怪怪的疯子，奇奇怪怪的狂徒，奇奇怪怪的妄想症“患者”。作者还曾写过另一本书:《教授与疯子》[①]。

普遍而言，那些影响和改变世界的科学家、发明家、一流的教授和一流的工匠，大多是异常者：异常的个性，异端的思维，异类的行为，异于常人的想象力。任正非称其为“歪瓜裂枣”。

梦想家奠定世界历史的基调，“歪瓜裂枣”者总是在创造人类“物理和精神上的双重巅峰”。

摩尔定律: 智能制造时代的“魔笛”

“天体的运行由诸神决定”，人类的创造逻辑与创新进程是否人类自己能够掌控？

1965 年，36 岁的“仙童”工程师戈登·摩尔预言：关键电子元器件的尺寸每年会缩小一半，而计算速度和功率则会翻倍。“每年”后来修改为“每两年”。从此，摩尔定律成为集成电路领域的“圣经”：“不仅因为其正确性得到了验证，而且惊人地准确”。

戈登·摩尔是智能制造时代的“魔笛手”。

①写完这篇长序，我读了《教授与疯子》这本纪实小说，读到最后一页时我泪流满面。“两个永不言弃的 Loser”，依靠信仰、信念、探索精神与兴趣，把失败的人生遭遇扭转成了完全不同的结局，从而“为世界确立了一种新的秩序”。而世界也应该为他们更多保留和营造一种自由呼吸和生存的空间。创造一个宽松、宽容、宽厚的社会氛围、组织氛围，千万不可囿于出身、门第、地域、陈习陋规、教育背景、身心缺陷、完美主义教条等偏见，“杀死”各行各业、角角落落、各种各样的“非标人”、“偏态人”、异类和“歪瓜裂枣”，他们中也许（一定）蕴蓄着我们这个世界的非凡英雄、卓异天才、改变历史在某个领域进程的杰出人物……

1947 年，晶体管相当于小孩手掌那么大。1971 年，英特尔 4004 芯片上的晶体管间距为 10 微米，这块处理器上的 2 300 个晶体管之间的距离仅相当于雾滴大小。1985 年，英特尔 80386 芯片上的节点已经缩小到 1 微米，处理器上有超过 100 万个晶体管。随着芯片不断按照摩尔定律的魔笛跳舞，晶体管数量越来越多，节点距离也越来越小，纳米开始替代微米走上舞台，纳米是微米的 1/1 000。

在电子技术领域，纳米的数字越小，工艺和产品的精密度和精确度越先进。2016 年的布罗德威尔系列芯片，节点大小已相当于最小病毒的大小，每块硅片上包含不小于 70 亿个晶体管。2020 年推出的 5 纳米芯片居然容纳了多达 153 亿个晶体管，超过了人类大脑中的神经元数量（120 亿 ~140 亿）。5 纳米相当于头发的万分之一，一根头发大约有 6 万纳米宽。晶体管之间的间距正在迅速接近单个原子的直径。

芯片狂们的口头禅是：再来一次，再试一次！功率再增加一倍，尺寸再缩小一半。让“不可能”这个词“在芯片设计和制造这个行业变得无人提及，无人听闻，无人理睬”。英特尔的研究人员在 2022 年的 IEEE 电子设备协会上宣布最新的研究成果：通过改进芯片封装技术，在 2030 年前，芯片性能将达到当前最先进芯片的 10 倍。

在科学发现、技术发明和精密制造的世界里，追求精确已经成为一种信仰。精确是对不确定性的探索与征服。信仰是什么？相信了并仰望之。环绕精密制造上下左右的科学疯子、技术狂人、工匠“傻子”们对“摩尔定律”信而仰之，摩尔定律就成了一种“亚宗教”。《圣经》里的上帝耶和华，就是一位热衷创造的设计师、痴迷创新的建筑师和“宇宙第一”的程序员。

摩尔定律出现后，人类社会似乎已很难产生牛顿、爱因斯坦这类“半神半人”“半人半神”的孤胆英雄了，科学发现、技术发明越来越走向群体协作，每个“恒星”的周围都环聚着一群璀璨的“行星”，而精密制造从一开始就是一种天才、疯子与“呆子”的群体合作，始终呈现出的是一种系统力量。

当今人类的科技与经济，不仅徜徉于摩尔定律支配下的集成电路时代，隐约可见的是，“集成”已成为一种前所未见的大趋势。大规模的思想集成、大规模的创意集成、大规模的想象力集成、大规模的数据集成、大规模的算力集成、大规模的资本集成，将会使“摩尔定律”泛在化——人类的创造活动、创新活动将变得越来越可预期、可实现、可“想象力变现”。

20 世纪下半叶以来，为什么世界上最富有的人大多集中于信息技术产业？资本与人才的集成效应使然。从 21 世纪 10 年始，资本瀑布与人才瀑布开始大规模朝着人工智能的方向集成和奔泻。几乎在与威廉·肖克利发明晶体管的同一时间，又一位“半人半神”的科学家艾伦·图灵提出了图灵实验，用于判定机器是否拥有智能，因之，他被公认为“人工智能之父”。将近 80 年以来，人工智能的发展先是如小河小溪，接着大江奔腾，到如今已进入江河湖海大合唱的时代。

当集成电路到达一种普遍公认的极限时，摩尔定律会否在人工智能这个既令人无比激动又无比恐惧的领域成为统治者？或许，摩尔定律在集成电路领域既能突破原子极限，为人工智能提供更加不可思议的算力，同时在人工智能领域吹响“魔笛”，成为集成电路和人工智能的“双统治者”，那么，它会将人类引向何方？置于何地？

细思极恐的也许真正是：在摩尔定律这部“圣经”中，谁将是未来

“统治者的统治者”？谁将是未来社会的“新上帝”？是 AI 吗？还是人类？

大海深处，正在喷发的火山口，挤满了沸腾喧嚣的力量。

关于追求精确、关于人工智能的悖论思考

威尔金森、布拉马、莫兹利、肖克利等历史人物赋予我们要不断提高精确度的观念，我们是否应该毫无保留地崇敬和感谢他们？“在更广阔的世界里，人们是不是过于看重精确度了？”

科学技术与精密制造给现代人类带来了巨大福祉，但我们是否意识到，它背后的驱动力之一源自军事需求？源自少数国家和少数人的战争妄想症？人们追求确定性，但人类今天和未来的命运却越来越处于一种不确定的“悬湖”状态。

现代性的二元性：今天的人们对极致精确和极致完美有着近乎病态的追求，另一方面却是“对不完美的挥之不去的喜爱”。我们有否能够从这种两极分裂的精神和物质需求之中找到一种均衡状态？找到第三种生存方式？

当类似 ChatGPT 这种通用人工智能被摩尔定律所定义、所牵引、所控制时，对人类而言，福兮祸兮？人类是否在能力上、道德上、意志上、心理上，以及整个精神上对这种“一半天使，一半魔鬼”的“新物种”有足够充分而坚厚的准备？

……

2023.2.23 于北京

目 录

精密制造的历史

科学的目的不是打开无穷智慧的大门，而是在无休止的谬误前面划一道界线。[①]

——贝托尔持·布莱希特（Bertolt Brecht）
《伽利略传》（*Life of Galileo*）

当时，我们正要坐下来吃晚餐，父亲突然一脸神秘地说要给我看点东西。他打开公文包，从中抽出一个尺寸不小且明显很重的木盒子。

那是 20 世纪 50 年代中期一个令人厌恶的伦敦冬夜，当时整个城市被笼罩在寒冷的淡黄色烟雾之下。那年我大约 10 岁，不久前刚从寄宿学校

①贝托尔特·布莱希特.伽利略传［M］.丁扬忠，译.上海：上海译文出版社，2011.——译者注

回家过圣诞节。父亲也从位于伦敦北部的工厂赶回了家，进门时，他的军大衣肩头落满了工厂的灰尘。父亲拂了拂双肩，之后便叼着烟斗站在烧煤的火炉前取暖，而母亲则在厨房忙碌着，很快便将菜肴端进了餐厅。就在这时，那个盒子第一次出现在了我面前。

即使这已是几十年前的事了，我仍很清楚地记得这个盒子。盒子长和宽约 10 英寸①，高 3 英寸，跟饼干盒差不多大。盒子由橡木制成，周身裹着清漆，虽然饱经沧桑，但由于保养得当，依旧保持着精美的气质。在盒子顶部的黄铜牌子上，刻着父亲的名字首字母和称谓：B. A. W. 温切斯特先生。与我用来放置铅笔和蜡笔的那个不起眼的松木铅笔盒一样，这个盒子的顶部也可以滑动打开，开口处有一个小的黄铜搭扣，搭扣处还有一个小洞，只用一根手指就可以打开它。

这个盒子是父亲亲手制作的。盒子有着一层厚厚的天鹅绒衬里，里面分割出一些凹槽，凹槽内牢牢固定着一些高度抛光的金属块，其中一部分是立方体，大多数是长方体，形状就像小型平板电脑、多米诺骨牌或铁锭。每个金属块的表面都刻着一个数字，而几乎每个数字都带有一个小数点，如 0.175、0.735 或 1.300。父亲小心翼翼地放下盒子，随后点燃了他的烟斗，盒子里那 100 多块神秘的金属映着炉火，闪闪发光。

父亲拿出其中最大的两块，放在亚麻桌布上。就在这时，母亲从厨房狐疑地探出身来看了一眼。在母亲看来，这个东西肯定又像之前父亲从车间带回家给我看的那些玩意儿一样，表面覆盖着一层薄薄的机油。母亲恼

---

① 1 英寸约等于 2.5 厘米。本书主题是“精确”，书中涉及精确度、误差和公差等描述的单位均保留英制单位。——编者注

怒地叫了一声后，又扭头返回了厨房。母亲来自比利时根特（Ghent），是一位十分挑剔的女士，她生活中的大部分时间都扮演着家庭主妇的角色，因此一尘不染的亚麻桌布和花边对她来说意义重大。

父亲拿出金属块让我细看。他说，这些金属块是由高碳不锈钢或一种添加了铬和钨的坚硬合金制成的，完全不带磁性。为了验证自己的说法，父亲把桌布上的两个金属块推到了一起。结果，桌布上留下了一条明显的油迹，估计这会进一步激怒母亲。父亲说的是真的，金属块既没有相互吸引，也没有相互排斥。这时父亲对我说，把这些金属块拿起来，一手一个。于是我用手托起了金属块，像是在掂量它们有多重一样。这些冰冷的金属块虽然沉甸甸的，但在制作上却颇为精致。

接着，父亲从我手中拿走了金属块，并迅速把它们放回了桌子上，这次是将一个金属块摞在另一个上面。父亲让我把上面的那个金属块拿起来，并强调只拿最上面的那个。于是，我伸出一只手，按照父亲的建议尝试了一下。可没想到，下面的那个金属块紧贴着上面的金属块也一并被我拿了起来。

父亲笑了。他让我把它们分开。我用力拉了拉下面的那块，然而两个金属块纹丝未动。父亲鼓励我再使点儿劲。我又试了一次，但两个金属块依旧严丝合缝地黏在一起，丝毫没有要分开的迹象。这两个长方形的金属块似乎在与我较着劲，它们寸步不让，像是被胶粘住或被焊接在了一起一样，抑或已经成功地合二为一了。现在，在这两个金属块之间，我连条缝隙都看不到了，金属块的边缘甚至都模糊了，好像一块已经完全成了另一块的一部分。即便如此，我还是一次接一次地尝试着。

很快我便汗流浃背，母亲此时也从厨房里出来，她越发不耐烦了。父亲只好把烟斗放在一边，脱下外套，开始帮忙端食物。未被分开的金属块就这样被我摆在父亲的玻璃水杯旁边，它们仿佛在嘲笑着我失败的尝试。晚餐时，我问父亲能否再试一次，父亲回答说不需要。只见他把两个金属块拿起来，手腕轻轻一转，就让一个金属块从另一个金属块的侧面滑了下来。两个金属块就这样被分开了，整个过程轻松而优雅。我惊讶地张大了嘴，毕竟从一个孩子的视角来看，父亲刚刚所做的一切，无异于变魔术。

父亲向我解释说，这并不是魔术。两个金属块的六个面都是无可挑剔的平面，它们如此平滑，几乎没有任何凹凸不平的地方。因此，当两个面合在一起时，空气根本无法进入，而两个面上的分子也会彼此合在一起，直至密不可分的程度。尽管还没有人知道这种现象产生的确切原因，但使两个面分开的唯一办法却很简单：一拧就开了。

父亲的兴致越来越高昂，其中所蕴含的激情是我一直都欣赏的。他极为自豪地说，像这样的金属块，可能是有史以来最精密的物件了，它们被称为量块或“约翰松规”。自瑞典科学家卡尔·爱德华·约翰松（Carl Edvard Johansson）发明量块以来，量块一直用于测量，甚至用来测量最微小的公差，而生产量块的人，更是机械工程领域的巨擘。父亲告诉我，这些量块都是珍贵的东西，他之所以展示给我看，是因为它们在他的生命中扮演着不可小觑的角色。

说完，父亲渐渐平静下来，小心地把量块放回带天鹅绒衬里的木箱里。晚饭后，他又点燃了烟斗，随后便在火炉旁睡着了。

齿轮的制造

父亲一生都从事精密机械工程师的工作。在他职业生涯的最后几年里，他还设计并制造了应用于鱼雷制导系统的微型发动机。父亲参与的这些工作大部分都是保密的，但偶尔他也会偷偷地把我带到他的工厂里。我半是钦佩半是困惑地观察着那些精密的仪器，有的仪器是为微小的黄铜齿轮切割齿槽的，有的是用来抛光跟头发丝一般粗细的钢轴的，还有的是一些只有普通火柴头那么大、缠绕着铜线圈的电磁铁。

我记得自己曾经特别享受和父亲最欣赏的一位工匠待在一起。他是一位穿着棕色实验服的长者，和父亲一样总是含着烟斗，不过在工作的时候，他从来不会把烟斗点燃。每当这位工匠坐在一台昂贵的、有着特别用处的德国生产的车床前，他都会紧皱着眉头，死死地盯着眼前飞速运转着的精密仪器。与此同时，奶油质地的润滑油正源源不断地流向车床。

我看见仪器如同敏捷的猎鹰一般，叼起一个小小的黄铜销钉，然后带着它旋转着掠过细小的铜线圈的边缘。这些仪器如同被施了咒语一般独自工作着，不一会儿，面前金属盘的边缘便出现了一排新切割出来的轮齿[①]。

接着，机器停转了一会儿。这时候，我从一大堆相互连接的运转工件中，发现了一些精致的碳化钨工具。很快，这些工具便与别的工件一起，继续引导车床主轴进行旋转和切削的工作。被切割出来的轮齿现在正在被打磨、弯曲、开槽和倒角[②]，机器的放大镜显示了铣刀是如何改变轮齿边缘的。

不一会儿，伴随着轻微的响声，飞速旋转的机器停止了，黄铜柱像火

①齿轮上的每一个呈辐射状排列并用于持续啮合的凸起部分。——编者注

②倒角指的是把工件的棱角切削成一定斜面的加工程序。倒角是为了去除零件上因机械加工产生的毛刺以及便于零件装配，工人一般会在零件端部做出倒角。——译者注

腿肠一样被切成无数小薄片；接着，夹具松开了，过滤器带着一组 20 多个闪闪发光的齿轮从润滑油中升了起来，每个齿轮的厚度不超过 1 毫米，而直径最多也只有 1 厘米，真是不可思议！

接着，一个隐藏的杠杆将这些齿轮从车床抛掷出来，放到一个托盘上。在这里，齿轮与主轴衔接，从而能够悄无声息地转动鱼雷上的方向舵，或是改变鱼雷马达上螺丝的螺距，使鱼雷这种高爆的水下兵器在陀螺仪的帮助下，得以克服大洋深处不可预测的海水波动，最终能平稳地直奔敌人的舰艇。

这时，这位老工匠慷慨地决定，皇家海军可以从这批新的齿轮中选择一个赠送给我。只见他拿起一双钢制的针鼻钳，从奶油质地的润滑油中取出了一个样品，用清水冲洗了一下后，自豪地把齿轮递给了我。随后他惬意地坐下来，大功告成似的微笑着，心满意足地点燃了一直含在嘴里的烟斗。对我而言，小齿轮是一件特别的礼物。如果送我齿轮的人是父亲，他一定会说，小齿轮会提醒我曾造访过这里，只要看到这个齿轮，这份记忆便会像齿轮的轮齿一样清晰。

为什么不写一本关于精密制造历史的书

就像那位老工匠一样，父亲也为这份工作感到非常自豪。他之所以认为这份工作很重要，是因为把一大块不规则的金属变成美丽而实用的物体确实是一份非常值得投入时间和精力的工作。当每一个金属工件都经过精心地加工，并被安装在所有你能想到的地方时，父亲和他的同事们都会乐在其中。父亲所在的工厂生产了各种各样的装置，从装配武器开始，到后来生产民用汽车的配件。父亲制造的工件上过风扇，下过矿井；驱动过切割钻石的利刃，也带动过碾碎咖啡豆的重锤；还曾被镶嵌在显微镜、气压计、照相机和时钟里。可父亲懊恼地对我说，他没做过手表，只做过台式时钟、精密航海表以及立式大摆钟。在这些器具里，父亲生产的齿轮守望着时光，耐心地与月相保持着同步，并在数不清的走廊的高处，引导着指针指向其应指的数字。

父亲带回家的器具中，有的甚至比量块更精密，但没有量块那么神奇，不过它们都带有超平滑的加工表面。父亲拿这些东西主要是为了逗我开心，可在餐桌上展示它们总会激怒母亲。因为这些器具包裹在油性的棕色蜡纸里，上面的油点子会落在桌布上。“你能把它放在报纸上吗？”母亲大喊。但这通常是徒劳的，因为往往在那时，那件器具已经被父亲放在餐桌上，正在餐厅灯光的照耀下闪闪发光。也许这是一件小型光学测距仪，它的旋转测距钮已经调试好了，它那准备转动的曲柄已经连接好了，它的玻璃透镜也已经准备好演示了。

父亲对装配精良的汽车有着极大的迷恋和崇敬，尤其是那些由劳斯莱斯公司制造的汽车。这些高贵奢华的机器与其说是代表了车主的社会地位，不如说是代表了制造者的精湛技艺和匠心。父亲曾被允许参观汽车装配线，并拜访车间的工作人员。他专门花了一段时间与发动机曲轴的生产团队交流。其中使我父亲感到最惊讶的是，那些好几十斤重的曲轴，竟然都是手工打造的，而且平衡性非常好。一旦这些曲轴在实验台上旋转起来，它们就丝毫没有要停下来的意思，这是因为曲轴每一部分的重量都分毫不差地保持着均衡。

父亲对我说，如果没有摩擦，一个劳斯莱斯第五代幻影的曲轴一旦开始转动，就可以永远地旋转下去。这次谈话后，父亲让我试着设计一台属于我自己的永动机。后来证实，这是一个我浪费了许多个小时和数百张草稿纸却永远无法实现的白日梦。那时的我只对热力学前两个定律有很模糊的理解，因此并没有意识到这是一个永远无法完成的挑战。

就这样，我与这些有趣的机器一起度过了许多幸福的时光。时过境迁，我的童年时代已经过去半个多世纪了，但是那些美好的记忆依旧让我对精密制造保持着憧憬。2011 年春天的一个下午，我出乎意料地收到了来自佛罗里达州清水镇的一封陌生的电子邮件，它的主题是“一个建议”，在邮件的第一段开头，发件人就直截了当地问我：“为什么不写一本关于精密制造历史的书呢？”

给我写信的人叫科林・波维（Colin Povey），是一个玻璃工程师，他工作的主要任务是制作玻璃材质的科学仪器。[①]波维先生在信中表示，虽然很多时候人们都不会关注到这个事实，但精密制造是现代社会必不可少的一部分。人们都知道，机器的各项参数必须是精确的，那些对人们而言重要的物品，如相机、手机、电脑、自行车、汽车、洗碗机、圆珠笔等，里面的零件都需要互相匹配，才可能完美运转。我们可能都认为，细节越是精密的产品，越是好东西。在人们看来，精确度就像氧气或语言一样是理所当然存在的，但在很大程度上，人们却注意不到这种精确度，因为人们无法想象它，也很少能恰当地讨论它，至少对于普通人来说是这样。然而，机械精密而精确的特性是其客观存在的特质，这种特质是现代性的一

---

①玻璃工程师专门负责生产结构精细、复杂的玻璃仪器，主要用于化学实验。在这一领域有一本杂志叫《融合》（*Fusion*），这个领域的工程师还会定期举办论坛。其中有一位值得一提的杰出人物，名叫大野贡（Mitsugi Ohno），是一位日籍美国移民，生前主要在美国堪萨斯州立大学工作（已于 1999 年去世，享年 73 岁）。大野先生收集了大量精致的玻璃船只模型和标志性的美国建筑遗址模型，这些模型目前藏于堪萨斯州立大学位于曼哈顿镇的主校区。大野先生最著名的事迹之一是，他找到了一种吹制克莱因瓶的方法。克莱因瓶是一种向内侧弯曲的容器，就像一个三维版本的莫比乌斯带，它的神奇之处在于，整个瓶子只有一个表面。

个基本方面，这种现代性使现代社会成为可能。

当然，精密制造也是有开端的，它有一个明确的诞生日期。精密制造是随着时间的推移而发展起来的，它经历了成长、改良和进化的过程。一些人认为精密制造的未来是十分清晰的，但也有一些人对此并不赞同。要想把精密制造本身，或者说精密制造的发展轨迹讲清楚的话，那么可以这样说：精密制造的发展轨迹更可能是一条抛物线，而不是一条无限延伸的直线。然而，无论精密制造是以何种模式发展起来的，讲述其故事都不难，究其原因，可以借用影视制作行业常说的一句话："有一条贯穿始终的剧情主线。"

波维先生说，以上便是他对精密制造的理解。此外，在波维先生提出这些想法的背后，也有一个他个人的原因。为了说明这一点，波维先生告诉了我下面的故事。

老波维先生的故事

老波维先生，也就是波维先生的父亲，年轻时是一名英国士兵。周围的人都觉得老波维先生算得上是个古怪的人。比如，他为了逃避英国圣公会每周日的义务服务，宁可在表格中把自己勾选为印度教徒。老波维先生可不想蹲在战壕里战斗，于是他加入了英国皇家陆军军需部队（Royal Army Ordnance Corps），该部队负责向前线提供所需的武器、弹药和装甲车辆。①

①从那以后，英国皇家陆军军需部队的职能就扩大了。现在，它甚至还经营着军队的洗衣店和流动浴室，并且负责军队所有正式场合的摄影工作。

在部队培训期间，老波维先生学习了拆弹技术和相关知识，并逐渐在机械工程与工艺方面崭露头角。因此上级决定，于 1940 年将老波维先生派往英国驻美国大使馆。当然，这是秘密进行的，老波维先生只能穿着便衣低调行事。毕竟在 1940 年，美国还没有正式参加第二次世界大战。老波维先生的职责主要是与美国弹药制造商联系，以采购适合英国部队在前线使用的武器和弹药。

1942 年，老波维先生被赋予了一项特殊的任务。美国制造的反坦克炮的炮弹，在用于英国自己生产的火炮时，部分炮弹会出现卡弹现象，而老波维先生的任务，就是查明原因。接到任务后，老波维先生迅速乘火车前往美国底特律，考察了那里的弹药制造商，在那里他花了几周的时间费力地测量了一批又一批炮弹。可令他懊恼的是，这里生产的每一批炮弹，都可以完美地装填在对应口径的火炮炮膛中，可以说做到了绝对精确。老波维先生告诉他在伦敦的上级，炮弹的生产过程并不存在任何纰漏。因此，上级命令老波维先生一路跟随弹药运输队，直到炮弹被移交到北非的前线指挥官手里，在此期间继续调查北非战场上那令人恼火的炮弹哑火问题。

老波维先生拖着他那装着测量设备的大皮箱，迅速奔赴美国东海岸。在那里，他乘坐满载弹药的运输列车，缓缓地穿过美国东部的山川河流，直到抵达弹药运输的中转站费城。每天，老波维先生都会测量炮弹，可他发现无论是炮弹的弹体还是外壳，都完美地符合它们设计时的参数，每个铁路仓库中的炮弹，都像刚下生产线时那样，能与火炮的炮膛完美契合。随后，老波维先生登上了运送弹药的货轮。

在货轮上的经历是老波维先生的一次历练之旅。这艘船在航行途中抛锚了，而护卫这艘货轮一同驶向前线的驱逐舰只得抛下了它。缺乏护航使得这艘货轮非常容易遭到德国潜艇的袭击，与此同时，这艘货轮又陷入了一场海洋风暴，翻滚的海面使所有船员都出现了严重的晕船症状。但正是这种极端的测试环境，帮助老波维先生最终找到了炮弹哑火的原因。

事实证明，运输船的严重颠簸确实导致一些炮弹受损。炮弹通常被堆放在货舱深处的板条箱里，当货轮在风暴中颠簸时，那些堆叠在边缘的板条箱就会撞到货舱两侧的墙壁。在一次又一次的撞击中，就可能出现炮弹尖端，也就是弹头，撞上货舱舱壁的情况。那些倒霉的弹头可能会被向后推入炮弹后部的黄铜装药筒里，虽然这也许只会带来几毫米的形变，但是这种碰撞如果重复多次，就会导致装药筒外壳变形、炮弹边缘膨胀。虽然这种改变非常轻微，肉眼几乎难以察觉，但这依然逃不过量具的"眼睛"，比如老波维先生行李中的千分尺（或者我们可以叫它螺旋测微器）和量块就能检测到这样的变化。

一旦船只靠岸，装卸工人就会卸下板条箱，拆散开成箱的炮弹，并配发给前线的各个团，没有人知道炮弹之前的摆放顺序，也没人清楚哪个炮弹来自哪个板条箱，在颠簸中变形了的炮弹会被随机分配至前线，随后就会出现前线炮弹无法精确装填的问题。这样一来，也就解释了为什么前线的火炮会随机出现卡弹的现象。

这是一个非常准确的判断，而且老波维先生还不忘提供一个简单的解决方案：只要底特律的工厂加固一下弹药箱的纸板和木料，那么由于运输船颠簸导致的炮弹外壳变形和反坦克火炮的卡弹问题就会全部得以解决。

老波维先生用电报把他的见闻和建议发往了伦敦。很快，老波维先生就被政府视为英雄，但也没过多久，他的英雄事迹就被淹没在前线炮火纷飞的战况中。此后老波维先生没有接到过什么新的命令，他离开了位于华盛顿的办公驻地，在外派这段漫长的时期，他也得到了相当可观的津贴。

老波维先生在撒哈拉沙漠中工作时想必是热火朝天的。然而，此时故事有了点小小的转折。老波维先生似乎受够了长时间的“沙漠狂欢”，在享受了几周的灼热阳光后，老波维先生觉得他确实需要回到美国了。老波维先生用 11 瓶苏格兰威士忌帮助自己成功从埃及的开罗转移到了美国的迈阿密。在开罗，老波维先生从一个临时机场出发。他在那里见识到的异域风情，不亚于之前他在廷巴克图[①]古代遗迹短途停留时的所见所闻。接下来，从迈阿密到华盛顿就是一段十分轻松的旅途了。

没想到回到华盛顿后，老波维先生又得知了一个令人沮丧的消息。由于他已经离开美国很长一段时间，并且与上级没有任何通信，当局已经宣布他失踪，并推定他已经死亡。属于老波维先生的那些特权被取消了，他办公室的衣柜换了新主人，衣柜里原本属于他的衣服，尺寸也变了，看样子衣柜的新主人是一个小个子。

老波维先生花了一段时间才把这个尴尬的烂摊子收拾好。最终一切基本恢复正常时，老波维先生又发现，他曾经隶属的负责军械的部门，现在已经全部转移到费城去了。老波维先生没有犹豫，很快也跟着去了费城。

在那里，老波维先生遇见了他们部门的美国秘书，并很快坠入爱河，随后结婚。老波维先生似乎从未遵守过他印在胸牌上的印度教教义，后

---

①廷巴克图位于撒哈拉沙漠中心一个叫作“尼日尔河之岸”的地方，距尼日尔河 7 千米，为图阿雷格人所建。——译者注

来，他一直生活在美国。

最后，给我写信的人笔锋一转写道："故事里的那位秘书是我的母亲，我之所以存在，完全是因为精确度对武器而言至关重要。"这就是为什么他希望我一定要写这本书。

什么是精确

在我们深入研究精密制造的历史之前，首先需要提及有关精确[①]的两个特定方面。第一，精确在人们的现代交谈中无处不在。**事实上，精确是我们现代社会、商业、科学、机械和文化景观中不可或缺的组成部分，已经彻底地渗透到我们的生活中。**然而，具有讽刺意味的是我要说的第二点，我们大多数人在生活中对精确的理解，并不适用于精密制造中的这一概念。我们未必完全理解什么是精确的意涵，以及其他与"精确"听起来类似的概念，比如"准确"等近义词，或是口语中的"恰到好处""完全正确"这些概念的分量，与"精确"有什么不同。

精确在日常生活中是无处不在的，只要稍稍环顾四周，你就能找到有说服力的答案。例如，当你翻看咖啡桌上的杂志，特别是广告页时，在短短几分钟内，你就可以从广告页的产品中构建一个粗略的时间表，以享受充满"精确"的每一天。

你的一天从使用高露洁精确净白牙刷开始。如果你能对洗护产品做出明智的选择，那么你会始终关注吉列产品线上的最新产品，这样你只需轻

①根据汉语语境，原文中的 precision 均翻译为"精确"，accuracy 均翻译为"准确"。——译者注

松推动你的剃须刀，就能依靠吉列五刀头剃须刀和博朗精确毛发清理套装，把你的山羊胡和髭胡清理干净。当然，在与新对象第一次约会前，如果你的肱二头肌上有任何与前任相关的文身，一定要确保已经用广告里推荐的那台精确激光文身清除仪清除干净了。

一旦你消除了往日的痕迹，以焕然一新的面貌展示自己，那么你就可以用芬达精确低音吉他为你的新对象演奏一首小夜曲；在给你的车安装了一套新的带有辐射沟槽状纹理的、有白纸黑字投保的火石牌精确雪地轮胎后，你便可以带她在高速公路上来一场安全的冬季兜风，这样你就可以凭借对大众汽车的精确泊车辅助系统的熟练运用，给她留下成熟稳重的深刻印象；最后你带她上楼，打开斯科特精确收录机，这台设备将为总部位于芝加哥的斯科特变压器公司（Scott Transformer Company）取得的创世界纪录的成就增添庄严的色彩。当然，这则有关收录机的广告也许是很多年以前的，毕竟随便一个咖啡桌上的杂志未必都是最新的一期。

随后，如果你家庭院里的雪已经提前铲好了，你便可以启用你家后院里的“大绿蛋”精确控温户外烤炉来制备晚餐；而当你加工食材时，被精确技术解放出来的意识可以神游远方，或许当你神游到家附近的田地时，会看到那里刚刚播种了约翰逊精确农业技术出品的“精确玉米”；最后，无论今天晚上你要经历宿醉、彻夜笙歌抑或是一些生理上的不适，都会有纽约长老会医院（NewYork-Presbyterian Hospital）新推出的精确医疗服务来应对你的后顾之忧。

从咖啡桌上随便一张报纸里，找出这些把“精确”当噱头的例子根本用不了多长时间。例如，我看到英国小说家希拉里·曼特尔（Hilary Mantel）曾经把当时还未成为英国王妃的尼·凯特·米德尔顿（née Kate Middleton）的外表描述得非常完美，说她似乎是由“精密制造的机器加工而成的”。这样的描述既没有得到拥护英国王室的人们的欢迎，也没有得到工程师的欣赏，因为剑桥公爵夫人[①]的完美容颜与精密制造无关。实际上，任何一个人的外表都是由先天基因和后天教养所赋予的，完全没有精确可言。

在上述所有例子中，“精确”相对于“准确”是一个更好的词。在特定的商业广告语境下，“精确”一词往往是更好的选择，比如“准确的激光文身去除技术”听起来似乎不那么令人放心；一辆拥有“准确停车技术”的汽车，很可能被理解成这辆车偶尔会与另一辆车的挡泥板发生剐蹭；“准确玉米”的说法听起来有点傻。此外，如果你说你把领带系得很“准确”，那肯定会让人感到奇怪，而且有辱斯文。正确的说法是“精确地把领带打一个结”，因为这更能暗示一个人的情调与干练。

精确与准确

“精确”是一个有吸引力的，甚至带有一定魅力的词语。英语中，“precision”一词起源于拉丁语，早期曾在法语中广泛使用，于16世纪初首次被纳入英语词汇。它的最初含义是“分离或切断的行为”，如另一个词précis最初的含义“修剪的行为”一样在今天很少使用[②]，但是这个单词现在所表达的含义却经常使用，甚至它已经成为一种陈词滥调，就像《牛津英语词典》所解释的那样，即“精确和准确”。

---

①凯特王妃在2011年与威廉王子结婚后，官方头衔为“剑桥公爵夫人”，威廉王子被称为“剑桥公爵”。——译者注

②尽管英国诗人T. S. 艾略特（T. S. Eliot）在他1917年的诗歌《风之夜狂想曲》（*Rhapsody on a Windy Night*）中确实用到了precision一词的最初含义：“月光在低语中吟唱，消融了层层的回忆，连同它那清晰的脉络，还有它的分界线（Its divisions and precisions）……”

在下面的叙述中，“精确”和“准确”这两个词常常是可以互换的，但是又不能完全互换，因为它们的意思相近但并不完全相同。

考虑到这本书的特定主题，解释清楚“精确”和“准确”的区别很重要。因为对于一线的工程人员而言，这两个词有着很大的差异。这同时也提醒我们，在英语中实际上没有同义词，所有的英语单词都有其特定的含义和适用范围。对一些使用者而言，“精确”和“准确”的确在意义上有很大的不同。

这两个词的拉丁文溯源暗示了这一基本差异。accuracy 的词源与拉丁语中的“关心和注意”（care and attention）有很大的关系，而 precision 的词源涉及一系列有关“分离”的古老意义。

在英语中，“关心和注意”起初似乎与“切削加工”有那么一丁点儿关联，但是它们与“精确”的关联却很小。而“精确”不仅与“切削加工”有着相当密切的联系，还与“细微和细节”相关。如果你“非常准确”地描述某件事，你就会尽可能地展现它是什么，以及它的真正价值是什么；如果你“非常精确”地去描述某件事，你就会尽可能多地描述它的细节，尽管这些细节可能不一定是所描述事物的真正价值。

你不仅可以非常“精确”地描述圆的直径与周长之间的常数比，比如3.141 592 653 589 793 238 46……也可以将圆周率“准确”地保留到小数点后七位[①]，记为 3.141 592 7。在这里，我们用数学的方法，对圆周率的小数点后第八位“5”进行了四舍五入，这补充说明了之前我没解释清楚的内容。

---

①通常的中文表述是“精确到小数点后七位”，而根据前文的翻译原则和原文，这里将“精确”换为了“准确”。——译者注

我们举一个更简单的例子来解释上面的问题，这是用手枪射击后的三环靶（见图 0-1）。比如，你朝着靶子射击了 6 次，所有的 6 发子弹都脱了靶，那么可以说你的射击既不准确，也不精确。

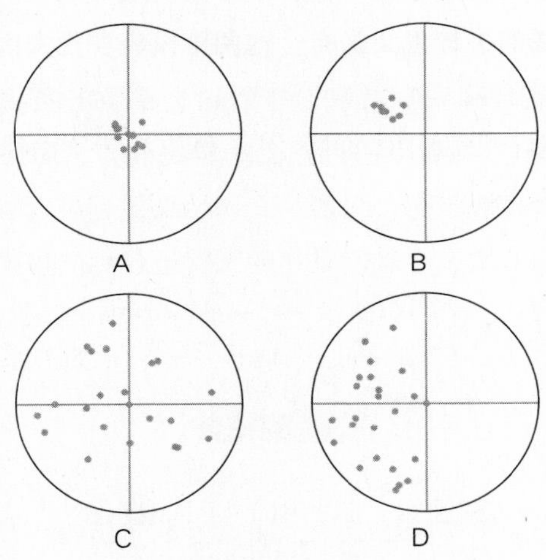

图 0-1　三环靶

注：图中，靶子弹着点为我们提供了一种区分准确和精确的简单方法。在A图中，弹着点是聚集在靶心周围的：既准确，又精确。在B图中，弹着点的位置让我们意识到，射击足够精确，但就命中靶心而言，却是不准确的。在C图中，弹着点很分散，射击既不精确，也不准确。而在D图中，有一些弹着点的位置接近靶心，射击有中等程度的精确度和中等程度的准确度，但只是中等而已。

也许你的弹着点都在内环中，但均匀地散布在了靶心周围。在这种情况下，你的准确度不错，因为每一发射击都接近靶心，但不怎么精确，因为你的子弹都落在了内环的不同地方。

也许你的弹着点都落在内外环之间，而且 弹着点都非常接近。那么可以说，你有很高的精确度，但没有足够的准确度。

最后，让我们来说说最理想的情况，一个令人兴奋的结果：你所有的弹着点都聚集在靶心。这时你就打出了极佳的精确度和准确度。

在上述的例子中，无论是写圆周率小数点后的数字，还是对着靶子射击，当所有结果都接近理想状态时，你便可以说自己实现了高准确度。对于圆周率而言，高准确度是指取值接近这个常数的实值，而对于射击而言，高准确度则是指 弹着点接近靶心。对比而言，即使结果并不一定都接近真实数值或者理想状态，只要一系列结果接近或近似，我们就可以说它是精确的。总而言之，准确度描述的是接近目标的程度，而精确度指的就是精确本身。

公差的概念

在这一大堆令人发蒙的概念中，还需要补充最后一个定义，那就是公差的概念。无论是基于这本书所蕴含的中心思想，抑或是基于这本书的组织架构，公差都是一个特别核心的概念，因为它是这本书各章节得以组织起来的简单依据。**对精确度越来越高的要求，似乎是现代社会发展的一条主线**，所以我按照人们对于控制公差技术的不断追求，来排列本书后续的每个章节，从公差 0.1 开始讲述本书的故事。令人震惊的是，一些科学家目前对外宣称，他们的工作领域处在几乎不可能实现的极高的公差控制之中，测量的误差只有 10^{-29} 克到 10^{-28} 克，这个数值接近本书最后一章所描述的公差。①

①制造任何东西都离不开测量。在英语中，这通常与使用率相对较低的副词“how”有关，这个疑问词询问的内容是：某事可能是以多大规模或多大程度发生的。比如询问一个东西：它的边有多长，它的体积有多大，它的边有多直，它的表面有多不平整，它的材料有多硬，它与容器的贴合程度有多高。

在古埃及，人们在确定一个长度单位前，往往会测量法老前臂的长度，并以此为依据测量其他物品。后来人们逐渐接受了用法老的前臂作为测量距离的单位。

渐渐地，其他的人类文明也开始使用这个方法，即利用人们生活中常见的物件或人类自身的部分作为度量单位，比如大拇指的长度、脚的长度、1 000 步的距离，或一日行进的距离等，这些长度或距离构成人们日常衡量其他长度或距离的单位。无论是英尺还是磅[①]，无论是 grave（法国大革命时定义的一种单位，是 1 升 0 摄氏度的冰的重量）还是 catty（专指中国以 500 克定义的 1 斤），通常都是固定单位。

接下来，法国人创立了以十进制为基础的度量衡。在经历了精心设计和国际商定后，现如今这个系统成了众所周知的国际单位制，除缅甸、利比里亚和美国以外的几乎所有国家都采用了这一度量衡。它定义了长度、质量、时间、电流、温度、物质的量和发光强度的基本单位，分别是米、千克、秒、安培、开尔文、摩尔和坎德拉。为了不扰乱这段历史的叙述节奏，我将在本书的结尾作一个后记，对人类在测量中遇到的种种迷思做出更详细的介绍。

控制公差这一原则也引发了一个更普遍的哲学问题：为什么人们要在生产实践的过程中逐步缩小公差？**这些测量结果揭示了人类社会正处于越发激烈地追求精确度的竞争中。**而这种竞争，是否真的给人类社会带来了好处？还是仅仅因为我们在某种程度上盲目崇拜更高的精确度，而又可以

① 1 英尺约等于 30 厘米，1 磅约等于 0.45 千克。——编者注

实现或相信我们应该可以实现更高的精确度，就将这种追求付诸了实践？这些问题，都是本书后面章节要讨论的，但为了更好地讨论这些问题，我们需要在这里定义公差，以便使我们对公差这一限制精确度的要素的了解，与我们对精确度本身的了解保持同步。

就像前文提到的，一个人对于语言的使用可能是精确的，一幅图片在印制方面可能是准确的。本书的大部分内容也将研究精确和准确的属性，其中包括各种适用于精密制造的对象，尤其是适用于需要机械加工的硬质材料，诸如金属、玻璃、陶瓷等。不过这些材料并不包含木料。尽管乍一看，精美的木制家具或寺庙木结构建筑可能很具吸引力，并且木材在经过刨平之后，木料之间的接口也能达到相当精密的程度，但精确与准确的概念永远不能严格地应用于木料制作的产品。木材是易变形的材料，它会以难以预测的方式膨胀或收缩，很难有真正的固定尺寸。并且从其本质上讲，木料是自然界中固有的一种物质。无论是刨光还是接缝，搭接还是铣削，或者为木制品上光上漆，木料都保留了其内在的不确定性。

但是，一块高度加工的金属、一块抛光的玻璃镜片或一块烧制的陶瓷片可以用于精密制造，因为它们可以真正持久地保持精加工后的精确状态，并且如果制造工艺无可挑剔，人们就可以批量生产它们。每一个精密制造的产品都一模一样，而每一个工件都具有相互替换的潜力。

任何一块制成的金属、玻璃或陶瓷，都必然有其化学和物理参数：它一定有质量、密度、膨胀系数、硬度、比热容等；它也必然有自己的尺寸，如长度、高度和宽度；它还必然有几何参数，如有可测量的直线度、平面度、圆度、圆柱度、垂直度、对称性、平行度和相对位置等，其中还包括许多令人着迷的其他参数，有的参数甚至更加晦涩难懂。

因此，被加工的金属、玻璃或陶瓷必然有一定程度的公差[①]，这个公差必须有一个参数范围，这样才能适应不同的仪器，这个仪器可能是钟表、喷气式发动机、望远镜，或鱼雷的导航系统。如果工件只是简单地独自矗立在沙漠中，那么公差就没有什么意义了。但是，若工件要与另一块同样经过精密加工的配件准确契合，那么所涉及的零件必须在其尺寸或几何形状的精度上，与预先设定的可接受变量一致，以使它们能够正常地组合在一起。

这个预先设定的可接受变量便是公差，并且制造的零件在参数上越精确，其公差要求就越高。例如，鞋子总是具有极低的公差。一方面，制作不当的拖鞋可能会“允许或标注出有限的、可接受的尺寸变化”是 0.5 英寸，引号中的描述正是工程师对公差的正式定义。这表明在鞋的内侧和脚之间有很大的摆动空间，甚至几乎谈不上精确度。另一方面，伦敦的约翰·洛布（John Lobb）[②]制作的手工布洛克鞋似乎可以与脚背紧密贴合，但其仍具有大约 1/8 英寸的公差。对于一双鞋来说，这一公差不但是可以接受的，而且的确配得上其引以为傲的名气。不过，就工程意义上的精确而言，鞋类绝对算不上是精密制造的产物，甚至连准确都谈不上。[③]

---

① 1916 年，公差第一次被正式定义为“机器工艺中允许存在的误差范围”。在此之前，1868 年英国一份关于国际铸币法的报告预告了这一特殊概念。报告指出，就金币而言，“铸币时产生错误的差额……被称为容限或公差……其硬币重量应控制在 0.97 克，重量上下浮动不超过 12.5 毫克”。

②英国制鞋的老字号，手工制作皮鞋，其巴黎分店被爱马仕收购。——译者注

③ 1817 年，马萨诸塞州斯普林菲尔德（Springfield）的托马斯·布兰查德（Thomas Blanchard）在一台机器上设计了精密制鞋的鞋楦，这也是美国精密制造故事的一部分，这将在本书第 3 章展开讲述。

精密制造的诞生

人类有史以来制造的两种最精确的测量仪器，其中一件目前位于美国西北太平洋地区，地处华盛顿州干旱的中部，远离一切人群。它在绝密的核设施外制成，而正是这些核设施为炸毁日本长崎的原子弹制造了第一批钚元素。数十年来，钚元素都是美国大部分原子武器库的核心材料。

多年来，在那里进行的核活动产生了巨量核废料，在当地留下了难以想象的危险辐射地带，其中的核废料包括旧的燃料棒、被放射物沾染的衣物等。直到现在，在公众的强烈抗议之下，核辐射的隐患才得以清除，或者用环保主义者更喜欢的方式来说，核废料被“处置”了。今天，众所周知的汉福德场区（Hanford site）是美国官方承认的、世界上最大的核废料处置基地，处置核废料的预算高达数百亿美元，而对于核污染的补救工作可能会一直持续到 21 世纪中期。

在一个深夜里，我第一次从西雅图开车到汉福德场区。在向南疾驰的汽车里，我可以看到远处微弱的灯光。在持枪守卫的保护下，安全铁丝网和警告标志后面是大约 11 000 名工人夜以继日工作的场地。这些工人负责清理充斥着危险、有毒放射性物质的土壤和水体。有些人甚至认为，这项任务的工程量太大了，可能永远无法妥善地完成。

在主要清理场区南面的铁丝网之外，仍能看到残存的原子反应堆的高塔。当今科学界最引人注目的实验正在此地进行。这项实验根本不是秘密，也不可能留下任何有害的残留物，该实验需要制造并使用一系列人类有史以来制造的最精密的仪器。

这是一个不起眼的地方，很容易被忽视。经过漫长而令人疲惫的夜间行车，我天亮时才到达赴约地点。这条路空旷而冷清，而且主要的岔路口都没有标识。在马路左手边 100 米开外，有一系列低矮的白色建筑物，旁边的一个小标牌上写着“LIGO”（激光干涉引力波天文台）和“WELCOME（欢迎）”的字样。这个地方的景观差不多就是这些。也许标牌想表达的是：欢迎来到“极致精密”信徒的殿堂。

核科学实验场的科学仪器是花了几十年的时间设计的，这些仪器隐藏在干燥而多沙尘的地方。“我们通过隐姓埋名来维护自己的安全”，这是那些醉心于核武器，并从事昂贵实验的科学家们的座右铭。毕竟在激光干涉引力波天文台实验场，并没有带刺的铁丝网或围篱来保护这些科学家。在实验场中，机器的公差控制严格到了不可思议的程度，这些实验仪器部件的精确度是地球上任何其他仪器都无法企及的。

激光干涉引力波天文台这里有几台复杂且昂贵的机器是用来检测敏感变化的。它们探测的对象是在那些稍纵即逝的、出现在跨越时空结构当中的、造成破坏和扭曲的涟漪：一种被称为“引力波”的现象。1916 年，爱因斯坦预测了这一现象，将它作为其广义相对论预言的一部分，即引力波这一现象应该会在宇宙中出现。

如果爱因斯坦是对的，那么一旦在遥远的太空中发生了一个并不算罕见的重大天文事件，诸如一对黑洞发生碰撞，那么引力波的星际涟漪就会以扇形传播开来，且以光速移动，最终到达并穿过地球。在这一过程中，整个地球的形状都将发生改变。当然这种改变的程度是无限小的，小到几乎任何有知觉的生物都无法感受到这种变化。这种轻微的挤压对于器械而言也是极其微小、短暂且无害的，甚至几乎任何已知的机器或设备都无法记录这种现象的踪迹，但是，从理论上来讲，激光干涉引力波天文台除外。经过几十年的实验和调试，现在这个仪器拥有更高的精确度和灵敏性，此时此刻正在华盛顿州西北沙漠的高地上运行。在路易斯安那州的海湾区，第二个激光干涉引力波天文台也已经建成，并且已小有成就。

终于，2015 年 9 月，在爱因斯坦的相对论面世一个多世纪以后，激光干涉引力波天文台的研究人员第一次侦测到了引力波。在同年的平安夜以及 2016 年，激光干涉引力波天文台的仪器又多次显示其确凿无疑地侦测到了一系列引力波数据。这些引力波经过数十亿年的旅行，自宇宙太空的外缘，跨过茫茫时空，掠过地球，并在一瞬间短暂且轻微地改变了地球的形状。

为了探测到这些，激光干涉引力波天文台的机器必须按照完美的工程标准建造。要知道这在几年前几乎是不可想象的，甚至是难以实现的。因为这种考究、敏感且极端精密的工程，并不是绝大部分工程的做派。更加精密的制造加工技艺并不是现成的，更高的标准在黑暗中等待着人们去发现，而精密制造的早期推崇者，会为了公众利益逐步去发掘并实现它。

很多时候，与激光干涉引力波天文台工程仰望星空的特性相反，**精密制造是一个出于某个特定且公认的历史需求而特别创造出来的概念**。精密制造的产生源于非常实际的需求，这些需求与 21 世纪的我们想要验证遥远星球发生碰撞之后，是否会产生引力波这种物理现象的实证科学精神相去甚远。

实际上，精密制造所要讲述的是 18 世纪时，应用物理学所要面对的一个紧迫且现实的问题。这个问题与高温状态下的水这一拥有惊人潜力的载体，即蒸汽有关。steam（蒸汽）一词产生于 17 世纪，同时又定义了 17 世纪。精密制造的出现关乎我们能否存储、驾驭和疏导机器中的蒸汽，关乎能否驯服这无形的、气态的水。精密制造的实现使我们得以获取蒸汽的磅礴动力，让蒸汽在我们需要的地方做功，并且如果幸运的话，能够增进全人类的福祉。

而这样伟大的力量却源自工程史上一次独一无二的灵光乍现，它发生在英国的北威尔士。那是 1776 年 5 月中一个凉爽的日子，颇为巧合的是，这件事发生在美国建国的 6 周前。这之后不久，在美国的土地上，精密制造的技术恰逢其时地蓬勃发展起来。时至今日，大部分人都认为，5 月的那一天正是精密制造诞生的日子。虽然这对一些人而言依旧有些争议，但是在这一天，精密制造终于做到了切实可行，而且具有可复制性。不仅如此，这种精密制造的程度是可以记录和衡量的。这次精密制造把公差控制在了 0.1 英寸，这只相当于英国 1 先令硬币的厚度。

The Perfectionists

第 1 章

星象与分秒，蒸汽与气缸

公差 0.1

一个有教养的人的特点，就是在每种事物中只寻求那种题材的本性所容有的确切性。当只能大致地、粗略地说明真理时，就不要苛求尽善尽美。

——亚里士多德

《尼各马可伦理学》（*Nicomachean Ethics*）

在今天，工程界公认的真正的精密工程之父是约翰·威尔金森，一位 18 世纪的英国人。因为对铁这种金属极度热爱和痴迷，威尔金森被人们讥讽为“可爱的疯子”。他曾造过一艘铁制的船，喜欢在铁制的书桌前工作，建了一个铁制的讲坛，甚至还要求在铁制的棺材中下葬。威尔金森曾将这具铁制的棺材放在他的工作室，而每当有女性来工作室参观时，他便会事先躲在铁制的棺材中，然后跳出来给访客一个惊喜。在去世之前，威尔金森曾在英国兰开夏郡南部的偏远村庄制造了一根铁制的柱子，直到今天人们仍在这根铁柱子前面纪念他。

不过，人们同样可以说，在“爱铁如痴的威尔金森”之前，也有过几乎可被称为“精密工程之父”的先驱者。来自约克郡的钟表匠约翰·哈里森（John Harrison）就是其中之一。早在威尔金森之前几十年，哈里森就发明了一种可以称得上是精确的计时装置。大多数当代人通常认为，精密制造只有在近现代才能实现，但是令人万万没想到的是，早在哈里森之前的大约 2 000 多年前，生活在古希腊的无名匠人就已造出精良的器物。

19 世纪与 20 世纪之交，一群渔民潜入水底捕捞海绵时，在地中海底部意外发现了精密工程学的遗产。

这些希腊人潜入伯罗奔尼撒半岛南面的温暖海水中，像往常一样，他们在小岛安提基特拉（Antikythera）附近的水域找到了许多海绵，然而这一次他们还有其他的发现：一艘沉船的残骸，这艘沉船很可能是古罗马时期的货船。在支离破碎的木板下，掩藏着大量艺术品与奢侈品，这些是潜水者梦寐以求的宝藏。其中有一个略显神秘的方匣，方匣和电话簿一般大小，由已经锈蚀钙化的黄铜与木料构成。一开始，渔民认为它没有多少考古学价值，差点把它扔掉。

这个方匣就这样在雅典某处的抽屉中静静待了两年，无人问津。期间，匣子逐渐变得干燥，然后分裂成了 3 份，露出的内部结构令所有人大吃一惊。断面上 30 多个金属齿轮彼此灵活啮合，其中最大的齿轮直径几乎与整件物体本身相同，其他齿轮的直径则不超过 1 厘米。所有齿轮上都有手工切割出的三角形锯齿，最小的齿轮只有 15 个锯齿，最大的齿轮则有 223 个锯齿，这个数量在当时是难以想象的。此外，所有齿轮似乎都是从同一块铜板上切割下来的。

这一发现带给人们震惊，很快又转变为质疑，然后渐渐转化为某种出于困惑的畏惧。毕竟在这些科学家眼中，即使是希腊化时代[①]最天才的工匠也不可能制造出这样的东西来。在接近半个世纪的时间里，这个令人生畏的机器又被锁了起来，人们像对待致命病原体一样将它隔离保管。安提基特拉岛位于克里特岛和希腊半岛南部之间的海域，由于人们正是在

①希腊化时代是指公元前 334 年—公元前 30 年，古希腊文明主宰地中海东部沿岸文明的时期。——译者注

这个岛屿附近的海域发现了这个装置，于是将它命名为安提基特拉装置（Antikythera mechanism）。渐渐地，这个装置在希腊考古学历史上隐匿了踪迹，因为人们总是安于和更传统的花瓶、珠宝、陶罐、钱币、大理石雕塑或更为精美的青铜雕塑打交道。也有人曾经出版过与安提基特拉装置相关的书籍和小册子，声称它是某种星盘或天体仪器。但除此之外，几乎没有人对这一发现产生兴趣。

直到 1951 年，事情才有了转机。一位年轻的英国学生得到许可，得以进一步研究安提基特拉装置。这位学生名叫德里克·普赖斯（Derek Price），他的研究方向是科学史及科学对社会的影响。在接下来的 20 年里，普赖斯使用 X 光和伽马射线检查该遗物的碎片，以探寻其中隐藏了 2 000 多年的秘密。除了原来就裂成的 3 个主要部分之外，人们后来又找到了 80 多块碎片。普赖斯最后断定，这个作品比一般的星盘更复杂，意义也更重大。它有可能是某种神秘的计算装置的核心工作组件，而这一装置的复杂程度超出人们的想象。再加上它明显是在公元前 2 世纪制造的，所以安提基特拉装置可以说是天才的杰作。在 20 世纪 50 年代，普赖斯的工作仍受限于当时的技术，无法更好地观察设备内部。20 年之后，磁共振成像技术的诞生改善了这一点。2006 年，《自然》杂志刊登了一篇更加详尽精细的分析，此时距那些捕捞海绵的渔民发现沉船已过去一个多世纪了。

这篇文章由世界各地的专业研究者共同完成。文章的结论是，这个经希腊渔民打捞后重见天日的物件是一个小型盒状精密机器的残部，其实质是某种模拟计算机，附有转盘、指针，并在表面刻有基本操作指引。这一设备用于“计算并显示天体信息，以月相或日 / 月历这类周期为主”。除此之外，在黄铜铸造的机械主体上有以科林斯希腊语刻成的细小字迹，共 3 400 个字母。其内容显示，只要转动盒子侧面的曲柄，让齿轮之间产生相互作用，就能够预测古希腊人已知的另外五大行星的运动轨迹。①

这个惊人的小机器盒吸引了为数不多但十分狂热的爱好者。这些人后来以木材和黄铜为材料，建造出许多模拟安提基特拉装置工作原理的模型。其中一个模型采用了铜制内部结构，其匣子外壳则使用了透明的有机玻璃。黄铜的齿轮在透明的匣子中展开，看上去犹如立体西洋棋。不同齿轮上锯齿的数量则提供了最基本的线索，研究者通过模型理解机器制造者原本的意图。例如，在最大的齿轮上有 223 个锯齿，研究者据此想起古巴比伦天文学家的研究成果，进而茅塞顿开。因为古巴比伦那些聪明绝顶的星象观察者早已计算过，两次月食之间通常相隔 223 个朔望月。也就是说，这个齿轮能让使用者预测月食发生的时间。其他齿轮和齿轮的组合能让轮盘上的指针转动，从而显示月相和行星摄动。它还有一个略显平常的功能，即显示以古代奥林匹克运动会为代表的公众运动会的举办日期。

现代研究者的结论是，这一装置做工十分精细，“其中一些部件的精确度达到几十分之一毫米”。仅从这个标准来看，安提基特拉装置似乎完全称得上是一台极为精密的机器。对我们的故事来说，至关重要的是，它也许是史上第一台精密机器。

然而，这种说法存在致命的缺陷。许多深深为之着迷的现代分析者制作了模型进行测试，然后失望地发现这台机器何止是不准确，简直就完全

---

①除地球外，古典时代和希腊化时代的希腊天文学家还知道五大行星的存在：水星（墨丘利）、金星（维纳斯）、火星（玛尔斯）、木星（朱庇特）和土星（萨图努斯），括号中是罗马诸神的名字，同时也是五大行星的音译。不过希腊人惯用的名称与我们不同，依次为：赫尔墨斯、阿芙洛狄忒、阿瑞斯、宙斯和克洛诺斯，这些恰巧是希腊神话中与罗马神话对位的诸神。英语中 planet（行星）一词源自希腊语，意指“漫游者”，这是因为在古人眼中，与相对静止的其他行星不同，这些行星漫游于天际。

派不上用场。其中一枚指针本应指向火星的位置，但在多数情况下，偏差却高达 38 度。美国纽约大学文物学系教授亚历山大·琼斯（Alexander Jones）在安提基特拉装置这一课题上撰写的著作最多。按照他的说法，这台复杂的机器属于当时“尚处于萌芽阶段、正在飞速发展的工艺传统”中的一部分，其制造者的“许多设计思路值得商榷”。总体而言，这一机器的制造者创造了“值得惊叹的作品，但并非完美的奇迹”。

关于安提基特拉装置，还有一个谜团直到今天仍然吸引着科学史学家。那就是安提基特拉装置的内部塞满了复杂的发条装置，可是制造它的人显然从未想过将它作为时钟来使用。

当然，这只有在事后看来才算得上是一个谜团。因为古希腊人忽略了在我们眼中理所当然的东西，我们不禁想要回到过去，摇摇他们的肩膀来提醒他们。在古希腊，人们当时已经在使用各种不同的计时装置了。其中最常用的包括日晷、滴水、沙漏、油灯刻度，还有燃烧速度缓慢的蜡烛柱身上的刻度，其中沙漏的原理与今天的煮蛋计时器的原理相同。尽管安提基特拉装置的存在告诉我们，希腊人已经拥有了利用齿轮制作计时器的能力，但他们从来没有这么做过。无论是希腊人，还是后来的阿拉伯人，又或者是早前更为可敬的东方国家民众，统统未曾得到这个灵感。还要经历许多个世纪，人们才会发明机械时钟，而精确度就是机械钟表最核心的要素。

到了 14 世纪，世界各地有许多人声称最早发明了时钟。尽管机械时钟演变到最后的功能是显示每一天内不同的时刻，但在早期的这类装置中，时间却只扮演了相对次要的角色，这从现代人的视角来看着实有些奇怪。中世纪最初的发条时钟使用类似安提基特拉装置的复杂齿轮和锁链，附有繁复精致的装饰和表盘，上面显示的天文信息至少与时间信息同样详尽。我们几乎可以说，比起无休无止的时间流逝，又或者牛顿惯于称之为

“持续”（duration）的单向前进的时间之流，古代的人们认为，天体在天穹中运行的轨迹有着更重要的意义。

自然界中，黎明、白昼和黄昏已为人们提供了基本时间框架，告诉我们何时起床劳作、何时小憩、何时擦去汗水喝上一杯、何时摄取营养、何时准备入眠。这就是这类观念的来源。既然时间的准确细节只是人为的规定，确立早上 6 点 15 分或者夜里 11 点 50 分这样的具体时间节点也就显得不那么重要了。相比起来，天体的运行由诸神决定，在人类的精神生活上有着重大意义。所以，天体运行比人工架构起来的时刻分钟更值得注意，也因此更应该用精美繁复的机械展现。

然而最终时分秒仍然获得了至高无上的地位，发条机制在后来主要用作计时用途。也许古人只需仰望天空就能知道大概的时间，但当人类开始使用机械计时之后，许多各种各样的装置将这个使命传承了下去，自那以后情况就未曾改变。

最早使用钟表计时的场所是修道院。修士起床和完成每日功课都必须尽量守时，从凌晨祷到夜祷，期间还需完成午前祷、午后祷和晚祷。社会上则涌现了许多不同的专门职业，包括店主、文员、会议主持人、教师、轮班工人等。于是，对准确计时的需求越来越迫切了。田地里劳作的人们总能看到远处教堂的钟楼或者听见钟声，但开会要迟到的城市居民仍然需要知道在约定时间之前具体还剩下多少分钟。“约定时间”这种说法到了 16 世纪才广为使用，这时供公众使用的机械钟表已随处可见。

在陆地上，铁路交通最大程度地影响了时间的运用，甚至在一定程度上，正是铁路定义了时间。火车站的大钟总是吸引人们的目光，查看自己怀表的售票员也成了一个经典形象。对于所有图书馆和部分家庭而言，时刻表有着无可比拟的重要性。时区的概念以及它在制图上的应用，全都始于铁路在人类社会中刻下的守时的印记。然而在铁路年代之前，已经有一个行业比其他所有行业都更切实地需要最精确的计时工具，那就是航运业。自从 15 世纪欧洲人发现了美洲大陆，随后又打通了通往东方的贸易路线，航运业一直如火如荼。

跨洋航行时，在广袤无垠的海洋上辨清方向极其重要。假如人们在海上迷失了方向，好一点的结果是遭受经济损失，差一点则可能会丧命。为了确保船只沿着航线行驶，人们必须确定船只在任何给定时刻的位置，而这又牵涉到确定人们登船时的准确时刻，以及更重要的，确定船只在航海途中抵达其他参照点的准确时刻。因此，航海业的制表匠必须承担起制造最精确的时钟这一重任。[①]

其中，最竭心尽力的当属约克郡一名木匠兼细木工，他后来成了英国乃至全世界最受尊崇的钟表专家，他就是哈里森。哈里森最著名的成就是为领航员提供精确确定船只所在位置经度的方式。他以惊人的耐心制造出了一系列极为准确的钟表，无论这些钟表在操舵室中经历了多么大的风浪，几年的运转之后，表的误差仅为几秒钟。1714 年，英国经度委员会在伦敦正式成立了。经度委员会为任何能够在 30 英里[②]误差范围内确定

①一旦船员的视野中再无陆地，他们就无法得知自己的准确位置。确定纬度（赤道以南或以北的距离）并不难，只需在正午测量太阳的高度即可，在北半球还可以采用测量北极星高度的方法。但确定经度（船只离开母港以东或以西的距离）则困难得多。经度线标志着世界各地的时差，地球每 24 小时自转 360°，相当于每个小时自转 15°。但海上的船只只有在能够得知母港的准确时刻的情况下，才能通过时差再算出经度（其所在位置的准确时间能相对容易地通过观察太阳或星星得出）。对 18 世纪早期的航海家来说，要确保任何计时器在海上颠簸和剧烈温差的环境下始终如一保持准确的时间记录，几乎是不可能的。

② 1 英里约等于 1.6 千米。——编者注

经度的人提供 2 万英镑大奖，而最终赢得大奖的人正是哈里森。他经过毕生不懈的努力，总共设计了 5 个航海计时器，并把奖金收入囊中。

后人十分珍视哈里森的遗赠。格林尼治皇家天文台坐落在伦敦以东高高的山顶上，俯瞰海事博物馆。每天清晨，海事博物馆的管理员都会来到这里调校 3 座钟表，管理员和下属都将它们称作“哈里森钟”。管理员郑重其事地为哈里森钟上好发条，因为他深知这三座钟以及另一座不上发条的钟有着无与伦比的历史意义，每一座都是现代航海经线仪的雏形。正是这些仪器给出的准确位置，拯救了无数海员的性命。在航海经线仪发明之前，由于船长无法精确确定其所在位置，船只常会在前方岛屿或岬角上意外搁浅。1707 年，克劳兹利 · 肖维尔（Cloudesley Shovell）海军上将率领的舰队在科尼什海岸（Cornish Coast）附近发生触礁搁浅事故，上将本人和他麾下的 2 000 名士兵葬身海底。事实上，正是这一惨剧，让英国政府下定决心严肃考虑经度问题。设立经度委员会和奖金就是为此而做出的努力，也是格林尼治天文台每天清晨都要调校的这几座钟的由来。

哈里森的发明也有着其他的重要意义，当海船上的船员可以确定他们的准确位置，并高效准确地规划他们的航向的时候，这些钟表的继承者就能够赚到难以形容的巨量财富。如今我们可以不夸张地说，通过这些财富，哈里森的航海钟表这一属于大英帝国的发明，以及大英帝国对这一技术的继承，使得大英帝国能够持续维护全球各大海洋的霸权。精确的导航对于航海而言，就是对海洋的认知和控制，以及最终的制海权。

海事博物馆的管理员戴上白色的文物保管手套，用一对独特的黄铜钥匙打开高高的玻璃柜，柜中有伟大的哈里森制作的计时钟装置。这 3 个计时钟都获得了英国国防部近乎永久的资金支持。最早的计时钟完成于 1735 年，现在被称为 H1，管理员可以通过用力下拉一个黄铜环链来给这个钟表上发条。之后的 H2 和 H3 于 18 世纪中叶制成，只需快速转动发条的手柄，就可以给钟表上弦。

最后一个装置是精妙的 H4“海事计时器”，哈里森最终就是靠着这一精湛的作品赢得了他的奖金，之后，他依旧保持着轻松和低调的作风。这个计时器被放在一个直径 5 英寸的银盒子里面，有点像旧时代老人们用的那种跟饼干差不多大小的怀表，但要比那种怀表更大、更厚。海事计时器需要定期润滑，如果润滑油不足，这个计时装置就会变得不那么准确。而且据钟表专家说，如果 H4 一直在缺乏润滑油的状态下运行，那么这个表很快就会变得只剩下秒针在动了。

因此，当海事计时器处于异常运行的状态时，它将会成为一个无聊的摆设。考虑到内部机械结构的运动将会导致不可避免的磨损，一个只有秒针会动的计时器是没有意义的。因此，这些年来，天文台负责人决定，将这一杰作保存在几乎原始的状态，就像牛津阿什莫林博物馆（Ashmolean Museum）那些未经演奏的斯特拉迪瓦里小提琴①一样，以初始状态见证着大师艺术品的成就。②

哈里森创造了多么伟大的机械艺术作品！当他决定参加经度奖比赛的时候，就已经打造出了许多做工精密且高度准确的计时器。其中大多数是供陆地上使用的摆钟，不少是大型的立柜式大钟，每一个都比他所做的上

① 16 世纪意大利大师制成的小提琴，据说一共只有 600~700 把传世。——编者注

②在牛津的传说中，这把小提琴被称为“弥赛亚”（即救世主），一直没有演奏过，是把“处女琴”。直到一个来自美国南方的州的人来到这里，坚持说他是获准演奏的，当他遭到拒绝时，他痛哭流涕。看守小提琴的人终于松了口，把他和琴一起锁在房间里 15 分钟。在这期间，一种在博物馆里从来没有人听过的、带有空灵之美的声音从门内飘出，让周围人感到十分愉悦。

一个更精致。哈里森的精巧之处，在于他对时钟设计思路的改进，而不是像 18 世纪的许多同代人那样，改进钟表的外在装潢。例如，他对摩擦问题很感兴趣，离经叛道地使用木制齿轮制作了所有的早期钟表，这些齿轮在当时不需要上润滑油。因为润滑油会随着时间的推移变得越来越黏稠，而且还会把大部分发条装置拖慢。为了解决这个问题，他首先用坚固而细腻的黄杨木制成了所有传动系统的齿轮装置，后来又用致密的、扔在水里都浮不起来的加勒比愈疮木①来制作齿轮，而以上两种齿轮都使用黄铜制成的齿轮枢轴。他还设计了一种特殊的擒纵装置，作为钟表嘀嗒作响的心脏。由于它没有滑动部件，因此也不会产生摩擦。这种装置至今仍然被称为“蚱蜢式擒纵器”，因为其中一个部件与逃逸轮脱离啮合时弹起的样子，就像蚱蜢突然从草地上跳出来一样。

然而，依靠重力维持长杆摆锤运动的钟表，并不适用于行驶在波涛之上的远洋航船，远洋航船上需要便携而精密的时钟。哈里森为经度奖比赛设计的前 3 个计时器均由重力系统提供动力，这些配重系统看起来与悬挂在传统长表壳时钟上的沉重铅锤大不相同。相反，它们是铜棒天平，看起来像一对哑铃，都垂直放置在机械装置及其齿轮系统的外缘，顶部和底部由成对弹簧连接。哈里森在文章中写道，这一设计为机械装置提供了人工重力的形式。这些弹簧使得两个平衡梁来回摆动，就像两个人不断点头一样。当然，这一机械装置依旧需要每天上发条，过去执行这项任务的是大洋之上的船长，现在是博物馆里那个戴着白手套的管理员。

H1、H2 和 H3 这 3 个计时器，每一个都在上一代的基础上有了非常精巧的进步，每一个都是在经年累月的实验当中改进出来的，譬如哈里森耗费了 19 年的心血才构思和制造了 H3。这些钟表在本质上都采用了相同的

①加勒比愈疮木（Caribbean hardwood），这种木头有渗出油脂的特性。——译者注

平衡原理，当这些机器运转的时候，它们散发着令人惊奇又使人着迷的美，与此同时，它们又有着简直令人眼花缭乱的复杂性。哈里森这位曾经的木匠、中提琴手、钟声调音师和合唱团指挥依靠广博的学问，改进了许许多多为后世精密机械制造奠基的基础部件。例如，哈里森发明了封闭式滚珠轴承，这成为滚珠轴承的前身，并促使了诸如英国滚珠轴承公司铁姆肯（Timken）和瑞典滚珠轴承公司斯凯孚（SKF）这样的大型现代公司的成立。为了补偿 H3 计时器的温度变化，哈里森专门发明了双金属片，这种金属片至今仍应用于许多日常必需品中，如恒温器、烤面包机、电热水壶等。

碰巧的是，这 3 个精妙的装置，无论它们在外表上多么美丽，在内部设计上多么具有革命性，却没有一个是完全成功的。人们将这 3 个装置带到一艘船上，让航海计时员使用它们计时。尽管在每次测试中，这些装置在推测船只的位置方面都有改进，但船上时钟测得经度的准确程度与经度委员会的要求相差甚远，因此未能获奖。不过哈里森的才华和决心得到了认可，政府继续给予他巨额拨款，希望他能尽快在钟表制造方面取得突破。最后他终于做到了，在 1755 年到 1759 年的 4 年时间里，他并没有制造出一个新的时钟计时装置，而是制造出一块手表式计时装置，一块自 20 世纪 30 年代得到清洗和修复后就被称为 H4 的手表。[①]

---

①那个修复一系列哈里森钟表的人名叫鲁珀特·古尔德（Rupert Gould），是个很有个性的人。他是一位身高约 1.93 米、喜欢用烟斗抽烟的英国皇家海军前军官，一位和蔼可亲的儿童广播员，一位喜欢研究五花八门的学问的学者，一位温布尔登中心球场的网球裁判，还是一位研究尼斯湖水怪的专家，同时他又因为暴力倾向、爱发酒疯、精神崩溃后行事粗鲁而饱受非议……总之，他所有这些离经叛道的行为导致了一场在 1927 年受到社会广泛关注的离婚诉讼，这场官司让整个国家的国民围观这件韵事。1923 年，他写了一本关于海上钟表的经典著作，这本著作至今仍在印刷。此后不久，他成功说服皇家天文台公开展览哈里森钟，而在此之前，哈里森钟正在一个无人的地下室里慢慢腐朽。165 年后，他让 H1 重新开始工作。H1 计时器的修复工作耗费了他 10 年的光阴，这段岁月在 2000 年的电视剧《经度》（*Longitude*）中得以重现。在这部剧中，古尔德由演员杰里米·艾恩斯（Jeremy Irons）扮演。

从各种意义上来说，H4 这只手表都实现了技术突破。经过 31 年近乎痴迷的工作，哈里森设法把他在大型摆钟设计中几乎所有的技术改进都融入了这个只有 5 英寸的银色表壳中，同时还添加了一些新的技术，以确保他设计的手表在计时精准度上实现人类所能做到的极致。

在 H4 中，哈里森采用了一个温控的螺旋主弹簧，配合上一个以史无前例的速度来回旋转的平衡轮作为钟表的动力核心。那个平衡轮能每个小时转 18 000 次，取代了使大型钟表显得高大壮观的长长的钟摆，以及与之相匹配的摆动式平衡轮。哈里森在表上安装了一个所谓的“自动摆锤平衡装置”，这一装置能在 1 分钟内将主弹簧拉紧 8 次，并保持张力不变，进而使得摆锤摆动的频率不变。当然，H4 也有缺点，那就是它需要上油。因此，为了在减少摩擦的同时尽量减少润滑油的消耗，哈里森尽可能采用钻石轴承，这是早期宝石擒纵装置的一个经典实例。

人们至今不知道，哈里森是如何在没有使用精密机床的条件下，制造出 H4 的各个精密元件的，而精密机床的发展将是本书故事的核心。当然，所有 H4 的复制品及其继任者 K1[①]无疑都采用了机床来制造手表的精密部件。人们难以相信，这种靠机床才能完成的工作，可能是由 66 岁的哈里森靠纯手工完成的。航海计时手表一完工，哈里森就把它交给海军部做关键的测试。哈里森的儿子威廉·哈里森（William Harrison）亲自作为保管人，将 H4 带上皇家海军德普特福德号（HMS Deptford）。这是一艘拥有 50 门火炮的四级战舰[②]。它从朴次茅斯出发，经历了约 8 000 千米的航行后抵达牙买加。旅程结束时，人们仔细观测发现，H4 的计时误差仅为 5.1 秒，在经度奖规定的容许范围之内。战舰在返航时，还遭遇了一段

①英国航海家詹姆斯·库克（James Cook）船长在所有航程中都使用的航海钟表。

②在风帆战舰时代，一级战舰最大，四级战舰相对较小，多用于远洋巡航。——译者注

剧烈而令人不安的海上暴风雪，当时威廉不得不把计时器裹在毯子里。最终，在整个 147 天的航程中，手表的误差只有 1 分 54.5 秒。相较于其他的航海计时仪器而言，这在当时已经达到了令人不可思议的精确程度。

尽管我们已欣然得知，哈里森后来因为他那非凡的创作而获得了经度奖，但事实上更引人关注的是，他虽然功勋卓著，却没有当即获奖。经度委员会一直对颁发经度奖的事情遮遮掩掩，当时的皇家天文学家宣称，他们有一种更好的测定经度的方法，即月角距[①]，因此对于精确航海表的需求就不复存在了。可怜的哈里森不得不去拜见十分欣赏他的国王乔治三世，请求国王出面为其调解。

然而，哈里森遭受了接连不断的羞辱。H4 被迫再次进行测试，接下来 H4 又参加了为期 47 天的航行，并再次创造了仅仅 39.2 秒的误差纪录，这一误差完全在经度委员会规定的范围内。即便如此，随后哈里森依然不得不在一组观察者的面前拆掉手表，并将他珍贵的仪器移交皇家天文台进行为期 10 个月的复检，以确保其真实性。这对 H4 来说又是一次考验，只不过这次是在一个平稳的地点，而不是在颠簸的大洋上。对当时已经 79 岁的哈里森来说，这样反复的测试无疑是痛苦和令人恼火的，他也表现得越来越不耐烦。

最后，很大程度上是由于乔治三世的干预，哈里森才拿到了几乎所有的奖金。然而，大多数人对他的印象是：一个天才凭借他的刻苦努力，而非国王的出手干预，拿到了奖金。时至今日，他那一系列伟大的精密钟

---

①月角距是月球和另一个天体之间的角度，是在天文导航中使用的术语。领航员可以利用月角距和航海年历计算格林尼治时间，因此，领航员不需要航海钟就可以确定经度。——译者注

表、两个航海表，再加上后来的 H4 和 K1，仍然是他的功勋最有力的见证，其中的 3 个钟表，时至今日依旧不停敲打着时间的节奏。它们记录了哈里森对精密和精确的热爱，这份热情已经注入了他的匠心之作中，这份匠心最终推动我们的世界发生了深刻的变化。

无论是在制造上还是在外观上，安提基特拉机械装置都是一种非凡而精确的装置，但它本身并不精确，显然这台机器有着不可避免的历史局限性，这使得它的构造显得业余且不可靠，导致在实践中几乎毫无用处。虽然哈里森的计时器既精确又准确，但考虑到它们花费了数年的时间、投入了大量工艺来制造和完善，因此把它们作为“以精密制造改变世界的开始”是毫无意义的。此外，尽管无意冒犯这项不可磨灭的技术成就，但仍需指出的是，哈里森钟表装置的实用价值也只延续了 3 个世纪。

如今，船上海图室里的铜制天文钟，就像保存在摩洛哥式防水匣里的六分仪一样，都是些装饰性强但并非不可或缺的东西。今天，无线电里传来了准确无误的报时信号，而全球定位系统在与遥远的卫星通信之后，其所在的经纬度坐标的数字读数会传到舰桥的计算机上。就钟表机械而言，无论其齿轮切割得多么精密、包裹齿轮的外壳多么珍贵、上面的雕刻多么复杂，它都是旧日技术的产物，现在被保留下来的主要目的只是为了应对航船失去所有动力的极端情况，或者满足一个想要抛开现代科技、纯粹体验早期航海生活的船长的需要。如果不是这样的话，哈里森的航海钟表会积满灰尘和盐分，或被放在玻璃箱里，哈里森的名字将在人们的记忆中逐渐变得模糊，最终不可避免地消失在历史的迷雾之中。

精密制造要想像在今天以及可预见的未来那样，成为一种彻底改变人类社会的现象，就必须以一种可以复制的形式出现。它必须能以相同的制造方式制造出同样精密程度的加工产品，而且还需要具备加工工序相对容易、生产频率不能太低、制造成本可以接受这几大特点。

任何一个像哈里森一样真正有学识的工匠，如果具有了足够的技能、充足的时间、高质量的工具和材料，都可以制作出一件优雅而精确的产品。他甚至可以将同样的产品复制为 3 个、4 个、5 个，而且每一个都是令人倾慕的、精湛的作品。今天，致力于科学史研究的博物馆陈列柜里摆满了这样的物品，最著名的是牛津、剑桥和耶鲁大学的博物馆。这些博物馆里有星盘和太阳系仪、浑仪和星象仪、八分仪和四分仪，以及精美的六分仪。六分仪异常丰富，包括了壁挂式六分仪和外框式六分仪，其中大多数都精美绝伦，由珠宝商匠心制作而成。

这些博物馆里所有的天文仪器都是手工制作的，全部零件都是手工切割的，包括每一个齿轮、母盘、隔网、空腔和照准仪，每一个切线螺丝和折射镜。以上都是部件名称，要知道六分仪与星盘一样，有着数量巨大、属于自己门类的专有词汇。而且，每个部件之间的装配，以及设备整体的微调都必须通过“指尖的精密护理”来完成。毫无疑问，这种精细的生产方式自然打造出了精美绝伦的天文仪器，但考虑到它们的制作方式和组装方式，这些仪器在生产数量如此有限的情况下，只够给一小部分精英客户使用。这些天文仪器或许是精确的，但那时它们的精确度只是为少数人服务的。只有当精确度为大多数人所用的时候，“精密制造”这种概念才开始对整个社会产生深远的影响，直到今天。

而那个成就了这一壮举的人，非常精密地“制造”了一种新的机器，这种机器不是用手而是用机器“制造”出来的，而后者专门被“制造”出来去“制造”前者。我在这里重复使用了“制造”这个词，因为那是一台制造机器的机器，今天我们称其为“机床”。纵使那个 18 世纪的英国人约翰·威尔金森因为对钢铁的狂热而受到谴责，他也一如既往地保持着那份对钢铁的痴迷，只因为钢铁在当时是唯一适用于制造他那些非凡新装置的金属。无论过去、现在还是未来，威尔金森永远都是精密制造历史的关键一环。

精密制造历史的关键一环

在一生 80 年的岁月中，威尔金森在 1776 年，即 48 岁时赚得了一笔巨大的财富。在后文中展示的他的肖像画由托马斯·盖恩斯伯勒（Thomas Gainsborough）[①]绘制（见图 1-1），因此他绝对不是一个无名之辈，但如果对读者而言，威尔金森的事迹需要经过我的宣传才被知道的话，那么他也算不上是一个真正的名人。

图 1-1　约翰·威尔金森

注："铁疯子"约翰·威尔金森为瓦特申请了炮管镗床专利，这标志着精密制造的概念的诞生和工业革命的开始。

值得注意的是，几十年来，威尔金森英俊的肖像画并没有在伦敦或坎布里亚（他出生的地方）获得显赫的位置，而是与其他 4 位由盖恩斯

①英国风景画家和肖像画家，18 世纪最伟大的肖像画家之一。——编者注

伯勒画就的名人一起悬挂在柏林一个安静的画廊里，其中一位名人只是个研究斗牛犬的行家。从德国画廊到英格兰家乡的距离似乎表明了威尔金森对家乡并无眷恋。而就像《新约》中的先知在故乡并没有得到赞誉，这一境况似乎也适用于威尔金森，因为在今天，几乎没有人记得威尔金森了。他的同事兼客户，苏格兰人詹姆斯·瓦特的赫赫威名使他黯然失色，但是瓦特早期的蒸汽机，基本上是靠威尔金森非凡的技术才得以诞生的。

在那时看来，蒸汽机的发展是下个世纪工业革命的核心，它与大炮的制造有着千丝万缕的联系。这不仅仅是因为两者都使用了由厚重的铁块制成的部件，大炮还使得威尔金森、瓦特还有钟表匠哈里森三者关联到了一起。我们应该还记得，哈里森的钟表为皇家海军而做，在舰船上得到测试和使用，而这些舰船上则装备了大量的火炮。

这些大炮是由英国铁匠制造的，威尔金森正是其中最杰出的一员，而且事实证明，他也是其中最有创造力的。因此，我们所有的故事就从这里开始，从18世纪中叶英国皇家海军舰炮的制造开始，这是个英国水手和海军将士疲于奔命的年代。①

威尔金森出生于铁匠家庭。他的父亲艾萨克·威尔金森（Isaac Wilkinson）原本是一个湖区牧羊人，偶然发现他的牧场上既有矿石也有煤炭，因此很快就成了一个铁匠，这项工作占据了其后半生大部分的时光。作为一个靠着熔炉生活的人，艾萨克日常的工作便是冶炼矿石和锻铁，而

①在威尔金森的有生之年，新成立的大不列颠王国长期处于战争状态，如与西班牙的“詹金斯的耳朵战争”（War of Jenkins' Ear）、在奥地利王位继承战争中对法国作战、对抗法国和西班牙联盟的七年战争、镇压美国独立的战争、第四次英荷战争，以及英国成为联合王国之后参与的拿破仑战争。期间，威尔金森的大炮几乎参与了所有的重大战役。

用于冶铁的原料，除了铁矿石以外，还要用木炭或经过焖烧的煤，我们称这种加工过的煤为焦炭。采用焦炭是出于保护环境的考虑，因为木炭的制造已经使英格兰失去了大片的森林。

据说，约翰在出生那天还经历了一些故事。他的母亲临产时，正在赶往郊野集市的路上，她当时坐在颠簸前行的马车上，沿途观看路边铁匠铺里喷涌而出的白热蒸汽，以及熔化的红热金属。约翰的母亲对猛烈加热的金属及锤打加工金属器皿的过程着了迷，而就在这时分娩突然开始了。后来约翰长大后，在英格兰中部地区以及他父亲定居的威尔士马驰地区（Welsh Marches）①习得了铁匠的技术，并于18世纪60年代逐步精通了锻造金属的技艺，最终成为“铁疯子”。

在威尔士与英格兰边境地区的伯沙姆村（Bersham），威尔金森拥有一家相当大的铸造厂。从铸造厂的第一批账本来看，威尔金森自那时起就已经开始认真地组织生产了，工厂的产品包括“挂历用的转轴、装麦芽磨粉的圆筒、装糖果的卷筒、水管、铁皮盒、手榴弹和枪”，而正是上述表单这最后一项，即军火，让威尔金森成为伯沙姆这个小村庄里最富裕的居民和最大的雇主，使这个小村庄在世界历史当中成为一个独特的地方。伯沙姆村位于克利韦多格河（River Clywedog）流域，在工业革命的进程和精密制造的故事中都扮演着无可争辩的角色，尽管这一事实已经几乎被人遗忘了。

正是在这里，威尔金森靠着以煤为原料的炉子，每周生产20吨优质的铁。1774年1月27日，威尔金森发明了一种制造枪炮的技术。虽然他

①也有人翻译为威尔士行军地区，这一地区在古代是威尔士和英格兰的边境地带，自罗马帝国统治英国时期起一直是军事要地。——译者注

的朋友兼竞争对手亚伯拉罕·达比三世（Abraham Darby Ⅲ）留下的至今仍屹立不倒的考尔布鲁克代尔铁桥（Iron Bridge of Coalbrookdale），吸引着数百万的游客来参观，并被大多数现代英国人视为工业革命最有力且最具辨识度的象征，但是我认为，相比这座铁桥，威尔金森造枪和冶铁的技术产生了更直接的级联效应①，其影响远比他想象的要深远得多，而且在长期看来具有更大的意义。

威尔金森申请了一项编号为“1063”的专利，这一编号意味着它在英国专利史上算得上是相当早的专利。这项专利于 1617 年第一次公开，名称是“一种铸造枪炮并给枪炮打孔的新方法”。虽然以今天的标准来看，他的“新方法”几乎是平庸的，但在大炮制造的工艺上，这一方法却带来了非常明显的进步。1774 年，当整个欧洲的海军炮兵部队在科学技术和装备水平上都有了突如其来的进步的时候，威尔金森的新方法更被奉为天赐之物。

在此之前，海军大炮采用空心铸造工艺，尤其是 32 磅长身管火炮，这是皇家海军一流战舰的标准配置，通常在新船下水时要订购 100 门。炮膛，即点燃火药以及弹丸在大炮内部被推进和发射的地方，制造于铁在模具中冷却的过程。然后人们将大炮固定在砖块上，将一把锋利的切削工具绑在一根长杆的末端伸进炮管里面，这样做的目的是消除炮管内表面的任何缺陷。

这项铸造工艺的问题在于，切割工具会自然地沿着炮管内部现成的空腔运动，而炮管内的空腔很可能从一开始就不完全平直。这将导致抛光后

①级联效应是由一个动作影响系统而导致一系列意外事件发生的效应。例如：在生态系统内，某一个重要物种的死亡，可能触发其他物种的灭绝。——译者注

的炮膛偏心，当加工偏离预期时，大炮内壁局部就会变得过薄。这会成为这门大炮的缺陷，而有缺陷的大炮是危险的，因为这意味着大炮可能会发生意外爆炸和炮管炸膛，这种情况不但会摧毁大炮，还会伤害在炮台甲板操纵大炮的水兵，这也是战舰炮台因危险而声名狼藉的原因。18 世纪早期，海军火炮质量低劣，导致火炮开火时出现故障的概率高得惊人，这无疑使伦敦海军总部的负责人感到担忧。

这时威尔金森带着他的新想法登上了舞台。他决定把铁质的大炮铸造成实心而非空心的，这样做能保证铁锭本身的完整性。例如，如果人们在铸炮时安装了一个内嵌的铸模来制造内管，那么在冷却的过程中，先冷却的铁就会收缩变小、形成空腔、出现气泡甚至形成海绵状的部分。而一块坚固实心的圆柱体铁块，虽然可能很重，但如果人们小心制作，正如在伯沙姆村的熔炉中进行的那样，其内部就不会产生气泡或海绵状部分。上述问题在当时被人们称之为铸件的“蜂窝状问题”，这类问题使得空心铸造的大炮在当时臭名昭著。

然而，真正的秘密是镗孔的制造过程。加工的两端，即需要掏空的炮身和负责打孔的刀具，这两者都必须进行适当的固定，不能有丝毫松动，这一点是毋庸置疑的。无论是对于今天的精密制造来说，还是对于 18 世纪的加工来说，这一点都是不变的真理。因为要将某物切割或抛光成完全精确的尺寸，工具和工件就都必须尽可能地卡死和夹紧，以确保其不会晃动。此外，在加工炮管的过程中，镗孔时更不能容许镗刀晃动。因此威尔金森改进后的大炮必须铸成实心的而不是空心的，否则就有可能发生灾难性的炸膛事故。

在威尔金森专利工艺第一次迭代时，他将这个坚固的炮筒设置为旋转状态，即把一根链条缠绕在圆柱形炮筒上，并用一个水车来提供使其旋转的动力，同时，他将一把如剃刀般锋利的铁镗刀直接推进到旋转的圆柱体工件里面。这样就镗出一个全新的孔，笔直且精确。最近一位为威尔金森写传记的作家略带诗意地写道："有了一根坚硬的镗杆和轴承，准确度必然会随之到来。"而在后来的版本中，人们将大炮保持固定，把镗刀连接到水车上转动。从理论上讲，只要控制镗刀的转向杆本身是刚性的，且炮筒两端都有支撑、保持刚性，当镗刀推进炮筒中时，圆柱炮筒就不会以任何方式弯曲、转动、松动或摇摆，镗刀就可以在它上面镗出一个非常精确的孔。

事实上，正是这家工厂生产出了符合要求且没有缺陷的大炮。一门又一门大炮从磨坊里滚落下来，每一门大炮都精确符合海军要求的尺寸，并且每一门大炮一旦出厂，就和它的前一门、后一门大炮一模一样。新的生产线从一开始就完美无瑕地工作，这样的成功激励着威尔金森拿下了著名的炮筒镗床专利。

很快，英国皇家海军收到的不再是带有缺陷的空心大炮，也不再是蹩脚的偏心炮膛火炮。如果海军用带有偏心炮膛的大炮开火，那么大炮即使不炸膛，射出去的球弹和链弹也很可能会失控乱飞。皇家海军现在从伯沙姆工场的货车上收到了大量的火炮，这些火炮的使用寿命要比原先工艺铸造的大炮长得多，而且即使射出的是葡萄弹、霰弹或爆炸性榴弹这样更难命中的炮弹，这门大炮依旧能使炮弹更加精确地飞向目标。这些强化火力的改进措施都要归功于铁匠威尔金森的努力。至此，威尔金森成了一个富有的人，他获得了巨大的成功：声誉飙升，新订单成批涌入。很快，仅他的铁器厂就加工了全国 1/8 的铁矿石，而伯沙姆村也在一段时间内稳步发展。

然而，是什么将威尔金森的新方法提升成为一项改变世界的发明，并让伯沙姆村由地方舞台逐步成为世界舞台的呢？这件大事出现在威尔金森的工厂大量生产火炮的第二年，即 1775 年。这一年，他正式开始与瓦特做生意。威尔金森将他的新的火炮制造技术与瓦特的蒸汽机结合了起来，这项发明不但直接引领了工业革命，还使得许多其他的新机械都巧妙地用上了蒸汽动力。

蒸汽机与工业革命

蒸汽机的原理大家都很熟悉，它基于一个简单的物理事实：当液态水被加热到沸点时，它就变成了气体。因为水蒸气的体积比液态水大 1 700 倍，所以它可以用来做功，许多早期的实验者都意识到了这一点。康沃尔郡一位名叫托马斯·纽科门（Thomas Newcomen）的铁匠是第一个将这一原理转化为产品的人，他把一个锅炉通过一个带阀门的管子连接到一个带活塞的气缸上，并把活塞连接到摇臂的横梁上。这样一来，每次当来自锅炉的蒸汽进入汽缸时，活塞就被向上推，带动横梁的前端上抬，使之倾斜。通过这种方式，横梁远端的所有东西可以少量做功，但是做功的转化率很低，做的功很少。

纽科门随后意识到他可以通过向充满蒸汽的气缸内注入冷水的方式，来提高气缸的工作效率。这种方法可将蒸汽冷凝，并使其体积恢复到其气体体积的 1/1 700。这样一来，在活塞下的气缸中便出现了一个真空环境，与此同时，大气的压力使得活塞再次下降，这种向下的冲程可以加速抬升横梁的远端，这就可以完成真正的往复做功循环。这样，横梁就可以真正发挥一定的作用，比如用来排出锡矿矿井中大量的地下水。

就这样，一台非常简陋的蒸汽机诞生了，除了抽水以外，几乎没有任何用途。但鉴于 18 世纪早期，英国到处是被地下水淹没的浅层矿井，事实证明，这一机械对煤矿行业还是有用的，而且广受欢迎。纽科门蒸汽机及其类似产品在后来的生产中一直沿用了 70 多年，直到 18 世纪 60 年代中期其热度才逐渐降低。在这一时期，瓦特受雇于 960 千米外的格拉斯哥大学，负责制造和修理科学仪器。在研究了纽科门蒸汽机的工作模式后，瓦特产生了一系列灵感，他相信，纽科门蒸汽机是可以提高效率的，只要加以改进，蒸汽机就可能会变成一个非常强大的机器。

这次改进正是威尔金森促成的，同时这也离不开瓦特的天才构想。一连几周，瓦特独自一人待在格拉斯哥的房间里，坐在纽科门蒸汽机的模型面前冥思苦想。这台机器存在着尽人皆知的缺点，它效率低下，浪费了很多的热能和机械能。瓦特耐心地尝试了各种方法来改进纽科门的发明，据记录，他曾疲倦地自我安慰道："大自然是有弱点的，只要我们能找到它，便能对其加以利用。"

终于，他找到了"大自然的弱点"。据传说，在 1765 年的一个周日，当瓦特在格拉斯哥市中心的一个公园里散步的时候，他终于想到了改进纽科门蒸汽机的方法。瓦特意识到了导致纽科门蒸汽机低效的主要原因在于：注入汽缸的冷却水使蒸汽凝结并产生真空，但这也会导致汽缸本身冷却。与之相矛盾的是，为了维持发动机的高效运转，气缸需要始终保持尽可能高的温度，因此冷却水不应该出现在气缸中，而是应该放置在单独的容器中来冷凝蒸汽，从而在主气缸创造真空的同时，保持气缸的热量，并使其再次吸收蒸汽。此外，为了提高效率，可以从活塞顶部而不是底部引入新鲜蒸汽，并在活塞杆周围放置某种填充料，以防蒸汽在做功过程中泄漏（见图 1-2）。

瓦特的这两个改进措施非常简单明了：第一，加装一个独立的蒸汽冷凝器；第二，把进气入口从气缸底部改为气缸上部。对于 1765 年的瓦特而言，这两个改进措施产生的效果似乎很明显。现在，瓦特从根本上把纽科门所谓的“火力引擎”蒸汽机变成了一台正常运转的蒸汽动力机器，改良后的蒸汽机瞬间变成了一种在理论上可以产生无限能量的装置。

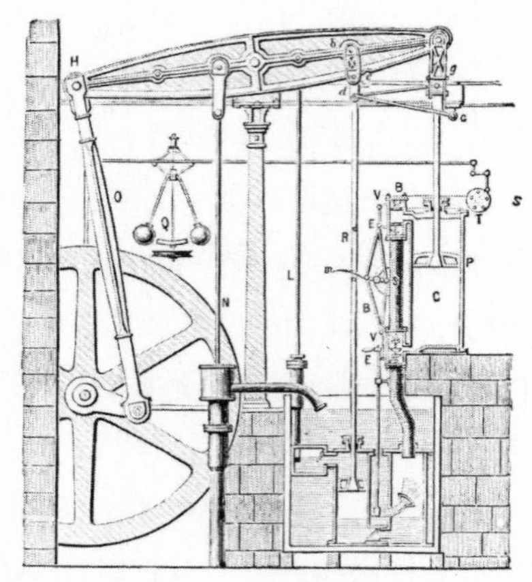

图 1-2　博尔顿－瓦特蒸汽机的横截面

注：主气缸，就是标记C的地方，可能是由约翰·威尔金森镗出来的；活塞，就是标记C的地方，它紧贴着气缸，活塞与气缸的缝隙只有一个英国先令硬币的厚度，即0.1英寸。

从此，瓦特开始了整整 10 年有关蒸汽机的工作，包括改进试验、原型构建、展示路演和项目融资。在此期间，他也从苏格兰南部迁到了英格兰中部工业蓬勃发展的地带。很快，1769 年 1 月，瓦特申请到了专利，并以“913 号专利”登记在册。只不过瓦特的专利有一个看似波澜不惊的标题“一种新型的、减少火力引擎机器中蒸汽浪费以及燃料消耗的方法”。这一谦虚的措辞掩盖了这项发明的重要性：这项发明一旦完善，将在下个世纪甚至更长的时间里，成为英国乃至全世界几乎所有工厂、铸造厂和运输系统的动力来源。

特别值得一提的是，一件历史性的巧合也正在发生。威尔金森也在英格兰中心地区附近工作和生活，他在 1774 年 1 月也拿下了一系列专利，编号是 1063 号，确切地说是 150 项专利，但这一事件比瓦特拿下专利晚了整整 5 年。铁匠大师威尔金森也是一位发明家。

与此同时，威尔金森对于钢铁痴狂的热爱在整个行业可谓尽人皆知，除了喜欢自己制造各种铁制品外，他还成功吸引了许多女性，即使是在 78 岁的时候，他还跟一个女仆生了一个孩子。

尽管如此，威尔金森还是可以把自己从生活琐事的烦恼中解脱出来。到了 1775 年，尽管他和瓦特性情迥异，但他们已经很熟并成为临时的朋友，虽然这是一种基于商业利益，而非趣味相投的友谊。很快，瓦特和威尔金森两人的发明结合在一起，双方都收获了巨大的商业利润。威尔金森的“一种铸造枪炮并给枪炮打孔的新方法”与瓦特的“一种新型的、减少火力引擎机器中蒸汽浪费以及燃料消耗的方法”相结合，结果证明，这是一种合乎时宜且必不可少的技术联姻。

瓦特是一个苏格兰人，带着悲观的气质和迂腐的作风。他总是压抑着自身的情绪，还怀有加尔文主义的热忱[①]，他痴迷于把自己的机器调校得尽可能完善。当他在格拉斯哥的车间里制造、修理和改进科学仪器时，他几乎被自己对精确的热忱所感染，这一点与哈里森在林肯郡的钟表制造车间里展现出来的情感差不多。

---

①加尔文宗是基督教新教一派，主张人与上帝直接沟通，富于对教廷的反抗精神，强调通过在现世奉献来达到彼岸，作者这么写，有可能在表达瓦特对于机器调校尽善尽美的追求。——译者注

瓦特对早期的分度机、螺纹刀具、车床和其他仪器都非常熟悉，这些仪器当时正帮助工程师们走出迈向完美机器的第一步。瓦特习惯于精心制作并妥善维护仪器，使它们能按预期发挥作用。当事情出了问题，比如当机器做功的效率变得很低时，瓦特感觉自己仿佛受到了巨大的侮辱。尤其是当瓦特在他的家庭工厂里调试他在此打造的巨型铁制发动机时，发现发动机的性能参数，远不如苏格兰试验室那台由黄铜和玻璃构成的蒸汽机模型。

瓦特的第一台大型蒸汽机的原型机是一个壮观的庞然大物：它高达 30 英尺，长达 6 英尺，主蒸汽缸直径达 4 英尺，其中含有一台燃煤锅炉和一台独立的蒸汽冷凝器，这两者的尺寸都算得上是巨大的。

所有的工作部件都通过黄铜管、润滑良好的阀门和操纵杆连接在一起，组成了一个错综复杂的蒸汽网络，整个系统还配有一个旋转的双球调速器，用以防止器械转速失控。整个蒸汽机输出动力的核心是一根沉重的木梁，它有节奏地来回摆动，通过曲柄把往复的机械运动变成旋转的运动。木梁又带动着一个巨大的铁质飞轮，而这个飞轮又能驱动一台泵来做功。蒸汽机每分钟都在喷射冷凝水、压缩空气并执行后续的机械冲程 15 次。发动机持续工作时，一旦达到最大功率，就会产生强烈的噪声和大量的热气。机器剧烈地震颤和轰鸣，强烈到让人胃肠搅动。难以想象，仅仅是将水加热到它天然的沸点，就能产生如此摄人心魄的能量。

然而正是这四处滚滚涌过的蒸汽云团，让瓦特的实验工坊一直笼罩在潮湿、炎热、晦暗的雾气中。本应令瓦特欣慰的灼热水汽，却激怒了这位谨慎而迂腐的大发明家：不管他怎么努力改进蒸汽机，蒸汽似乎总是在泄漏，而且不是偷偷地从缝隙中泄漏，而是大股大股地冒出来。最让他倍感羞辱的是，蒸汽居然是从发动机巨大的主缸中一股一股地泄漏出来的。

他试图用各种装置、物件和材料阻止蒸汽泄漏。从理论上讲，活塞外表面和气缸内壁的间隙应该是最小的，也就是说无论从任何位置测量，气缸内壁与活塞之间的距离应该大致是一样的。但是由于气缸是用铁皮锤成的圆柱体，并不规则，因此当瓦特尝试把活塞的边缘与气缸内壁密封在一起时，就发现活塞边缘和气缸内壁的间隙在每一处都不一样。在某些地方，活塞和气缸接触，造成摩擦和磨损；在另一些地方，它们之间的间隙达 0.5 英寸，这使得蒸汽每次注入其中后，都会立即从缝隙中喷发出来，这就是瓦特蒸汽机未能进一步完善的原因。为了解决这一问题，瓦特试着在气缸中用各种材料来填充缝隙：浸过亚麻油的皮革、浸过油的纸、面粉做成的糊状物、软木塞、橡胶片，甚至一团半干的马粪。最后，当他尝试用一根绳子包住活塞，并在可压缩的绳子周围拉紧一个他称之为“垃圾环”的东西时，一种新的解决漏气的方法应运而生。

后来纯属巧合的是，在伯沙姆的威尔金森要求瓦特为他制造一台蒸汽机，威尔金森打算用蒸汽机来给自己工厂的一台铁炉风箱提供动力。威尔金森拿到蒸汽机后，立刻发觉瓦特的蒸汽机有蒸汽泄漏的问题，同时，威尔金森也知道自己有办法解决这个问题：他将用他的炮筒镗床技术来制造蒸汽机汽缸。

那时，想要在蒸汽机中采用新的镗削工艺的威尔金森，并没有预防性地申请专利，而是直接在瓦特蒸汽机的气缸中使用了他在海军大炮上所采用的相同工艺。要知道作为瓦特蒸汽机的顾客，威尔金森这一次想要用镗床打造的不再是大炮，而是蒸汽机的汽缸，汽缸长 6 英尺，直径 38 英寸。威尔金森让瓦特的工人们把一个实心的铁圆筒拉到距离瓦特工坊 110 千米外的伯沙姆，然后把实心铁筒绑在一个固定台上，并用重型铁链固定住它，以确保它不会移动哪怕 1 厘米。

然后威尔金森制作了一个特别坚硬的 3 英尺宽的大号铁质镗刀，并用螺栓把镗刀牢牢地固定在一根 8 英尺长的硬质铁棒的末端。理论上，这个镗刀应该能切割出一个直径 38 英寸，壁厚 1 英寸的汽缸。随后，威尔金森将铁棒两头支撑住，把它放置在一个沉重的铁制雪橇上，从而确保整个镗刀和支撑系统可以缓慢而平稳地靠近有待加工的实心铁筒坯。

威尔金森做好加工工件的准备后，他命令他的工人用软管把水和植物油的混合物浇到待加工的金属表面上，这种油水混合物既可以冷却金属，又可以冲走切削下来的铁屑。随后威尔金森打开水轮的水阀，使水轮带动镗刀转动，接下来镗刀缓慢且平稳地向着实心铁筒坯靠近，直到它的刃口开始啃蚀铁坯的表面。

加工工件时，金属之间的摩擦带来了灼烧的热浪。在嘈杂的叮当声里，汽缸被镗削了出来，整个过程持续了大约半个小时。这把镗刀虽然在切削中变得很烫，但几乎没有变钝，它在加工完成后被取了下来。

镗削出来的铁筒有一个直径约 3 英尺的内壁，内壁看上去光滑而干净，笔直而准确。威尔金森用一组铁链和木块把沉重的铁筒竖了起来，铁筒现在已经不那么重了，因为铁已经被削掉很多，现在它是汽缸了。

就这样，人们把直径不到 3 英尺的活塞，放入沾满了润滑油的、刚刚加工完毕的汽缸里，小心翼翼地让它上下滑动。活塞先向上运动，并越过汽缸口，之后又向下运动，落入汽缸的底部。我能想象，那时大家一定都在欢呼，因为活塞正无声无息地在气缸里抽动，可以顺利地上下升降。显而易见，在真正运转时，新的汽缸不会漏气、不会漏油、不会有任何泄漏的问题，堪称完美。

然后，瓦特花了几天时间把威尔金森加工过的气缸部件带回自己的家庭工坊。一到家，瓦特就自豪地把新的汽缸安装在属于他自己的，同时也是世界上第一台全尺寸单动蒸汽机上。然后他和他的工程师们把所有的辅助部件，包括管道、冷凝器、锅炉、摇臂、调速器、水箱、飞轮等，都安装并连接好，在燃烧室里装上煤，加上一点引火物，点燃火，当水的沸腾程度足以让蒸汽从安全管路喷出时，瓦特打开了主阀。

伴随着蒸汽机发出的巨大喘息声，活塞开始上下往复地运动，活塞不断在气缸中进进出出，推动摇臂，摇臂也开始像跷跷板一样上下摆动，这样一来，摇臂远端的连杆也被带动着开始上下运动，从而带动了飞轮上的一组偏心日月齿轮运动，然后巨大的飞轮本身也转动了起来。实际上大型飞轮正是用于传递蒸汽机输出的能量，它是由几吨的实心铁制成的。

不一会儿，飞轮达到了设计速度的上限，此时调速器那对闪亮的小球自顾自地旋转了起来，它们的作用是节流蒸汽，以免蒸汽机运转过速。此时蒸汽机正在全速运转，整个屋子笼罩在“砰砰”“簌簌”“轰轰”“噗噗”的机械交响乐当中，一切都运行得十分顺利。这是瓦特开始制造全尺寸模型机的实验以来，第一次没有遇到蒸汽泄漏的情况。现在这台蒸汽机发挥了自身最大的效能，它运转飞速，动能澎湃，与瓦特设计时所期待的样子别无二致，瓦特高兴地笑了。威尔金森已经解决了瓦特的难题，这时我们可以说，这两个从来没有思考过工业革命的人，揭开了工业革命的序幕。

此时我们要提起“0.1 英寸”这个关键的数字了，这个数字是整本书的主线。它出现在本章的开头，而在这本书其他章节的标题中，这个数字以及它的倍数也会被精确地提炼出来。为什么是这个数字呢？因为正如瓦特后来告诉别人的：“威尔金森先生给我们镗削了几个直径 50 英寸的圆筒，几乎精密得没有误差。其公差还不及过去 1 先令硬币的厚度。”那时，一枚英国 1 先令硬币的厚度只有 0.1 英寸。这就是威尔金森镗削出他的第一个圆筒形汽缸时，所能接受的公差。

事实上，威尔金森的镗孔加工可能做得比这更好。瓦特写的另一封信中的内容表明，威尔金森已经为瓦特的蒸汽机镗了不下 500 个汽缸。当时，全国各地的工厂、磨坊和矿山都在抢购瓦特的蒸汽机，瓦特这个苏格兰人夸口说威尔金森已经“改进了气缸的镗孔技术”，所以他保证，“一个 72 英寸的汽缸圆筒与理想中标准圆筒之间的差距不会大于一个旧时代的六便士硬币的厚度”。旧时代的六便士硬币甚至更轻薄，其厚度只有 0.05 英寸。

然而，无论是 1 先令硬币的厚度还是六便士硬币的厚度，其实都无关紧要。真正有价值的事情是：**人们创造出了一个新世界，在这个新世界中，人们已经制造出了可以制造其他机器的机器，而且制造得还很精确。突然之间，人们对公差产生了兴趣，即一个零件与另一个零件啮合或贴合的间隙**。这是一个相当新鲜的事情，实际上，它是从 1776 年 5 月 4 日第一台蒸汽机的交付开始的。蒸汽机的核心功能部件具备了以前未曾设想过或实现过的机械公差，即 0.1 英寸，甚至更小。

就在这些精密制造的系列事件达到高潮的两个月后，即 1776 年 7 月 4 日，在大西洋彼岸，一个全新的政治实体应运而生：美利坚合众国宣告成立，其影响是当时的人们无法想象的。

就在美国建国后不久，美国驻欧洲的重要代表——托马斯·杰斐逊（Thomas Jefferson）得知了这个机械进步创造的奇迹。他开始思考，自己远在北美洲的祖国如何才能充分利用蒸汽机，并发挥其最大的潜力。

杰斐逊宣称，也许蒸汽机和精密制造可以为新生美国的新型外贸奠定基础。美国的工程师们回答说："也许我们可以做得比前人更好。"他们用晦涩的数字来表达雄心壮志："也许我们可以在美国制造、加工和生产金属工件，且产品公差远小于威尔金森的 0.1 英寸。"

也许我们能熟练地把公差控制到 0.01 英寸，也许还能更小，比如 0.001 英寸，谁知道呢？这些富有远见的工程师们思索着、考虑着，也许就像这个新国家的建立一样，新的机器也会相应地诞生。

事实上，工程师们会做得比他们预想的好得多，一开始的弄潮儿主要是英国工程师，但在本书后面的故事中，主要是法国工程师。至此，精密制造的精灵已经从瓶子中钻出来了，真正的精确度已经开始起步，而且飞速发展起来。

The Perfectionists

第 2 章

极致平整，极致缜密

公差 0.000 1 (10^{-4})

正是由于我们的机床拥有较高的精确度，由它生产的工件才能很好地“各司其职，各尽其责”。

——威廉·费尔贝恩爵士（Sir William Fairbairn）
1862年在英国科学促进会上的报告

在伦敦皮卡迪利大街（Piccadilly Road）北边，有一处可以俯瞰格林公园的建筑——皮卡迪利大街 124 号。这栋建筑的西边是一家老旧沉寂的骑兵卫队俱乐部，东边是一家饱含秘鲁风情的酸橘汁腌鱼餐厅。这栋外表优雅却很普通的建筑，其内部如今被用作私密办公场所和富人的私人住所。

1784 年，这条著名的林荫大道的最西边还尚待开发。当时住在皮卡迪利大街 124 号的是一位名叫约瑟夫·布拉马的锁匠（见图 2-1），这里不仅是他的住所，还是他制作橱柜、锁具及各式小机械装置的工作室。只用了 6 年左右的时间，布拉马的工作室就一跃成为一家业务成熟又小有名气的公司。

有一天，人们纷纷聚集在布拉马的公司外面，好奇地对着橱窗指指点点，读着橱窗里的一封“挑战书”，深感困惑。这项挑战如此困难，甚至在接下来的 60 年里应者寥寥。

在橱窗内的一张天鹅绒垫子上，放着一把大小适中、外表光洁的椭圆形挂锁，看上去活像一尊被供奉的神像，挂锁正面就镌刻着这封“挑战书”。然而“挑战书”的字迹极小无比，只有那些把脸紧贴在玻璃窗上的人才能看清“挑战书”的内容：“谁要是能制造出撬开或打开这把锁的工具，就将得到 200 几尼[①]作为赏金。”

图 2-1　约瑟夫·布拉马

注：约瑟夫·布拉马不仅是一位杰出的锁匠，还是钢笔的发明人之一。此外，他还发明了一种能将酒吧地下室低温保存的啤酒成功泵上其他楼层的压力装置，以及一种印钞机。

这把据说“没人能打开”的锁，正是这家公司的老板布拉马设计的。然而这把锁的制造者却不是布拉马，而是时年 19 岁、曾当过铁匠学徒的亨利·莫兹利（见图 2-2）。由于在精密机械加工方面表现出了卓越的技术，莫兹利在 18 岁时成为布拉马的得力助手。

直到 60 年后的 1851 年，才有人成功地打开了布拉马设计的这把锁，

①英国旧时的一种金币，1 几尼等于 1.05 英镑。——译者注

当然只有后人才能有幸见证这一幕。我们将在后文提到，虽然筛选挑战者的过程颇具争议，但是兑现的赏金数额还是很可观的，放在今天至少可以买一辆奔驰小轿车。而早在这把锁被打开前，布拉马和莫兹利就已成功向世人证明自己是机械制造界的泰斗。在威尔金森发明炮筒镗床之后，布拉马和莫兹利发明了各种新奇有趣的设备，可以说是凭一己之力有效地绘制了“精密制造世界”的蓝图。虽然他们的一些发明已然消失在历史的长河中，但还是有相当一部分发明作为当今世界众多尖端工程的基础流传了下来，并始终为人们所铭记。

图 2-2　亨利·莫兹利

注：亨利·莫兹利，这位“高大俊秀的年轻人”，加工了布拉马锁的内部构造，后来更进一步成为“精密机械制造”“批量生产”“实现完美平整度”这些关键工程概念的首创人。

虽然莫兹利的实力在后世得到了大多数工程师的认可，并且与布拉马相比，他的名字更为人熟知，但在当时，也许布拉马才是两人中更突出的那一个。布拉马第一项发明的灵感是他摔伤后躺在床上养伤时产生的。但是不得不说，这可不是个浪漫的发明。鉴于当时伦敦民众迫切需要改善公共卫生条件，布拉马重新设计了马桶储水箱。此外，还用一个由活瓣、浮子、阀门和管道组成的系统改进了原有抽水马桶的阀门装置，并为上述发明申请了专利。布拉马发明的这个装置既能有效地将秽物冲走，又解决了马桶水箱在冬季会结冰这一令人烦恼的问题。布拉马凭借这项发明发了一笔小财。他改进后的抽水马桶很快便批量生产，在 20 年间共卖出了大约 6 000 个。直到 100 年后，由布拉马设计的抽水马桶仍然是英国中产阶级浴室里的标配。

当然，相比马桶，锁具在结构和制作工艺上更为精密和复杂。布拉马对锁具的兴趣，似乎始于他在 1783 年成为英国皇家艺术、制造与商业促进会（Royal Society for the Encouragement of Arts, Manufactures and Commerce）的一员。[①] 当时，这一机构刚成立不久，后来它有了一个更广为人知的名称——英国皇家艺术协会（Royal Society of Arts）。回到 18 世纪，那时该协会设有以下 6 个部门：农业部、化学部、殖民地贸易部、工业生产部、机械制造部，以及极具时代特色的上流艺术部。布拉马自然参加了大部分机械制造部的会议，很快他便因在会上展示了一次看似简单的开锁，迅速成为人们关注的焦点。当然，布拉马打开的并不是一把普通的锁，事情远没有那么简单。1783 年 9 月，一位名叫马歇尔的先生将一把锁带到了机械制造部的会议上，并宣称这把锁无法被撬开。在此之前，马歇尔已经让当地一位名叫特鲁曼的开锁专家尝试了各种方法。特鲁曼用了一大堆专用工具，结果撬了一个半小时都没能打开，以失败告终。此时，布拉马从后面的观众席上走了下来，很快就自制了一套工具，最后只用了不到 15 分钟便打开了那把锁。会场上顿时响起一阵兴奋的欢呼声，显然人们刚刚领略了当年最厉害的机械专家的风采。

①当时有不少人发现了布拉马这位年轻的约克郡小伙子的才华，其中就有约翰·谢尔顿（John Sheldon）。谢尔顿是一名外科医生，同时也是一位尸体防腐专家。他声称自己是第一位乘坐热气球飞行的伦敦人。谢尔顿还曾前往格陵兰岛试验一种捕鲸的新技术，即用带有箭毒的鱼叉来捕猎鲸鱼。

锁是那个时代的英国人极为痴迷的东西。18 世纪末，席卷英国全国的社会改革和立法变革，极大地激化了当时的阶级矛盾，对英国社会产生了相当深刻的不良影响。几个世纪以来，土地贵族们一直用围墙、花园和篱笆把自己和穷人分开。他们待在豪宅中，在佣人的簇拥下远离世俗的纷扰。然而，新的商业环境在使富人收获颇丰的同时，也使好似永无翻身之日的穷人更容易接触到他们。对于那些将家安在快速发展的城市中的富人们来说，他们和他们的财产在穷人们看来都不是什么秘密。这些富人们住的房子往往就分布在城市的街道两边，他们就生活在穷人们目之所见、耳之所闻的地方。在这样的社区里，嫉妒会蔓延，抢劫也时有发生，空气中到处都弥漫着恐惧的气息。因此，把门窗都闩好并结结实实地装上质量上乘的锁无疑是富人们的最佳选择。不过，像马歇尔先生带来的这把锁，一个熟练的锁匠可以在 15 分钟内用合适的工具打开，而一个绝望又饥饿的人也许在 10 分钟内就能破门而入……这样的锁显然还不够好，因此布拉马决定设计一把更好的锁。

很快，1784 年，布拉马就开始了他的研究，而此时距他打开马歇尔的锁才不到一年的时间。在布拉马的新发明出现前，用蜡覆盖钥匙坯，将其插入锁孔，使蜡填充至锁芯内的每一个卡槽以计算锁内各种小杠杆的位置，是盗贼们最喜欢的撬锁方式，而布拉马的设计却使这一方式几乎不可能再成功。按照他的设计，当带有凹槽的圆柱形钥匙被插入时，锁体内与钥匙啮合的各个片状金属杠杆会上升或下降至不同位置，从而带动内锁芯转动，而内锁芯一旦被锁住，各个片状金属杠杆就又会回到它们的初始位置。当时的盗贼对于这一设计几乎无能为力，因为就算是在钥匙坯上裹再多的蜡，也很难准确带动杠杆将锁打开。布拉马于 1784 年 8 月为这项设计申请了专利。

从这款锁的基础机械结构中，人们便可以窥见布拉马的智慧与其巧妙的设计。整个锁呈圆柱形，锁芯里的各个片状金属杠杆不会因重力而在锁芯内晃动，但是它们却会在带有凹槽的圆柱形钥匙的影响下上下移动，从而带动内锁芯转动开锁；待钥匙拔出后，各个片状金属杠杆又会在与之相连的锁簧的带动下回归原位。这款锁的管状结构使它可以很容易地被安装在木门或铁制保险柜预留的管状锁孔中。当人们打开锁时，锁舌在锁芯的带动下会收回；而当人们安全地带上锁时，锁舌又会从锁芯中伸出，并插入门框中。

在接下来的日子里，布拉马继续发明了更多的新奇设备，提出了更多的新奇概念，不过其中许多都与锁无关，反倒是与液体在压力作用下呈现的神奇特性相关，而布拉马对此尤为着迷。他发明的液压机，时至今日在全世界的工业生产中仍起着巨大的作用。

此外，布拉马还发明或改进了很多小东西。比如，布拉马曾设计过一款原始的钢笔①，这是现代钢笔的雏形，他还改进过自动铅笔的设计。除此之外，布拉马还发明了一款一直小规模沿用至今的啤酒压力泵，这种压力泵能直接、快速地将酒窖里凉爽的啤酒送到顾客手中，不再需要酒保像过去那样一桶一桶地把新鲜的啤酒从地下室扛上楼。这一设计至今仍受到某些守旧的英国酒吧老板的欢迎，在英国兰开夏郡还有一家酒吧以“布拉马”的名字命名。

尽管如此，如今喝生啤酒的人却都不知道布拉马的名字。同样，印钞厂员工中也鲜有人知道是布拉马制造了第一台能够巧妙地确保数千张钞票都印

---

①不过，为了确保他设计的钢笔受到市场的欢迎，布拉马还发明了一种可以从一只鹅毛翎上剪下多个笔尖的装置。有了这一产品，即使那款带有可挤压的橡胶墨水笔囊的新型金属头钢笔不受欢迎，他也仍有机会在大规模生产的传统羽毛笔上赚上一笔。

有连续不同序列号的机器。布拉马还分别制造了用来刨大型木板和造纸的机器。他还预测，在不久的将来，大型船只将使用螺旋桨来推动自身前进。[①]

然而，布拉马的名字被收录于英语词典，主要还是得益于“布拉马锁”的发明。现在，人们仍然可以从已有文献中找到关于“布拉马笔”和“布拉马锁”的相关资料——威灵顿公爵阿瑟·韦尔斯利（Arthur Wellesley）曾以充满敬意的笔触记载过“布拉马锁”和“布拉马笔”，18 世纪苏格兰历史小说家沃尔特·斯科特（Walter Scott）和 19 世纪英国戏剧作家萧伯纳也都曾记载过这两样发明。然而，当人们单独使用“布拉马”这个词时，比如在狄更斯的《匹克威克外传》（*The Pickwick Papers*）、《博兹札记》（*Sketches by Boz*）和《非商业旅人》（*The Uncommercial Traveller*）中便有这样的情况，我们应该注意，至少对于维多利亚时代的公民来说，布拉马这个词是个多义词。比如，一个人用“布拉马”打开了一个“布拉马”；一个人的家用“布拉马”来确保安全；一个人把“布拉马”送给了自己的挚友，从而方便挚友随时登门拜访。直到查布[②]和耶尔[③]发明的锁相继出

①当时船只的推进工具主要是明轮。——译者注

②即杰里迈亚·查布（Jeremiah Chubb）和查尔斯·查布（Charles Chubb）两兄弟。杰里迈亚·查布早在 1784 年就发明了一款完全不同的锁，这款锁的精密程度达到了当时的巅峰水平，制造者声称任何人都无法破解它。杰里迈亚·查布和查尔斯·查布曾在“布拉马锁”的基础上对杠杆锁进行了大幅的改进，改进后，锁中的杠杆数由原来的 4 个增加到了 6 个，并且他们还在锁孔上覆盖了一个圆盘，以防锁孔的内部结构被试图撬锁的人看清。——译者注

③即老莱纳斯·耶尔（Linus Yale, Sr.）和小莱纳斯·耶尔（Linus Yale, Jr.）。我们现在使用的弹子锁便是由老莱纳斯·耶尔在 1848 年发明的，这种锁使用了长短不一的弹子来确保它只能被正确的钥匙打开。后来耶尔的儿子小莱纳斯·耶尔对父亲发明的圆柱形弹子锁进行了改良，改良后弹子锁的内部结构与今日的弹子锁已非常接近。小莱纳斯·耶尔还发明了一种扁平的、边缘带有参差不齐刻痕的钥匙，而这便是我们如今经常会使用到的钥匙的一种。——译者注

现在市场上（《牛津英语词典》分别在1833年和1869年将“查布”和“耶尔”的名字纳入词典），布拉马对于锁的词汇垄断现象才被打破。

可以说，“布拉马锁”的卓越性能得益于它极其复杂的内部设计，而它持久的安全性，则要归功于其工艺上的精密性。与其说这一切是“布拉马锁”发明者的功劳，不如说是得益于制造者精细的制造技术。“布拉马锁”的制造者即前文提到的莫兹利，他的任务是大批量制造布拉马所设计的设备，降低制作成本，并确保设备在质量上能更好、在运作上能更便利。要知道在布拉马考虑让莫兹利做他学徒的那一年，莫兹利才18岁。后来，莫兹利则成了精密机械制造界早期最具影响力的人物之一，而直到今天，他对英国乃至世界的影响仍然存在。

当布拉马雇用莫兹利的时候，莫兹利还只是伦敦东部伍尔维奇皇家军火库（Woolwich Royal Arsenal）[①]的“一位高大俊秀的年轻人”。莫兹利12岁便成了风帆战舰上的火药搬运工，他每天的工作就是把火药从船上的弹药舱搬运到火炮甲板。接着，莫兹利又去了木工作坊做学徒，但他常常为木材无法准确拼接而感到不满。很快，莫兹利的所有雇主都发现，这个年轻人真正感兴趣的似乎是金属器件。莫兹利喜欢偷偷溜进船坞的铁匠作坊学习技艺，他甚至还在后来发展出了一项副业：用废弃的铁螺栓制造出一系列实用而又非常漂亮的三角火炉架。而对这一切，莫兹利的雇主们都睁一只眼闭一只眼。

改进车床，制造通用的零件

对布拉马来说，1789年是令人焦虑不安的一年。这一年，由于英吉

①伍尔维奇皇家军火库就是后来大名鼎鼎的阿森纳足球俱乐部发迹的地方。——译者注

利海峡对岸混乱的政治局势，大批惊慌失措的法国难民涌入英国，而这些人中又有多数滞留在了伦敦。难民的到来，更加激起了伦敦居民紧张的排外情绪，于是他们开始疯狂地为自己的家庭和产业寻求更多的安全保障。此时，发明受到专利保护的布拉马陷入了两难的境地：只有他本人懂得如何制造“布拉马锁”，但包括他在内的任何机械师都无法以足够低的价格制造出足够数量的锁。大多数自诩机械师的人擅长的可能只是粗糙工艺品的制作，比如用重锤敲打红热的铁锭，然后用铁砧、凿子，特别是锉刀进行一些金属加工，只有极少数人能真正做到精工细作，并且能顺利制造新近设计的机械。

不过，事情很快出现了转机。18 世纪伦敦铁匠铺的工人们是一个联系紧密的团体，布拉马不久便听到了这样的一个传闻：伍尔维奇皇家军火库有个与众不同的年轻铁匠，不同于其他铁匠手持重锤、猛击大块铁锭的日常工作方式，他对每一块金属都表现出了超乎寻常的挑剔和近乎过分的讲究，这位年轻铁匠名叫亨利·莫兹利。布拉马很快便与年少的莫兹利进行了面谈，虽然布拉马很急切地需要雇用莫兹利，但是他心里十分清楚，任何想进入这一行当的人都要先以学徒的身份干满 7 年，然后才能独当一面。然而，什么都抵不过市场的需求。当那些潜在的顾客再次走进布拉马位于皮卡迪利大街的门店时，布拉马决定不再受限于繁文缛节，抱着赌一把的心态当即雇用了年轻的莫兹利。令他没想到的是，这一决定竟然改变了历史。

果不其然，莫兹利是一个能够带来变革的人物。首先，他在深思熟虑后解决了布拉马锁的供应问题。他没有采用雇用工人、让工人独自制作整把锁的传统方法，而是发明了一种机器来制造这些锁的配件，就像 13 年前住在西边 320 千米外的威尔金森所做的那样。

莫兹利制造了一台机床，即制造机器的机器，或者说是一系列机械装置系统。他制造了一整套机床，事实上，每一台机床都可以制造，或者协助制造布拉马设计的各种复杂的锁。布拉马和莫兹利想要物美价廉、运转高效的零件，但是如果他们只是靠手工和手工工具去制造零件，那么误差和瑕疵将是不可避免的。换句话说，莫兹利制造的机床是实现精密制造的必要组成部分。

现在，伦敦的科学博物馆陈列着 3 种当年莫兹利的制锁设备。第一种设备是切割开槽的锯子。第二种设备与其说是加工机床，不如说是一种确保生产过程快速且标准的工具。它是一种能快速夹紧、释放的虎钳，从作用上来看是一种夹具，当锁的零件被放置在车床上，进行一系列的铣削加工时，这个夹具能把零件固定住。而第三种工具是更为绝妙的装置。它由脚踏板来驱动，用以给锁内部的各种簧片施加拉力，这样一来，锁芯里面的各个零件就可以在装配过程中保持固定，并一直处于装配出厂后的工作状态。这个工具会一直发挥作用，直到外壳被安装好，锁处于完工状态为止。这时展现在人们面前的是那个刻有“伦敦皮卡迪利大街 124 号布拉马锁公司”华丽签名的锁的面板，黄铜面板散发着耀眼的金属光泽。

当然还有一种工具，就是车床的转轮。车床转轮被一些人认定为车床最重要的部件，这个部件正是在布拉马所处的时代开始广泛出现的。不久，转轮就成为车床必不可少的组成部分。车床是一种车削装置，很像陶工制陶用的轮子，这种转轮式的加工工具自埃及法老王朝时代被发明以来，一直是改善人类生活的机械工具。事实上，车床在几个世纪以来发展得非常缓慢。也许最大的改进出现在 16 世纪，那时有了丝杠的概念。在早期，常见的丝杠形式是一种长的、木制的螺丝，安装在车床的主框架下，可以用手转动，以推进车床的活动端靠近或远离固定端。这样就可以在一定程度上增加制造的精确度。根据丝杠的螺距，手柄转动 1 圈可以使车床的可移动部分前进 1 英寸。有了丝杠，木匠在加工中便有了更大的掌控度，从而能制造出装饰性更强、对称性更好、带有巴洛克式曲线和雕花的复杂的木制家具，比如椅子腿、扶手、国际象棋棋子等。

接下来，莫兹利也对车床进行了很大程度的改进升级。他首先改用铁来打造车床，铁坚固而沉重的特性重塑了车床的结构。这样一来，车床不仅可以加工木制物品，还可以把不成形的硬质金属坯料也塑造出对称性，这是此前脆弱的木制车床无法做到的。

仅仅打造铁车床这一点，可能就足以使莫兹利青史留名了，但后来莫兹利在他加工用的车床上又额外添加了一个部件，而这个部件的起源至今仍有争议且尚无定论，这一争议也使精密制造的历史变得更加复杂。

具体来说，安装在莫兹利车床上的新装置被称为滑动支座。滑动支座巨大且坚固，能固定住各式各样的铣削工具，当然，被固定住的工具也可以通过螺丝来调整和移动部件。滑动支座上安装了可以向各个方向调节的螺丝，工人们可以运用这些螺丝来调整滑动支座上支撑的工具，甚至可以实现只有几分之一英寸大小的微调，这使精密制造中的零件切割得以实现。当然，滑动支座必须放置在车床的主轴上和尾座之间，同在车床主轴上的还有提供动力的电机和使工件旋转的心轴，而尾座则可固定住工件的另一端。莫兹利使用的丝杠是由金属制成的，相比当时通用的木质丝杠，金属丝杠的螺纹更紧密，螺距也更精细，进而使工件长短伸缩的距离更加可控。

然后，固定在滑动支座上的刀具就可以沿着丝杠的方向前后移动，从而使车工可以在工件上开孔、倒角。当铣削的工艺发明之后，车工也可以对工件进行铣削，或以其他方式将工件打磨成其希望的形状。因此，丝杠使工件沿纵向移动，而在工件上切割、倒角或打孔的刀具所在的滑座则沿横向移动，或沿着丝杠运行路径的方向移动。

就这样，靠着改进后的车床，金属工件可以被加工成各种形状、大小和结构。只要车工能记录下加工每个工件时滑动支座和丝杠的位置，并确保这位置不变，那么在每一次加工中，被加工的工件都将是一样的：外观一样，长短一样，如果两个工件金属密度相同的话，就连重量也是一样的。

这些由改进机床加工过的零件，不但可以量产，还可以相互替换。而正是这些最终构成了枪械，这些零件包含齿轮、扳机、握把和枪管。从枪械开始，零件变得通用，这是构成现代制造业的基石之一。

除此之外，莫兹利还使用这种装备精良的车床，打造出了另一种对可替换零件以及制造业同等重要的零件，那就是螺丝。

几个世纪以来，正如我们在历史书中所了解的那样，螺丝的制造工艺有了许多进步。但事实上，是莫兹利在发明、改进并完善车床上的滑动支座等一系列与提高精密度相关的设备之后，设计出了一种高效、精确、快速的切削金属螺丝的方法。就像布拉马在皮卡迪利大街上的门店里展示了一把无人能开的锁一样，为了显现自己对于金属螺丝改进工艺的自豪感，莫兹利也在位于马里波恩区玛格丽特街道的“桑斯和菲尔德公司”（Sons and Field）小车间的弓形展示橱窗里放置了一件展示品。那是一件莫兹利最引以为豪却又看似平常的东西—— 一枚长 5 英尺、经过精密制作的通体笔直的工业黄铜螺丝。

严格意义上讲，莫兹利并不是第一个尝试改进螺丝专用车床的人。早在 25 年前的 1775 年，英国企业家、发明家、约克郡的科学仪器制造者杰

西 · 拉姆斯登（Jesse Ramsden）就制造了一台小巧精致的螺丝切割车床。他与航海钟制造者约翰 · 哈里森一样，进行工程研究的资金支持都来自航海经度委员会，因而他并没有因为此项发明而获得专利。但是拉姆斯登的发明确实强大，他可以在 1 英寸长的袖珍螺丝钉上刻下 125 圈，这意味着螺丝钉每旋进 1 英寸，就需要旋转 125 圈，这样一来，车工就能对配备有这款螺丝钉的任何装置进行极其细小的微调。

尽管如此，拉姆斯登的机器实际上是作用单一的机器，虽然这个机器像手表一样精巧，能用来生产望远镜和导航仪器的零件，但它绝不是用来大规模生产金属配件的工业重器，因为它没有与之相匹配的生产效率、可靠性和耐用性。而莫兹利用他那台装备齐全的车床制造出的是一台推动历史前进的发动机，用一位历史学家的话来说，莫兹利的车床将成为“工业时代的工具之母”。

不是靠他和师傅布拉马最初使用的木制车床，而是靠着一台铁制车床，靠着改进车床上的滑动支座以及精湛的制造技法，莫兹利可以加工出公差控制在万分之一英寸的螺丝钉。就这样，在所有伦敦居民的见证下，精密制造这一改变历史的概念诞生了。

因此，无论谁发明了滑动支座，他都足够有资格因后来精确制造出的无数部件而得到称颂。这些部件形状功能各异，又可参与到下一轮精密的机械加工之中，与更多的设备和部件发生关联。滑动支座使得各种各样的机械生产变为可能，例如门锁上的铰链、喷气式飞机的发动机、气缸外壁、气缸活塞，还有原子弹致命的钚核，当然，也包括平凡的螺丝钉。

但究竟是谁发明的滑动支座呢？很多人认为就是莫兹利。据记载，莫兹利在布拉马的“秘密工坊中有几台奇怪的机器……这些机器是莫兹利先生亲手制造的”。也有一些人说是布拉马发明的滑动支座。还有一些人完全驳斥了“莫兹利参与了滑动支座的发明”这一说法，明确表示滑动支座不是莫兹利发明的，而莫兹利本人也从未声称滑动支座是自己发明的。有的百科全书上说第一个滑动支座实际上是出现在德国，在 1480 年的一份手稿中，就出现了滑动支座的插图。

俄国科学家安德雷·纳尔托夫（Andrey Nartov）曾在 18 世纪被沙皇彼得大帝（Tsar Peter the Great）授予“沙皇的私人工匠”称号。他被尊为欧洲最伟大的车床加工大师，并曾向当时的普鲁士国王传授车床加工技法。据说他早在 1718 年就制作了一个实用的滑动支座，并将其带到伦敦展示。也许有人认为沙皇彼得时代的故事有疑点，但据说一个名叫雅克·德沃坎森（Jacques de Vaucanson）的法国人在大约 1745 年的时候也制作了一个滑动支座。来自北卡罗来纳州的一位名叫克里斯·埃文斯（Chris Evans）的教授，撰写过大量关于早期精密制造的文献，他注意到了这种竞争性宣称发明的情况，并建议不要使用“英雄发明家”式的叙事方法来描绘精密制造的历史。

埃文斯写道，人们最好承认一个事实，那就是**精密制造是众多大师合力孕育出的产物**。在它的演进过程中，不可避免地会存在重复发明和发明物在功能上交叉的情况，甚至还有学科跨界的情况，这一点没有严格的规范。**精密制造的发展毕竟是在长达 3 个多世纪的生产实践当中逐步由混沌走向清晰的，换言之，精密制造的历史远不如精密制造本身那样明晰。**

尽管如此，莫兹利的主要发明还是相当值得铭记的，因为在莫兹利与布拉马相识之后，莫兹利还参与了其他的发明创造与工艺改进。直到有一天，莫兹利要求加薪，要知道在 1797 年他每周的薪水只有 30 先令，但这一要求被布拉马粗鲁地回绝了，于是莫兹利愤然离开了布拉马的工坊。

大规模生产的新世界

莫兹利随即把自己从伦敦西部制锁业的小圈子当中解放出来，他进入或者说他开创了一个前所未有的大规模生产的新世界。在实现大规模生产的过程中，他研发了大批量制造英国帆船关键部件所需的核心技术。为此，莫兹利建造了令人惊叹的复杂机器，在接下来的 150 年里，这些机器大批量生产了风帆战舰所需要的滑轮和索具，正是这些关键的帆船索具使得皇家海军具备了航行、掌控并最终统治世界各大洋的能力。

这一切的发生，对于莫兹利而言是最幸福的时刻。就像布拉马在皮卡迪利大街上展示那把锁一样，莫兹利在他的车床上制造了一个 5 英尺长的黄铜螺丝，并骄傲地向公众展示。他把这个螺丝放在众人视线的中央，作为车床技术的广告。而据海军军械部门说，就在莫兹利展示这枚螺丝钉后不久，出现了一个偶然的机会：有两个人为了满足海军日益增长的军需，要创建一个滑轮组制造工厂。

18 世纪中叶，在英国南部码头城市南安普敦，已经有人建立了一个类似的滑轮制造厂，从事木制零件的锯切和开槽加工工作，但大部分的精加工工作仍需手工完成，因此，海军的滑轮供应链实际上仍然不可靠。而一条可靠的供应链对英国的生存至关重要。

在 18 世纪末的大部分时间里，英国断断续续地与法国交战，尤其是法国大革命后拿破仑的上台使伦敦政府确信，军队需要在 19 世纪初做好战争准备。在英国陆军和英国皇家海军这两支作战部队中，海军上将分走了国防预算的更多份额。英国的码头上很快就挤满了大型战舰，随时准备在接到命令后扬帆起航，让英吉利海峡对岸的任何对手，尤其是拿破仑尝到被皇家海军鞭挞的滋味。造船厂在忙着建造船只，干船坞在忙着修理船只，从英吉利海峡到尼罗河河口，从北非柏柏里海岸（Barbary Coast）到新西兰科罗曼德尔（Coromandel）海滨，到处都活跃着强大而警觉的大英帝国海军将士，他们昼夜不息地在海上巡航。

当然，巨型的战舰都是风帆战舰，它们有着木质船身、覆铜龙骨，三层甲板上摆满了大炮，巨大的桅杆由诺福克岛的松树制成，支撑着同样巨大的船帆。当时所有的帆具都是用缆绳和螺栓悬挂、牵拉和控制的，如果把一艘船上的绳索拉直，会长达数千米，其中的索具不限于前支索、侧支索、帆桁固定索、脚踏索，而大部分索具都少不了坚韧的木制滑轮和滑车系统，这些滑轮在海军中被简单地称为滑轮组，后来滑轮和滑车的称呼也沿用到了航海之外的领域。

一艘大型帆船可能拥有多达 1 400 个滑轮组，这些滑轮组的类型和尺寸根据任务的需要而有所不同。水手可以只凭借一个滑轮吊起一个顶帆，或者把一根桅杆从一个位置移动到另一个位置。而吊起一个像船锚一样重的物体可能需要 6 个滑车，这也就是动滑轮。每个滑车上有 3 个小轮，并用一根绳子穿过所有滑车，这样一个水手只需轻松施加很小的拉力就能吊起一个半吨重的锚。在一些教学质量高的小学里，老师们仍然教授着“动滑轮和定滑轮”的物理知识，而帆船上的索具则在实践当中展现出，即便是最基础的滑轮系统，在风帆战舰时代也能发挥出巨大的作用，而这一系统的巨大力量又完善融合了简洁与优雅之美。

船上使用的滑车非常结实，因为其必须经受多年的海水冲刷，以及刺骨的寒风、潮湿的热浪、连日的酷暑、腐蚀性的盐雾、沉重的载荷和粗鲁海员的剧烈操作。回溯到帆船时代，滑车上的滑轮主要由榆木制成，两侧用螺栓固定着铁板，滑车上下两端用铁钩固定，铁板把滑轮夹在中间，并用绳索绕着滑轮。滑轮本身通常是用铁梨木制成的，这跟哈里森制造某些钟表齿轮所用那种坚硬的、能自己分泌润滑油脂的木材是同一品种。大多数现代帆船的滑车是用金属打制的，而滑轮是用铝或者钢制成，除非船的外观是老式的，在这种情况下，人们为了保持其古色古香的韵味，会用许多华贵的铜器和上了清漆的橡木来造滑轮。

因此，索具对于舰队是至关重要的，19 世纪早期的英国皇家海军对此极为关注。英吉利海峡对岸 32 千米外就是拿破仑统治下的法国，同时无数的海域问题牵扯了英国在主要海事战略上的注意力。海军将领们主要担心的不是船只产能是否足够，而是重要的舰用滑轮组产能是否足够，也就是说帆船能否航行起来。海军部每年需要大约 13 万个各式滑轮，它们有 3 种主要的尺寸，而在过去的几年里，由于制造这些滑轮的工序极其复杂，因此它们只能靠手工加工制作。为了满足产能，英格兰南部及周边地区的数百名木工手艺人被紧急征召来，投入这项工作当中。可想而知，这一临时拼凑出来的供应团队在后来被证明是完全不可靠的。

随着海上的敌对行动越来越频繁，造船的订单也越来越多，建立一个更高效可靠的供应系统的呼声也越来越高。当时的海军工程监察长塞缪尔·边沁（Samuel Bentham）终于下决心采取行动来改变现状，而后来证明他的确解决了难题。1801 年，一位名叫马克·布鲁内尔（Marc Brunel）的人找到边沁，说他心中已有一个具体的计划。[①]

---

①边沁和布鲁内尔都有比他们更有名的近亲。塞缪尔·边沁的哥哥是杰里米·边沁（Jeremy Bentham），他是著名的哲学家、法学家和监狱改革家，伦敦大学至今依然供奉着他的衣冠冢和他设计的标志。布鲁内尔的儿子名叫伊桑巴德·金德姆·布鲁内尔（Isambard Kingdom Brunel），是一名英国工程师，皇家学会会员，在 2002 年英国广播公司举办的“最伟大的 100 名英国人”评选中名列第二，仅次于温斯顿·丘吉尔。

布鲁内尔是法国的一个保王党难民，他从法国大革命后动荡不安的局势中逃了出来，在跑到英国之后，他不厌其烦地向英国皇家海军部将领们兜售他的想法。尽管布鲁内尔最初移民的目的地是美国，而且在纽约还谋到了一份总工程师的工作，但他后来回到英国结婚成家。他擅长的领域正是分析解决在滑轮制造中出现的问题。布鲁内尔知道制作一个成品滑轮所必需的各种工序，那至少有 16 道之多。一个滑轮虽然看起来很简单，但实际上制造起来的难度就像它在舰队当中起到的作用一样大。为了提高滑轮的加工效率，布鲁内尔还设计了一系列他认为可以高效加工滑轮的机器①。经过孜孜不倦的努力，他终于在 1801 年获得了一项专利，专利内容是：“一种新型切削木制滑轮及辅助滑轮侧面成型，同时完成一个或多个开槽的作业，并给滑轮侧面金属外壳开孔、装配和固定滑轮外壳的机器。”

布鲁内尔在这台机器的设计上，有很多方面都是革命性的。布鲁内尔尝试让同一台机器执行两种不同的职能，比如让一台圆锯既可以切割，又可以发挥出铣刀的功效。他还设法让一台机器剩余的机械动力带动它旁边的机械，并保持机械之间的同步。因为机械之间存在着协同效应，所以每台机械都必须以尽可能精确的方式完成工作，一旦有一台机械出现了错误，那么错误的运转节奏就会向整个机械系统中传播开来，产生的后果就像今天计算机系统中传播的病毒一样，影响无时无刻不在扩大和恶化，最终感染整个系统，并迫使机械崩溃重启。但是重新启动一个由巨大的铁制蒸汽动力机器组成的系统可比重启电脑复杂多了，这些机器拥有挥舞的机

①滑轮组种最典型的一个部件滑车，由四个基本部分组成：木质外壳、硬木滑轮、用于将滑轮固定在外壳中的销钉，以及用于将销钉磨损减到最小的垫圈。当然，每一次绳索穿过滑轮时，这四部分都要承受飞速旋转的摩擦力，因为水手们可能正在拼命地拉动着绳索。

械臂、飞速旋转的皮带和轰鸣的飞轮，重启它可不仅仅像在电脑面前按下一个按钮然后等待半分钟那么简单。

光是制作滑车外壳这一个小零件就需要 7 道不同的工序：从榆树原木上切下木块；将这些木块切成长方形；在木块上为后续固定用的销钉预先钻一个孔；为木块切割凹槽，以便后续加工中将滑轮嵌入外壳里面；把木块外壳的边角修成滑车外壳的形状，并对侧面的边缘倒角加工；为外壳表面打造合适的曲度，修饰外形，并打磨平滑；最后，在木块表面上刻上挂绳子的凹槽，以便绳索能固定住这个滑车。这才只是一个配件，之后加工其他的配件也需要多重工序，其中加工木滑轮需要 6 道工序，加工销钉需要 4 道工序，加工垫片需要 2 道工序。接下来，要把所有的配件都组装好，调试到能够顺畅使用的程度，再送到储藏处保存。

考虑到打算卖给英国皇家海军的机械加工系统的复杂程度，布鲁内尔必须找到一位可靠的工程师来建造这样一套前所未有的机械系统，并确保这套机械系统能够以极高的精确度，批量生产出海军急需的、数以千计的木制滑轮组。

亨利·莫兹利的展示橱窗此时走到了历史的潮头。布鲁内尔在法国时的一个老相识此时也移民到了英国，他叫 M. 德·巴坎古（M. de Bacquancourt）。巴坎古先生一天碰巧路过了莫兹利在玛格丽特街的作坊，在那里，他看到了展示橱窗里陈列着的、莫兹利亲手在车床上生产出的那支 5 英尺长的黄铜螺丝。

巴坎古先生走进了莫兹利的作坊，问候了机械车间里的 80 名雇员，并和当中的一些人交谈，然后又和作坊主莫兹利本人交谈。在谈完之后巴坎古先生确信，如果说在英国的土地上，有一个人能把布鲁内尔设想的系统制造出来，那么这个人就是眼前的莫兹利。

于是巴坎古把他的见闻告知了布鲁内尔，然后布鲁内尔在伍尔维奇见到了莫兹利。作为会谈的一部分，布鲁内尔向年轻的莫兹利展示了他所设计的一种机器的工程图，毫无疑问，莫兹利能够像音乐家在心里演奏乐谱那样，解读出这些图纸的功效，就像普通人阅读书籍般轻而易举。看到图纸后，莫兹利瞬间就认出了这是一种制作滑车的机器。

布鲁内尔向莫兹利展示的机器设计图，正是那台他所设想的、为了向海军部展示的滑车制造机器。现在，莫兹利已经着手制造这台机器了，而且这台机器本身的制造，也很快会成为政府支持的重点项目。

依照布鲁内尔的图纸，莫兹利参与设计并制造了世界上第一台专门用于精密制造的机器。这台机器虽然是一种只能用于生产同一种产品的专业生产线，在当前这个故事当中是滑轮组的生产线，但在未来，专用生产线生产的产品也可能是枪械、钟表、棉布甚至是汽车。毋庸置疑，专业生产线的产能极其强大。

莫兹利在滑车工坊这个项目上花了 6 年的时间。海军先在朴次茅斯的造船厂建造了一座巨大的砖结构厂房，来容纳布鲁内尔、莫兹利等人所设计并将投产的一大批加工机器。生产线上生产了一台又一台的机器，很快，随着产能的扩张，这一生产线从莫兹利位于伦敦玛格丽特街的车间，搬到了泰晤士河南侧的兰贝斯地区，莫兹利的划时代机器终于开始发挥出它在设计时的预期效果。

滑轮组生产厂总共有 43 人，每个人都执行 16 道工序中的其中一道，这些工序的最终目的就是把一张张被切割好的榆木木板，变成一个个滑轮组，然后送到海军仓库。每台用于加工滑轮组的机器都是用钢铁打造的，因此格外坚固和可靠，并且其加工的精确度能达到海军在合同中要求的水平。于是，用于锯开木材、固定木材、打磨木材、木料打孔、安装铁钉、抛光表面、侧边开槽、修饰外观的机器一起开工，经过一道道工序，最终出厂的便是成品的滑车。一系列全新的词汇诞生了：棘轮和凸轮，传动轴承和牛头刨床，斜角规和蜗轮齿，成形机和冠状轮，同轴钻和抛光机，各种新生的机械设备一夜之间都有了新的名字。

所有执行这些工序的机器都架设在滑车工坊内，这一工坊命名于 1808 年，在工坊里很快就开始了轰轰烈烈的生产活动。莫兹利的每台机器都是通过不断旋转的皮带来提供动力的，皮带通过与安装在天花板上的长铁轴相连而旋转，而铁轴由一台功率约 24 千瓦的巨型的博尔顿 – 瓦特蒸汽机带动。蒸汽机在大楼外呼啸着，蒸汽腾腾地冒着烟，而蒸汽机旁边就是那喧闹而危险的 3 层楼高的工坊。

时至今日，滑车工坊仍然是很多历史时代的见证者，其中最卓著的就是每一个手工制作的铁制机器都臻于完美。这些机器制作得如此之好，以至于大多数现代工程师都认为它们是毋庸置疑的杰作。工坊中大多数的机器甚至在生产了一个半世纪之后仍然可以运转。皇家海军在 1965 年制造了最后一个滑车。事实上，许多零件，例如销钉，都是由莫兹利和他的工人们亲手制作的，同类的零件尺寸完全相同，这就意味着它们是可以互换的。正如我们在后面的故事里将看到的那样，当后来的一位美国总统听闻这一概念时，可互换零件对未来的制造业产生了更加广泛的影响。

但是，滑车工坊之所以闻名于世，还有更深层的原因：这是世界上第一座完全依靠蒸汽机来驱动的早期工厂，对后世具有深远的影响。虽然机械化生产此时在英国已经算不上是什么新概念，但是，早期的工坊机器依然要仰仗自然的河流来提供动力，而我们面前这座位于朴次茅斯的厂房则前所未有地采用了蒸汽动力，这使得这种工坊在规模与动力方面都与过去的水力工坊不同。毕竟，蒸汽是一种不容易受季节、天气或其他外界因素干扰的能源。从此，只要有充足的煤水供给，而蒸汽机又是按照当时最精密的标准打造的，那么工厂就能依靠着蒸汽提供的蓬勃动力飞速运转起来。

从这时开始，锯、钻头、磨盘等工具将由蒸汽机提供动力。有了这些蒸汽机，生产过程中就不再需要人力来提供动力，不再需要人来操纵工具及维持机器的运转，这些工作可以统统交给机器来完成。现在是在朴次茅斯这里，不久之后，这一效应便会在其他地方数以千计的工厂里显现，即用其他的加工方式制造其他的东西。至此，在各木工车间里切割、组装并制成海军滑轮组的工人们，成了机械惊人的生产效率的受害者。为了满足海军“贪得无厌”的胃口，曾经有 100 多个能工巧匠在这里工作，然而现在就算没有人挥汗如雨地工作，这个轰轰烈烈的工厂也可以轻松地满足海军的胃口：朴次茅斯的滑车工坊每年可以生产 13 万个木质滑车，平均每个工作日的每分钟就能生产出一个成品滑车，而且最少时只需要 10 个工人操作所有机器。

就这样，精密制造工艺使第一批受害者产生了，那些木匠失业了。取而代之的工人不需要特殊技能，他们只不过把原木送入切片机的料斗，最后把成品滑车取走，堆放在仓库里。或者，他们拿着机油罐和棉花废料，给机器上油，确保机器润滑，保障机器洁净。工人们密切注视着那些黑绿相间、镶着黄铜装饰的庞然大物。与此同时，机器也在不停地运转，嘲讽似的盯着自己面前的那些工人，它自顾自地旋转、吐料、颤抖、摇摆、劈木头、锯木头、钻木头。这群被蒸汽带动的机器组成了一支庞大的机械乐队，挤在这座巨大的砖房之中，演奏着交响乐。

由精密制造和工业化大生产带来的社会后果是显而易见的。有利的一面是，机器在挣钱这件事情上的确十分专业。这些机器加工出来的滑车非常精致，海军部的将领们宣布他们对产品很满意。布鲁内尔收到了一张支票，上面写着他在一年里为英国皇家海军省下来的钱：17 093 英镑。莫兹利获得了 12 000 英镑的奖金，还得到了公众和工程界的赞扬。从此莫兹利被大众认定为早期精密制造最重要的人物之一，也是工业革命的主要推动者。

皇家海军的造船计划得以顺利实施。由于新的支队、分舰队和主力舰队能够如此迅速地建立起来，因此英国对法国的战争得以顺利结束，并且取得了有利的战争结果。拿破仑[①]最终战败，被放逐到圣赫勒拿岛（Saint Helena）上。运送拿破仑的战舰是一艘拥有 74 门大炮的三级战舰——英国皇家海军诺森伯兰号（HMS Northumberland），它由一艘较小的六级战舰，有 20 门大炮的英国皇家海军梅尔米顿号（HMS Myrmidon）护卫。

这两艘船的索具和其他绳索系统由大约 1 600 个木制滑轮组构成，这些滑轮组都是在朴次茅斯滑车工坊制造的，由莫兹利的铁制机器经过锯、钻、铣之类的加工工艺打造出来，而经手这些滑轮和机器的，只是 10 个在工程师的监督下工作、没有特别技术的海军合同工。

然而这次成功的合作的后果也有两面性，不利的一面是上百名朴次茅斯的熟练工人失业了。我们可以想象，在这些工人拿到最后一笔工资并被

①莫兹利把拿破仑尊为他的“理想英雄”，还尽可能收集了所有与拿破仑相关的艺术品。据一位特别留意莫兹利这一爱好的工程师同事——詹姆斯·内史密斯（James Nasmyth）说，莫兹利之所以特别钦佩法国皇帝拿破仑，是因为拿破仑推动建设了很多伟大的公共工程，包括道路、运河、具有纪念意义的公共建筑，以及银行和证券交易所。

遣散后的几天甚至几周的时间里，他们和他们的家人们无法理解为什么会发生这种情况；当产品需求明显增加时，所需的工人却开始迅速减少。对于被遣散的朴次茅斯人，以及那些依靠这些人获得稳定生计的人来说，精密制造的到来并不是完全受欢迎的。它似乎只有利于那些有权势的人，而令那些没有权势的人深感不安，虽然这100多号人对于任何严肃的政治考量来说都不足为重。

伴随精密制造而生的机械大生产带来了一系列社会运动，其中最有名的就发生在距离朴次茅斯市以北数百千米的地方[①]，而且发生在与航海完全不相关的行业里。这一社会运动之所以闻名，是因为它伴随着断断续续但又风起云涌的暴力活动。

今天所说的卢德运动，是一项针对新技术的短暂抵制活动。这场运动从1811年英国中部和北部地区开始，主要表现为工人们反对纺织业的机械化，当时工人们摧毁了袜子织机，后来蒙面暴徒闯入工厂，阻止机织蕾丝和其他机织物的生产。当时的英国政府感觉非常不安，并在一段时间内对任何涉嫌破坏织布机的人都判处死刑，大约70名卢德分子被处以绞刑，不过这些工人大多是因为犯下了其他暴乱和刑事破坏的罪行而被处决的。[②]

---

①这个社会运动是卢德运动，这个地方是诺丁汉。——译者注

②提出这一处决卢德分子的法案时，在任的英国首相是斯宾塞·珀西瓦尔（Spencer Perceval），他在该法颁布大约8周后被暗杀，但这纯属巧合。同样巧合的是，名义上签发这项法律的英国国王乔治三世本人也自称精神不稳定，并被暂时免职。当时，精密制造的机器已经在英国以外普及，一些工人因为机器的引进而被裁减，同时，整个英国境内也发生了短暂的暴乱，这些都使19世纪初成为一个异常动荡的时期，但这种动荡并不能归咎于新技术本身。具体来说，刺杀首相的凶手的犯罪动机与工人无关，而是因为凶手在俄国欠下了一笔债务，从而产生了不满的情绪。该凶手最终因其罪行而被处以绞刑，而珀西瓦尔是唯一一位被暗杀的英国首相。

到了 1816 年，暴乱者的声浪[①]已经散去，运动普遍平息下来。然而它从未完全消亡，“卢德”一词在今天的词典中仍然存在，主要是作为一个贬义词来称呼那些抵制技术、认为技术是海妖之歌（siren song）[②]的人。卢德主义的存在提醒人们，精密制造从诞生的那一刻起，就产生了不被所有人接受，也不受所有人欢迎的社会影响。从此，精密制造与机械化大生产的批评者和唱衰者粉墨登场，正如我们在后文中将看到的那样，时至今日卢德主义依旧拥有影响力。

莫兹利绝不会在搞定一种工业发明之后就此罢休。就在他的 43 台滑车生产专用机器在朴次茅斯顺畅运转、与海军的滑轮组生产合同订单顺利交付、“工业时代的创造者”这一威名稳固的时候，莫兹利提出了 2 个对于精密制造而言至关重要的构想，这些构想展现了精密制造所追求的那种复杂和完美。其中一个构想是一个概念，另一个构想是一种装置。这 2 个构想对于后世而言都是必不可少的，尤其是那个概念，即使经历了两个世纪的时光，它依旧影响着今天的工业生产。

这个概念就是平整度，它涉及塑造一个理想的平面。正如《牛津英语词典》中“平面”一词所描述的，“没有曲度，凹陷或凸起”。只有基于塑

---

①原文中，这里的用词为“steam”。10 年后，23 岁的本杰明·迪斯雷利（Benjamin Disraeli）在他的第一部小说《薇薇安·格雷》（*Vivian Grey*）中使用了蒸汽这个意象，直到那时，“蒸汽”这个词才进入文学的语言。这个词在当时文学作品中的出现，提醒了人们“蒸汽”这个在工业革命中新生的概念对于社会的真正影响。迪斯雷利只能勉强算是工业革命的受益者，尽管他描写工业革命时代的文学作品使他赚了不少钱，但他也由于投资南美铁路损失惨重。

② siren 一词直译为塞壬，相传塞壬是一种海妖，能通过有魅惑力的歌声让水手的船只触礁，导致船毁人亡。这里作者指的是持有“技术虽会给人类带来享受，但会导致人类灭亡”这一观点的人。——译者注

造出的一个理想的平整地面，所有精确的测量和制造才可以在这个平整的地面上得以进行。正如莫兹利所认识到的那样，只有当机床安装在一个完全平坦、完全平滑、完全水平，且几何形状是完全精确的平面上时，它才能制造出一台台精确的机器。

工程师对于一个标准平面的需求，就像航海家对于精确的航海表的需求。哈里森孜孜不倦地追求更精确的航海计时器，航海测量员追求一个更加精确的子午线，1786 年在俄亥俄州绘制经纬线的测绘员尝试画出更加精确的美国中部地图……简单来说，其实制造一个完美的、平坦的表面，是精密的机械化生产的一个关键部分。**为了实现它，只需要一点天赋的才智，然后等待直觉到来时，大胆迈出实践的一步。**终于，这两种本能的火花在 18 世纪末期，在莫兹利的车间里，碰撞到了一起。

构造一个标准平面并不复杂，其背后的原理也是简明易懂的。《牛津英语词典》对于这一过程进行了很好的描述，字典这一词条引用了詹姆斯·史密斯（James Smith）在 1815 年首次出版的经典著作《科学与艺术博览》(*Panorama of Science and Art*)，其中有这样一段话："如果你想把一个平面磨得很平整，这里有个很好的方法……你必须同时研磨 3 个。"虽然我们要假定人们在几个世纪前就已经知道"3 个一起磨"这一基本原理，但人们普遍认为莫兹利是第一个将它付诸实践的人，并由此创造了一个延续至今的工程标准。

"3"是个至关重要的数字。你可以拿两块钢板，让它们互相摩擦直到磨平，达到人们认为的完美平整度，然后在每一块钢板上涂上颜料，把两个表面擦在一起，看看哪里颜色擦掉了，哪里没有擦掉，就像牙医运用牙科咬合纸的方法一样。

由此，工程师就可以比较一块钢板和另一块钢板的平整度。然而这并不是一个万无一失的方法，运用这一方法不能保证两块钢板都是完全平坦的，因为一块钢板的缺陷可以被另一块钢板的缺陷所包容。让我们假设一个钢板是稍微凸起的，它在中间凸起 1 毫米左右，很可能另一块钢板在相同的地方是凹陷的，然后两块钢板整齐地结合在一起，让人觉得它们的平整度相同。只有将这两块钢板与第三块钢板比较，并进行更多的研磨和加工，去除所有凹凸不平的地方，才能确保它们具有绝对的平整度，显示出像我父亲的量块那种近乎神奇的、会粘在一起的特性。

精确的千分尺

莫兹利的另一种构想是一种测量器具：千分尺（见图 2-3），也叫螺旋测微器。人们普遍认为莫兹利是第一个制造了这种工具的人，而且千分尺还是一种外观和质感都很现代的器具。

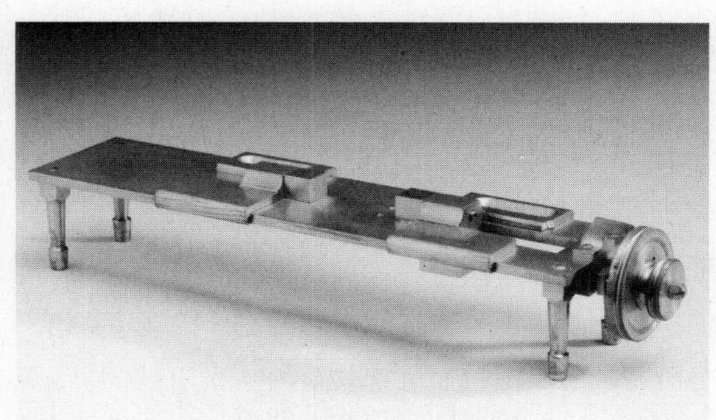

图 2-3　千分尺

注：莫兹利的台式千分尺是如此精确，以至于被戏称为“大法官”，在当时没有人敢质疑这台仪器的权威。

为了公平起见，这里必须提一下，17 世纪的天文学家威廉·加斯科因（William Gascoigne）已经造出了一台外观与千分尺完全不同，但能发挥与千分尺相似作用的机器。加斯科因在望远镜的两个眼镜筒中间上嵌入了一对卡尺，并用一个细螺纹螺丝来记录和调整镜筒之间的距离。加斯科因在镜筒的目镜当中装了一根针，观测者可以通过镜筒两侧目镜中的针，来标记目镜中出现的星体和天文景象，通常是月球的图像。利用螺丝钉的螺距（1 圈就是 1 英寸）、卡尺上的针在目镜中完全“卡”在天体上所需的螺丝的圈数，以及望远镜镜头的精确距离，观测者就可以通过一个快速的计算，以弧秒为单位计算出月球的“大小”。①

回到我们精密制造的故事中，台式千分尺可以精确测量物体的实际尺寸，而这正是莫兹利和他的同事们需要在机器的精密制造中反复实践的操作。他们需要确保在建造中的各个机器的部件都能装配在一起，各个零件的公差要控制在一定范围内，每台机器都是精密制造出的产品，并达到了设计时定下的标准。因此，千分尺应运而生。

就像一个世纪前加斯科因发明的带螺旋测距的望远镜一样，台式千分尺的测距靠的是一个细长且精致的螺丝钉。台式千分尺采用了车床的基本原理，只不过它没有装有切削工具或镗孔工具的滑座，而是有两个完全平整的金属块，一块连接在螺杆主轴上，另一个连接在尾架上，它们之间的间隙随着螺杆的转动而旋进或分离，这样就可以测量出这两个金属块之间的距离，即任何被这两个金属块夹在中间的物体的宽度。螺杆通体粗细越是一致，千分尺就越是精确；如果螺丝上的螺线切割得非常精细，并且对

①加斯科因是想通过这个工具，以弧秒为单位准确记录天体的大小。以火星为例，当火星处于距离地球最近的地方时，它的直径是 25 弧秒，看上去跟 528 米以外的网球差不多大。弧秒也被称作角秒，圆周是 360 度，1 度是 60 角分，3 600 角秒。——译者注

两端的金属块以最小的量程进行微调，那么这台千分尺就能发挥出它应有的精密测距功能。

莫兹利用他的新千分尺测试了他 5 英尺长的黄铜螺丝，发现它有个缺陷：在某些部位，每英寸螺丝有 50 圈螺纹；而在某些部位，每英寸螺丝有 51 圈；还有些部位，每英寸螺丝只有 49 圈。总的来说，这些多了和少了的圈数可以相互抵消，因此这个黄铜螺丝作为一个丝杠是能正常使用的。但由于莫兹利对于完美非常执着，不能忍受这样不精确的情况，所以他又一次次地切割了螺丝的螺纹，一连切割了几十次，直到最后认定螺丝完全没有瑕疵为止。在这种状况下，螺丝即使非常长，也依然能精确地保持每英寸 50 圈的单位螺纹圈数。

后来，人们发现所有这些用于测量长度的千分尺都如此精确，以至于有人，也许是莫兹利本人或是他的一名雇员，给千分尺取了一个名字：大法官。这纯粹是 19 世纪的笑话，那个时候没有人敢挑战大法官的权威。

令人十分欣慰的是，莫兹利发明的千分尺非常精确：千分尺可以测量到千分之一英寸，据一些人说，甚至可以测量到万分之一英寸，也就是说能测量出配件 0.000 1 英寸的公差。

事实上，在莫兹利工坊最新推出的千分尺的螺杆上，螺线密度能达到惊人的每英寸 100 圈，对于前人而言，这是做梦都不敢想的数字。事实上，根据他的同事、工程师兼作家詹姆斯·内史密斯写的传记记载，莫兹利千分尺的最小量程可能达到百万分之一英寸。由于内史密斯对莫兹利非常崇拜，因此这样的记载未免含有夸张的成分。

对于莫兹利千分尺的精确度，伦敦科学博物馆后来进行了一项更为科学理性的分析，得出的结论是其精确度也不过能达到万分之一英寸，而这仅仅是在 1805 年。在未来的岁月里，制造和测量的东西只会变得更加精确，而且这种精确度会达到莫兹利和他的同事们永远无法想象的程度。

但仍然有些人对精密制造技术犹豫不决，他们暂时对机器抱有敌意，而这正是卢德运动所体现的价值观的一部分。这种怀疑和不信任的情绪让一些工程师和可能采购机器的客户在引进这些技术时迟疑了一段时间。

另外，贪婪这一常见的人性缺点也对精密技术的推广构成了阻碍，正是贪婪使得精密制造在 19 世纪早期的发展遭到了一些破坏。而现在，这个故事的视角转移到了美国。

The Perfectionists

第 3 章

每个家里都备有火枪，每个船舱都配有钟表

公差 0.000 01 (10^{-5})

今天，我们学习枪械配件的名称。
昨天，我们学习枪械的日常保洁。
明天早上，我们学习开火后的注意事项。
但是今天，今天我们学习枪械配件的名称。

——亨利·里德（Henry Reed）
《学习枪械配件的名称》（*Naming of Parts*）[①]

---

①这是一首诗歌。——译者注

他，是一名士兵，是一位不为人所知或早已被人遗忘的士兵，是约瑟夫·斯特雷特（Joseph Sterrett）所在的巴尔的摩第五团（ Fifth Baltimore Regiment）的一名年轻志愿兵。那一天是1814年8月24日，正值夏末，我想这位年轻人当时大概满头大汗，他穿的那件二手羊毛制服打了补丁，很不合身，让他越发不能适应夏末的烈日。

他在等待战斗的开始，等待着加入战斗。此时他正躲在玉米田外一堵倒塌的石墙后面，并不完全确定自己身在何处，尽管他的中士曾指示他前往一个名叫布莱登斯堡（Bladensburg）的港口城镇，那里有一条波托马克河（Potomac）的支流通向切萨皮克湾（Chesapeake Bay），由此汇入大海。情报显示英军已从船上登陆，现在正从东边迅速推进，直扑美国的首都华盛顿。这个国家与华盛顿本人一样，尚未达到不惑之年。一支6 000人的部队被派来保护华盛顿，部署在他身后西边约13千米的地方。有消息称，詹姆斯·麦迪逊（James Madison）总统本人正在布莱登斯堡战场上，决心把英国人赶回自己的船上。

年轻人怀疑自己在即将到来的战斗中发挥不了多大作用，因为他没有枪，或者说他连一把能用的枪都没有。他的武器是一把足够新的春田1795式步枪。但在之前的一次战斗中，他把扳机掰断了，还损坏了保险，因此整个枪支都无法使用，而这一时期还只是被后世称为“1812年战争”的初期，他只是经历了一次较小的冲突。

虽然枪支无法使用，但是这位年轻人配备的弹药倒是很充足。他有充足的黑火药纸筒，还有一个装满圆球弹药的袋子。但是军械师告诉他，至少要3天的时间才能为他制造好一个新的扳机，在此之前他最好用刺刀奋力拼杀，而刺刀是他前天晚上刚刚磨好的。军械师笑着对他说，要是连刺刀都没准备好，他就只能用枪托狠狠地砸向敌人了，至少要把敌人的眼眶打黑。

要知道，在装备精良的英军面前只配备刺刀可不好玩。英军很快就在波托马克河东支流左岸附近集结，接近当天中午的时候，英军的炮兵开火了，首先用的是震耳欲聋的康格利夫火箭炮（Congreve rockets），这是他们在征服印度的交战中，缴获并改良的一种可怕的武器。大片的泥土和石块在这位年轻人周围哗啦啦地砸下来，就在这一刻，他意识到了他的生命比这场战役的胜利更有价值，如果军队连他的火枪都无法保障好，他也不值得为这样的部队卖命。于是他转过身一头扎进了高高的玉米地，准备返回位于巴尔的摩的家。

这位年轻志愿兵很快就发现当逃兵的远不止他自己，在茫茫的玉米地里，他可以看到至少有50个甚至100个其他士兵也在逃跑路上，他们为了保全自己的性命，也从炮火轰鸣的战场上如潮水般退了出来。他认识其中的一些人，有来自安纳波利斯（Annapolis）的，有来自华盛顿海军基地（Washington Navy Yard）的，还有来自轻龙骑兵队（The Light Dragoons）

的年轻战友们，这些人显然和他一样，都认为保卫布莱登斯堡的任务是不可能完成的。

他在美国的原野上一路飞奔，其他溃退的战友也和他一样在逃命。溃军很快跑进了哥伦比亚特区的地界，但他们没有停下，还在继续奔跑，有时甚至跑得喘不过气来。半小时后，华盛顿市的一些雄伟的建筑出现在他眼前，他所在国家的政府正在这些建筑内治理着这个幅员辽阔的新生国家。

他觉得自己现在终于安全了，于是放慢了脚步，可是华盛顿并不安全。整个夜晚，尾随而至的英国军队几乎将华盛顿洗劫一空。后来他才知道，英国人在华盛顿放出言论，告诫当地的美国人，他们之所以如此残忍，是因为几周前美国军队在北方加拿大的约克市肆无忌惮地损坏和捣毁建筑，英国军队此举是为了报复。他们烧毁了建了一半的国会大厦，捣毁了国会图书馆和里面的3 000本藏书，还毁坏了众议院的大厅。那天晚上，英国军官在总统官邸里享用了原本给麦迪逊总统准备的餐饮。在确保对美国进行了足够多的报复性羞辱之后，英国人索性点燃了总统官邸，直到一场猛烈的暴雨（也有人说是龙卷风）扑灭了火焰。

1814 年 8 月 24 日，历史将始终铭记这个日子。美军在布莱登斯堡战役中溃败，随后华盛顿和白宫也遭到焚毁，这是最具煽动性的美国国耻，也一直是美国历史上最臭名昭著的溃败之一，的确，这对美国而言是一个既可耻又可悲的事件。前文中，我们设想的这名溃逃士兵的经历，是在战争当天发生的众多故事的一个缩影，在战线被攻破后，美军在英军的猛攻之下惊慌失措地逃散。

造成这次溃败的原因有很多，在随后的很多年里，这成了老兵们的谈资。人们对于这次战败提出过一些司空见惯的原因，例如指挥失误、准备不足、人数不够等。然而那时的美国军队有一个最显著的弱点，这个弱点就是步兵配备的枪支，当时美军的枪支是出了名的不可靠，毕竟自独立战争以来，他们很少打仗。更为致命的是，当步枪损坏时，它们极难维修。

当枪支的任何零件发生故障时，用来更换的零件必须由一名随军铁匠手工制作。由于所有人的枪支都可能发生故障，因此损坏枪支积压的问题不可避免，等待枪支修复的时间可能长达几天。对一名士兵来说，他随后将面临战斗时没有枪可用的窘境，只能等待战友牺牲之后去捡枪，或者带上一把聊胜于无的刺刀上去拼命，要不然就只能像上文描述的那个年轻士兵那样溜之大吉。

当时美军的火枪军备有两个问题。美国陆军当时的标准步枪是一种滑膛燧发火枪，该火枪是法国制造的沙勒维尔式燧发枪的仿制品。第一批火枪直接从法国进口到新独立的美国，然后按照协议在马萨诸塞州斯普林菲尔德①新建的美国国有兵工厂中制造这些武器。无论是法国原装进口的，还是美国本土仿制的，这两种型号的步枪大体上都可以正常工作。第一个问题是，当时所有的燧发枪都存在走火的问题，而且都有一些简单的制造缺陷，这些缺陷一直困扰着使用这些武器的军人们。然而由于战争的需要，这些手工制造的武器依旧会投入战斗，因此也就不难理解会发生枪管过热、枪管堵塞，或金属零件断裂、折断、弯曲、松动、丢失的状况了。

---

①也被翻译成春田市，后来第二次世界大战时美国海军陆战队使用的大名鼎鼎的春田03式步枪就是斯普林菲尔德兵工厂生产的。——译者注

这就导致了第二个问题，因为一旦枪支在某种程度上受到实质性的损坏，那么整个武器就必须回原厂返修、让资深的枪匠翻新或更换组件。虽然到了 19 世纪，人类已经拥有了至少两三百年的火枪应用史，但难以置信的是在此期间，从没有人想过按照一定的标准量产枪支的每个零件。如果这样的话，当枪支有一个零件损坏了，制造者只需拆除损坏零件，并用军火库里另一个零件替换它即可。可惜，此前从没有人采用过这样的解决方案。

如果美军在 1812 年的战争中能够实现这一点，即依靠精密制造技术让所有的零件可以互换，那么如果一个士兵在战斗中损坏了扳机，只需要让这个士兵暂时撤退，然后在阵地后方找到军需官，让军需官把手伸进标有“扳机”的铁皮盒子里，取出一个新的扳机装到枪上即可。这样在几分钟内，一个完全恢复战斗力的步兵就可以返回前线作战，而不会选择溃逃。

然而除了少数一批人以外，没有人想到过这样的事情。倘若在布莱登斯堡战役惨败的 30 年前，人们就发明出了这种可替换配件的新制造工艺，并且于 1814 年在美国开始投入使用，那就很可能避免因士兵枪支失灵而导致的溃败，华盛顿也就不会被付之一炬了。只可惜这种想法不是诞生于华盛顿，也并非始于斯普林菲尔德和弗吉尼亚州哈珀斯费里的两家国有兵工厂，更没有始于美国独立战争期间和之后迅速兴起的大多数新兴枪支作坊，而是始于 4 800 千米外的巴黎。

技术的“阴暗面”

在 18 世纪末，没有人谈论技术的“阴暗面”。这个词语是现代才出现的，对《牛津英语词典》来说也太新了。在这本书几乎所有的采访当中，有关超高精确度的仪器、设备和实验的信息表明了尖端实验室产生的精密技术会发展出什么样的应用，工程师和科学家经常会直接或间接提到技术的“阴暗面”正在进行什么样的尝试。我偶尔有幸遇到一个拥有参与涉密项目资质的人，也就是说如果这个人愿意，他能够更详细地讨论这类实验的结果、尖端设备的构造以及此类设备的发展趋势，但这样的人总是笑着说，不，他无法讨论技术的“阴暗面”在做什么。其实技术的“阴暗面”指的是美国军队，他们正在对新武器或难以想象的武器精确度进行研究，尤其是美国空军的研究项目。51 区（Area 51）是阴暗面、美国国防部高级研究计划局是阴暗面、美国国家安全局是阴暗面。阴暗面在精密制造的发展过程中作用巨大，但对于当今世界的大部分人来说，技术的“阴暗面”只是谈资，他们并不知道具体情况。

技术史学家和哲学家刘易斯·芒福德是最早认识到**军事在技术进步、精密制造的发展和标准化技术中起重要作用**的人之一。他提出，在军事生产中通常需要反复加工相同的武器，而一个时代最先进的武器技术都必须应用到当时所能加工的、制程最小的技术，比如在当今时代，人们以纳米为单位进行加工制造，甚至需要掌控比纳米更微小的尺度。

在接下来的故事当中我们将会看到，实现标准化和基于精密制造来量产武器成为大西洋两岸军队的关键发展方向，这既证实了芒福德的先见之明，也强调了**军队在精密制造的发展中所扮演的关键角色**。在现代科学发展的早期阶段，精密制造的工艺和发展方向当然不是秘密，**而在我们所处的当今社会，人们已经全面实现了精密制造，并且还在追求更高标准的精密制造和更精密的计量技术，然而精密制造的发展方向竟成为地球上最敏感和最机密的研究课题之一**，最尖端的精密制造技术永远被笼罩在阴影之下，因为技术的“阴暗面”必然如此。

精密制造与战争

1785 年，正是在法国首都巴黎，人们第一次实现了为枪支生产可互换零件的想法，并下令首次实施了相关精密制造工艺。然而我们有理由问，如果这个可互换零件的技术早在 1785 年就得以实现，那为什么在 29 年后的 1814 年，它没有应用于同样使用法式步枪的美军呢？

之所以在 1814 年的战役中，美军四散奔逃，遭遇大败，大城市被烧毁，相当一部分原因是军队的枪支没有按照应有的制造技术来生产。那么美军到底为何没有采用这个技术呢？这个问题的确有一个答案，一个并不令人欣慰的答案。

两个鲜为人知的法国人获得了率先将精密制造武器技术引入美国的机会，如果当时精密制造和可互换零件的武器技术得到及时应用，并在美军中广泛推广，那么美国军人本可以配备战斗力更强的武器。

这两个法国人中的第一个是让 - 巴蒂斯特 · 瓦凯特 · 德 · 格里博瓦尔（Jean-Baptiste Vaquette de Gribeauval），他是一位出身高贵、社交广泛的人物，专门为法国炮兵设计大炮，并且为法军服务。虽然他的名字显示了他高贵的身份，但比起另一个法国人，却不太为人所熟知。据推测，格里博瓦尔在 1776 年研究出了大炮镗孔的方案，使用的技术几乎与约翰 · 威尔金森在英国采用的加工手法完全相同，即将旋转的镗刀插入大炮形状的金属铁筒中，钻出一个大炮内膛来。

威尔金森早在 2 年前，也就是 1774 年，就申请了与格里博瓦尔完全相似的炮筒镗床系统的专利，尽管如此，在接下来的 30 年里，被法国人称为“格里博瓦尔系统”的法国国产铸炮系统，还是一直主宰着法国的火炮生产。这一系统使法国军队获得了一系列高效、轻便但显然不完全符合最初设想的野战装备。[①]格里博瓦尔确实使用了所谓的“通止规”，作为确保炮弹正确装载的一种手段，但这并不是革命性的工程，它在原则上已经存在了5个世纪。

另一个人是奥诺雷·布兰克（Honoré Blanc），他把可互换零件的系统应用到了枪械制造中。他的技术和格里博瓦尔不同，而且是无可挑剔的。他不是一个士兵，而是一个枪械匠，在他的学徒生涯中，他非常了解格里博瓦尔发明的系统。他在职业生涯的早期就决定，为了战场上士兵的利益，应该为燧发枪也部署一套类似的标准化系统。

但是大炮和燧发枪还是有区别的。一门大炮又大又重又简陋，一个炮手只需先自己生火，然后点燃连着火门的引信，大炮就能开火了。这样简单原始的开火方式，使得大炮的部件很容易实现标准化。

然而对于燧发枪（见图3-1）来说，燧石擦片和枪机（火枪的重要配件，负责摩擦出火花，从而引燃引火药，引火药点燃主点火药，主点火药

①英法之间的对抗已经持续了几个世纪，并且延伸到了战争和生活的各个领域，就像今天的英国和法国会在烹饪和汽车制造上较劲一样。英国士兵对格里博瓦尔“盗取”威尔金森的炮筒镗床专利感到厌恶，与之相对的，法国士兵对施雷普内尔（Shrapnel）一词也倍感恼怒，因为该词源自亨利·施雷普内尔爵士（Sir Henry Shrapnel）发明的施雷普内尔炮弹，这在当时是最致命的武器，一种引爆后会向四周发射致命金属碎片的炮弹。施雷普内尔炮弹不是英国人施雷普内尔爵士发明的，而是由一个叫伯纳德·福里斯特·德·贝利多（Bernard Forrest de Bellido）的法国人发明的，他在前面提到的格里博瓦尔先生的协助下，将这种炮弹第一次投入实战。

爆炸并将弹丸推出枪管）都是相当精细且复杂的工程产物，由许多形状奇特的部件制成，因此容易发生各种故障。

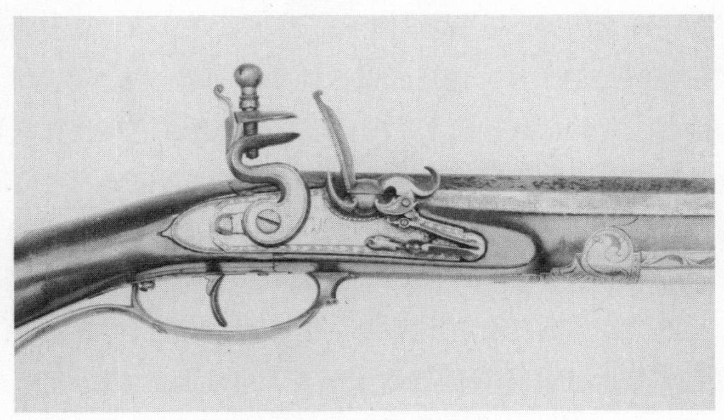

图 3–1　18 世纪晚期的燧发枪

注：在18世纪晚期，燧发枪上的燧石擦片和枪机的许多部件都是手工制作的，必须经过打磨才能正常使用。

对于不熟悉的人来说，单是燧发枪枪机上各个配件的名称就让人摸不着头脑。燧发枪有各种各样的部件，包括转轴、阻铁、扣簧、火药盘，还有许多弹簧、螺丝、螺栓和护板等，当然还有扣簧被敲击时产生火花的燧石块。要将这把燧发枪做成标准化的军事装备，而且确保每把燧发枪的所有部件都做得一模一样，需要极高标准的加工过程。

步兵的福利以及士兵们在战斗中的表现，都不是法国政府在规划装备时主要考虑的因素，降低成本才是。在 18 世纪 80 年代中期，法国政府认为法国火炮工匠的工资过高，并要求他们改进制造工艺或降低生产成本。面对这一无礼的要求，火炮工匠们并没有陷入两难境地，他们随即将自己的产品卖给大西洋彼岸的美国军需官和军火商，这一举动惊动了法国政府，因为法国政府担心自己军队将失去武器供应。

就在此时，“第二个法国人”布兰克登上了历史的舞台，他主动担任了负责军备质量把控的检查员，这是一份部队的文职工作。曾经跟他做同事的其他军火工匠都抱怨道，他们当中曾经的一员现在要站到他们的对立面了，就像一个偷猎者，一夜之间变成了猎场看守。布兰克不理会这些抱怨，持续推进自己的工作。他自己做这件事的动机与法国政府大不相同，他想改善前线士兵的福利，而不是配合政府削减开支。布兰克深受格里博瓦尔先生的影响，决定仿照他的标准化系统，确保每把燧发枪的部件都能如同由工匠大师打制一般精确可靠。

布兰克逐渐成为燧发枪制作大师，他小心翼翼地把所有配件的规格都精确地规定下来，使公差降低到相当于今天尺度上的 0.02 毫米左右。他用的是法国王朝时期神秘的测量系统，这一测量系统仍然使用古老尺寸的度量，如法厘、法尺、法寸。然后他制造了一系列夹具和量块，通过合理地使用锉刀和法国当时可用的车床，确保后续制造的所有燧发枪配件都与第一个精雕细刻的完美配件保持一致。布兰克雇来工人，要求他们按照自己的标准从事生产，把每把燧发枪制造得跟最初的样品一模一样。只要这些工人按照标准和流程生产，那么所有部件就会完美地装配在一起，而所有装配好的配件组成的完整枪机也会同样完美地嵌入每一把燧发枪里。

然而，只有一小部分造枪工匠愿意在这些严格的条条框框下工作，大多数工匠犹豫不决。他们认为简单地通过复制零件来制造枪支让工匠的匠心制作变得微不足道，从来没有造过枪的街头混混都可以代替工匠的工作。经过一番讨论，法国工匠们产生了与英国卢德主义者大致相同的情绪：精密制造和标准化生产正在剥夺他们手艺的价值。

随着精密制造和标准化生产在欧洲、美洲以及世界其他地方稳步发展，这种卢德主义的论调还将反复出现。半个世纪前在英国中部出现的那种叛乱情绪，现在正在法国北部的上空回响着。由于精密制造和标准化生产开始国际化，这种生产方式变化导致的后果还将波及世界上更远的地方。

事实上，法国国内对布兰克的敌意如此强烈，以至于政府不得不把他保护起来，于是布兰克和他那一小群忠心耿耿的精密枪械制造工人被转移到了巴黎以东的大文森庄园城堡地窖里。时至今日，这座巨大建筑物的大部分结构仍然矗立着，成为很多人参观的旅游景点。而在当时，它被用作监狱，历史上德尼·狄德罗（Denis Diderot）和萨德侯爵（Marquis de Sade）都曾被关在这里。在此之后的 30 年中，这座城堡成为法国大革命后最大的武器库之一，布兰克和他的团队一直在努力生产燧发枪，他们生产的所有的燧发枪都是一模一样的。布兰克研制出了全部必要的专用工具和夹具来辅助他从事生产活动。据说，为了掩人耳目，布兰克总要把这些金属零件在城堡马厩的马粪堆中埋上几周。

1785 年 7 月，布兰克准备进行演示。他向首都的地方行政长官、高级军官和对他仍然怀有敌意的造枪工匠发出邀请，向他们展示标准化生产枪支的成就。演示当天来了许多官员，但造枪工匠来得很少，他们还对布兰克深感愤恨。然而此时，有一个对未来具有重大意义的人出现在城堡地窖的大门前：美利坚合众国驻法公使托马斯·杰斐逊（见图 3–2）。

杰斐逊于一年前抵达法国，作为新生的美国政府的官方使者出访法国，与杰斐逊同行的还有本杰明·富兰克林和约翰·亚当斯。一个偶然的机会，富兰克林和亚当斯在 7 月离开了巴黎，其中亚当斯去了伦敦，富兰克林回了华盛顿，只留下了对新知充满好奇又博学多才的杰斐逊一个人，漂泊在大革命前政治形势风起云涌的法国。去参加一个可能应用于本国军工的技术展示，无疑是度过一个炎热的周五下午的理想方式，而且 1785 年 7 月 8 日的巴黎时值盛夏，楼里闷热难耐，而城堡的地牢里却凉爽宜人。

图 3-2 托马斯·杰斐逊

注：托马斯·杰斐逊在担任美国驻法国公使期间，观察了早期燧发枪使用可互换零件进行加工的过程，并报告他在华盛顿的上级，建议美国的军械工匠也效仿法国的做法。

布兰克在杰斐逊面前布置了 50 把燧发枪的枪机，透过微开的地窖窗户，每个枪机都在阳光的照射下闪闪发光。当观众都在看台上落座后，在观众的密切注视下，布兰克迅速拆开其中的一半枪机，把随机挑选的 25 个枪机的各个部件扔进分类托盘里：这里有 25 个扣簧，那里有 25 个护板，那里有 25 个转轴，另一个盒子里有 25 个火药盘。

布兰克摇晃着每一个盒子，使每一个零件都尽可能地和同类型的不同零件随机混在一起，然后，出于对自己制造工艺的高度信任，布兰克镇定地走上前去，飞速地从这些混乱的部件中重新组装出 25 把崭新的燧发枪枪机，每一把都是由以前从未组合在一起的部件组装而成的。这样组装起来的燧发枪与拆解之前的燧发枪并没有什么区别，每一个零件都与其他的零件适配，原因很简单，因为每个零件都以相同的规格制作，按照同一标准精确地制造出来，并忠于最初的样品尺寸，所以每一件产品都是一模一样的。换句话说，这些部件完全可以互换。法国官员对此印象深刻。很快，军队把布兰克安排在一个由官方赞助的车间里，他开始为军队生产廉价的燧发枪零件，也为自己挣了很多钱，在接下来的 4 年里，一切似乎都进行得很顺利。

然后来到了 1789 年，法国大革命、格里博瓦尔之死和恐怖政策的三重打击摧毁了布兰克的生产。城堡遭到了冲击，布兰克的作坊被暴乱者洗劫一空。布兰克的赞助者——法国政府在革命中被打倒，再也无力保护他了，在“无裤党”（sansculottes）[①]中出现了一种快速蔓延并趋于狂热的思想，他们反对机械化、反对中产阶级的效率观、反对使得老老实实工作的工人和手工匠人陷入不利境地的技术。到了 18 世纪和 19 世纪之交，可互换部件的观念在法国已经消亡。有人说，手工工艺技术的残存和面对现代化止步不前的态度，使法国得以成为保留旧式传统和浪漫风情的一个避风港。

然而在美国，人们的反应却大不相同，这都要归功于杰斐逊的远见卓识。他第一次描述他所看到的情景，是在 8 月 30 日写给当时的美国外交部部长约翰·杰伊（John Jay）的一封长信中。在信的一开始，他习惯性地参照上一次成功把信寄给美国外交部部长的那条邮路，写了一大串内容来解释这封信在后续将要寄往的地点和中转线路，这种麻烦事对于今

①无裤党指的是法国大革命初期衣着褴褛、装备低劣的革命军志愿兵，后来泛指大革命的极端民主派。无裤党大部分是贫苦阶级的人或平民百姓的领袖，但在恐怖统治时期，公务人员和有教养的人也都自称“无裤党公民”。——译者注

天的人来说闻所未闻，毕竟洲际邮件对于现代邮政服务而言已经是家常便饭了。

> 我有幸在14日给您写信，信是在写完当天就发出的。康涅狄格州的坎农先生是这封信的收信人。信寄出时您那边的时间应该是7月13日。邮包启航的时间有些混乱，我想请弗吉尼亚州的费茨哲先生转交一下这封信件，因为他的船将在费城靠岸……
>
> 法国人在火枪的生产过程中采用了新的技术，如果国会在未来提出军购火枪的提案，那么届时国会议员们可能会对这个技术感兴趣。这个技术的亮点是每一支火枪的每一个配件都是完全相同的，军火库中每一个配件都可以配属任意一支火枪。
>
> 法国政府已经评审并支持了这种新的生产技术，当前正在依照这项技术筹备建立一个大型专业制造厂。到目前为止，这个技术的发明者布兰克只完成了该技术在火枪枪机部分的部署，他将很快采取同样的技术来改进枪管、枪托和其他配件的生产加工过程。参观途中，我发现这项技术对美国有用，因此我私下去找了一个工人，工人把50个枪机的零件拆开，分类展示给我。我尝试把枪机拼装起来，冒着把零件弄坏的风险拼装枪机，结果把零件完美地拼合在一起了。当武器需要修理时，可互换零件的优点是显而易见的。如果用工人们改进的专用工具来拆装枪支，更换配件和生产枪支的速度会更快，这样生产出来的每一支火枪比普通火枪的成本低两利弗[①]。但是布兰克想实现规模化生产，还需要到两三年之后。我现在在信中向您展示这一技术，是因为这项技术很可能会对我们用法国火枪巩固我国国防的计划产生影响。

①一种法国货币，也称为法磅。——译者注

布兰克的新技术确实给杰斐逊留下了深刻的印象，因此杰斐逊多次写信给他在华盛顿和弗吉尼亚的朋友和同事，强调应该鼓励美国的军械生产商采用法国的新技术。因此，美国枪械制造商们应该开始接受这一新技术，尤其是在新英格兰地区，那里有最多的枪械工匠。[①] 如果说关于精密制造与机械化大生产的怀疑论调还停留在欧洲国家，那么美国则证明了自己完全符合新世界的思维模式，美国政府清除了所有对于新技术的抵制，决定大量采购新的火枪，但是这些火枪要符合杰斐逊的要求，即零件是可以互换的。

两家私人枪械制造厂参加了政府第一批火枪生产的竞标：一家投标 10 000 支，另一家投标 15 000 支。最终的中标者是来自马萨诸塞州的伊莱·惠特尼，与政府签订这个合同意味着他会立即收到一笔 5 000 美元的现金，这在当时是一笔不小的财富。时至今日，惠特尼仍然是一个颇有名气的人，在今天的美国大多数受到良好教育的人都知道他，两个世纪以来，惠特尼的面孔经常出现在邮票上。

人们将惠特尼的故事写进课本，在课本中他与爱迪生、福特、洛克菲勒等发明家和商人并驾齐驱。对于美国今天的任何一个学童来说，惠特尼的名字只意味着一样东西：轧棉机。这个当时年仅 29 岁的新英格兰人，

①新英格兰地区有超过正常比例的枪械工匠，主要是因为它是北美殖民地第一个有大量殖民者定居的地方，而且那里有丰富的河流和瀑布，因此水轮机为操作原始车床和车削装置提供了机械运动所需的动力。尽管新英格兰的武器是仿照欧洲枪支制造的，但它的枪管往往比通常的枪管长，这一特点源自殖民者与当地印第安人的贸易。印第安人提供的主要贸易货物是海狸皮，商人通常用一支火枪换一堆海狸皮，枪有多长，换得的海狸皮堆就叠多高，因此越是长的枪管换得的货物就越多。佛蒙特州温莎市的罗宾斯和劳伦斯公司是最早制造这种武器的私人枪械制造公司，公司原址的建筑保存完好，近期改造成了美国精密博物馆。——译者注

发明了从棉铃上摘除种子的装置，从而大大提高了种棉花的利润，让棉花产业给南方各州带来了丰厚的财富。

但要注意的是，棉花产业繁荣的前提是要用奴隶来种植棉花。然而对于与惠特尼处在同一时代的任何一个见过世面的工程师来说，惠特尼这个名字意味着一些跟教材中的赞誉截然不同的东西：自大狂、奸商、欺诈者、江湖骗子。而他的欺诈行为几乎源于他参与了军火贸易，想要在精密制造的红利中分一杯羹。惠特尼承诺向政府提供可互换零件的武器。“我为可替换零件的力量所折服，”惠特尼在为美国政府准备一批枪支时，用一种精心设计的严肃声调宣称，“我这里生产的不同枪支的相同配件，例如枪机的配件，就像用同一个铜质雕版反复印出的图案一般，别无二致。”

可是惠特尼在生产火枪方面是真的一无所知。当惠特尼在 1798 年成功中标并与政府签署合同时，他实际上对火枪根本不了解，对火枪的部件更是知之甚少。他赢得订单很大程度上是因为他在耶鲁的人脉以及老校友的关系网。是的，即使是在美国刚建国的时候，这些人脉关系也在华盛顿特区的权力走廊中蓬勃发展。一拿到合同，惠特尼就在纽黑文郊外建了一座小工厂，并立即对外宣称将在工厂里制造燧发滑膛枪。惠特尼生产的这种武器就像当时所有的美式滑膛枪一样，都是参考法国沙勒维尔的设计制造的。然而他在很长的一段时间内却只生产出了为数极少的火枪，合同规定惠特尼在 1800 年前至少要交付一部分火枪，然而实际上成品火枪只有寥寥几支，因此他在到期日前只能通过一场公关演示，来证明他所吹嘘的东西，即他的工厂名义上正在制造的枪的质量有多好。

惠特尼在 1801 年 1 月举行了一场声名狼藉的演示，用今天的话来说应该称其为“为了骗取政府信任而进行的作秀”。参加惠特尼作秀的观众都是当时的大人物，有时任总统约翰 · 亚当斯及副总统托马斯 · 杰斐逊，后者也是下任总统，他在 15 年前就开始了竞选，还有数十名国会议员、士兵和高级官员，所有这些人到场的目的只有一个，那就是确保宝贵的公共财富将投入一项真正有价值的事业。所有到场观众都被告知，他们将要在此见证惠特尼用一把螺丝刀来展示他生产的火枪枪机是如何做到可互换的。

房间里的每一个人都愿意相信他，由于轧棉机的发明创造，惠特尼早已名声在外。因此，对于所有在场的观众而言，展示时一切顺利是理所应当的。在展示中，惠特尼甚至连枪机都懒得拆开，只是拿了几支成品火枪，用螺丝刀把枪机从木枪托上拆下来，然后把枪机又整个塞进了其他枪托上的插槽里，这样就使那些并不懂行的观众觉得，惠特尼制造的步枪的零件就像他自己承诺的那样，是可以互换的。

惠特尼一边进行展示，一边讲述自己的发明有多么厉害，就连杰斐逊也没有冲上去质疑他，甚至都没有提出任何问题。杰斐逊曾于 1785 年在文森庄园的城堡里观摩过布兰克的演示，他完全可以凭借丰富的见识对惠特尼大喝一声："等一下！"并质疑惠特尼的产品，然而结果恰恰相反：这位总统完全接受了惠特尼的说辞，并满怀热情地给当时的弗吉尼亚州州长写信，说惠特尼"发明了专用的模具和机器，把所有的枪机做得一模一样，惠特尼可以把 100 把枪机件拆成零件，把各个零件分类放置，然后随便抓起任何一件都能组装在一起"。

事实上，杰斐逊和当天在场的其他观众一样，被惠特尼骗了。因为惠特尼当时并没有专用的模具，也没有造出能把所有零件制造得"完全一样"的机器，甚至连他的新工厂还在靠水车驱动，而不是用蒸汽驱动，尽管当时蒸汽机已经很容易购得。也就是说惠特尼既没有专用工具，也没有能力制造精密设计的零件。惠特尼自己也知道这一点，对此，他雇用了一批工匠，安排他们用自己的锉刀、锯子和磨光机制作燧发枪机的零件，每一个零件都是手工制作的，然而即使这样生产也无法保证每个零件都可以相互替换。为了避免露出马脚，惠特尼在展示中不允许任何人亲自检查枪机，只允许观众把枪机装进枪托里。

所以惠特尼的火枪制造没有采用新技术，所有的一切都是以旧式的生产方式进行的，但是这场展示活动的主讲师惠特尼本人却靠着花言巧语努力使在场的观众相信，他们刚刚亲眼见证了一个革命性的、超群绝伦的创新现场，这一现场活灵活现地为他们展示了新技术。然而现场展示的一切都不是真的，没有一把枪机被当场拆开，甚至连枪托都是预先选定的，以确保每个枪托上的插槽足够大，足以嵌入 10 个枪机中的任何一个。惠特尼制造的火枪被收藏家保存至今，这些存世的火枪揭示了一个令人遗憾的故事：靠着“精确”的承诺挣快钱，只带来了欺诈和腐败。在这些火枪中，收藏家收藏至今的那些惠特尼生产的武器没有一件是精良的，惠特尼生产的火枪枪机配件也没有显示出任何精密制造或可替换的迹象。惠特尼的火枪很可能只是枪机和枪托的插槽可以兼容，但枪机内部的各个零件却不能相互兼容。

不过惠特尼的作秀还是奏效了，他愚弄了在场的观众，利用精心打造的展示说服了政府，再提供给他一笔急需的钱。而惠特尼的这场骗局，直到 8 年后枪支交付的时候才露出马脚，最终那些决定拨付款项的达官贵人遭受了首都失陷、大家落荒而逃的报应。

3位精密工程师

实际上，真正将布兰克在法国研究出来的精密制造与可替换零件技术在美国实现的功臣，是 3 位不太为人所知的工匠：枪械制造商西蒙·诺思

（Simeon North）、约翰·霍尔（John Hall），以及木匠托马斯·布兰查德。其中，布兰查德在美国实现了枪械木制配件的精密制造和相互兼容。诺思的铁匠铺就在康涅狄格州的米德尔敦，距离惠特尼的工厂不到 40 千米的地方。霍尔来自更远的缅因州南部，他早先开过一家制革厂，后来又陆续开了木制家具店和造船场，因此赚了不少钱。对霍尔而言，制作枪械是一项副业，或者说一种爱好。直到 1811 年，他申请了一项全新武器的专利：一种他自己发明和设计的枪械。这是一种单发步枪，可以通过枪膛后部装弹，而不是像传统的滑膛燧发火枪那样，通过枪管前端下压装填。

最终，诺思和霍尔都赢得了生产枪支的政府合同：诺思在康涅狄格州生产骑兵用的手枪；霍尔在波特兰为他的新式后膛装弹武器做准备，后来他加入了在弗吉尼亚州哈珀斯费里新成立的国有兵工厂。当时一共成立了两家国有兵工厂，一家在弗吉尼亚州的哈珀斯费里，另一家在马萨诸塞州的斯普林菲尔德（见图 3-3）。

相比之下，诺思和霍尔取得的突破更为重大。事实上，3 人都取得了技术上的突破，尽管布兰查德在精密制造的历史当中起到的只是辅助性作用，他本人也只是个不那么出名的角色，但是他们 3 人都是第一次使用机器来制造枪械部件，这是一个重大的进步。当他们做出这一改变时，他们能靠机械来保证，而不是单纯地希望实现部件的相互兼容，而且每一件产品都是近乎完美、准确和精密的。那些最初希望实现零件可互换的人，比如法国的布兰克和格里博瓦尔，以及给美国政府提供步枪的惠特尼，都是通过人工制作来实现部件的可互换和相互兼容的，他们雇用工人手工制作枪支的部件，并严格要求工人，使工人生产的每个配件与一个完美的范例保持一致，而诺思、霍尔和布兰查德则靠更专业的机器来实现可互换的配件生产。

图 3-3 斯普林菲尔德军械库堆放的枪支

注：在美国努力建立起庞大的军火库的同时，法国的精密制造与可互换零件的技术彻底改变了制造业。

诺思、霍尔和布兰查德通过制作夹具、量块、母模等严格控制产品的规格，并取得了良好的效果。被他们雇来做各种工作的工人，一边抱怨自己辛辛苦苦练就的本领要被浪费了，一边还要用夹具制造新的零件，然后用量块测量尺寸，最后再将其与标准样品的尺寸进行比对，从而确保它们是完美的复制品，这样就保证了相当程度上的互换性。

但是无论工匠们的手艺有多么精湛，只要是人，就很容易犯错。人的双手用来打造配件，人的眼睛负责监督配件表面的平整度，人的大脑保障加工过程的正确，所有这些器官都确保工匠拥有足够的能力和认知来加工出完美的配件。然而所有人都可能犯错，并且只要时间够长，最终都会犯错或是陷入疲劳。相比之下，机器如果安装得当，且没有磨损，就几乎不会出错。那些能够完成"只有熟练工匠才能承接的棘手工作"的机器，例如莫兹利为朴次茅斯海军滑车工厂里制造的大量机器，几乎可以保证其产品的质量和标准化程度。机器加工实现了历史学家所描绘的那种"稳定可靠的加工"，生产的结果是预先确定的，一旦开始生产，成品就不可改变。

诺思和霍尔独立实现的创造，就是生产能稳定可靠加工的机床。诺思的铁匠铺制造了美国最早的金属铣床，有了它，人们就再也不用采取加工、检查、加工、检查这样重复而又烦琐的工作方式，取而代之的是由皮带驱动的刀具从金属坯上铣削多余的金属，在加工的同时使用油和水的混合物冷却刀具和工件，以保证铣削、打磨和塑形时一切顺利。

霍尔在诺思工厂以南 800 千米的地方工作，他先是在哈珀斯费里国有兵工厂旁边的一家政府转赠的五金店里工作，然后在这家店里改进铣床[①]，并建造了配合车床加工的锻造机。锻造机就设置在车间铣床的上游，它把一块块处于红热状态的又软又韧的铁坯，在回火硬化的过程中打造成型。其中铁砧是静止的，而重锤则抬起并落下，反复重击铁砧，直到它们之间的铁坯（落锤锻造的对象）大致成型，例如，变成一个枪管的半成品，然后交给在铣床上负责下一道工序的工人。

霍尔也在铣削头上采用了各种别具匠心的刀具，这些刀具帮助工人们从锻造好的半成品枪管上磨去多余的铁料，完成加工和修饰工作，并将半成品枪管变成一根中空的铁管，然后再用工具打造枪管内部的螺纹膛线，使其成为火枪最有用的核心部件。在工作的每一个阶段，从枪管的锻造到步枪的车削，再到枪管的成型，霍尔的量块始终在发挥作用。霍尔采用了

①因为有了当代先进技术的加持，所以站在今天的角度来看，霍尔的改良似乎是平淡无奇的，但在精密制造的发展过程中，这些小的改进却是至关重要的。霍尔的改进主要是这样的：他改进了将工件从铣床上弹出的方法，避免了模具温度在加工过程中发生剧烈变化从而造成退火的危险（退火指回火过的金属器件经过再次加热，硬度会降低）。他还设计了“专用夹具”，即保持工件在铣削过程中绝对稳定的装置，进而保证了霍尔工厂产品的精确度。这些提升部件质量的手段，对保证部件之间的可互换性和可兼容性是必不可少的。

至少 63 个量块，比之前的任何工程师用得都多，这样才能尽量保障每把枪的每一个部件都完全相同。而且使用的所有量块都要比之前严格得多，因为一把枪机如果想要正常发挥作用，就需要将其零件的公差控制在 0.2 毫米左右；如果要确保所有零件不仅能正常使用，而且还可以随意互换，那么就需要把零件公差控制到 0.02 毫米以内。

符合严格出品标准的枪管一旦成型，就需要进行一次额外的检查，随后把燧石枪机装在枪管上，最后把枪管和枪机一并插入木质枪托里。而改进木制枪托的生产，并实现木制枪托精密制造的人，就是美国早期精密工程师三人组中的最后一位——布兰查德。

1817 年，在家乡马萨诸塞州的斯普林菲尔德，布兰查德发明了一种可以制造鞋楦的车床。布兰查德对于鞋楦车床的发明构思算得上是一次天才的灵光闪现：他简单地把一只鞋的金属鞋楦范本放在他的机器里，车床一侧是触头，另一侧是铣刀，车床触头一侧与金属鞋楦范本相连，车床另一侧的铣刀落在被固定住的白蜡木木块上。只要转动金属鞋楦，用触头描出它的轮廓，然后让车床另一端将铣刀依次贴合在木材上，这样就大功告成了！只需要 90 秒甚至更短的时间，鞋楦车床就能将一个鞋楦范本精确复制出来，然后工人就可以从机器上把成品鞋楦取出，送到皮鞋匠手中。

时至今日，布兰查德发明的机器还在影响我们的生活，靠着这种机器，人们得以设置鞋子的尺码。因为布兰查德现在可以把一个形状较小的木块变成一个特定尺寸的鞋楦，并且可以反复制造鞋楦，所以他就可以给鞋匠提供多种尺码，提供每一个相同尺码都完全相同的鞋楦。一个 7 英寸长的鞋楦就是 7 英寸长的脚的尺寸，一个 9 英寸长的鞋楦就是 9 英寸长的脚的尺寸，以此类推。在此之前，鞋店里的鞋子都是随意地装在桶里，一个顾客进入鞋店之后，只能在桶里翻来翻去，从众多的鞋中找到一双相对来说最合脚的，这样选鞋的效率很低。而现在顾客逛鞋店时可以直接提出：我要一件七号的鞋、十一号的鞋或五号半的鞋。

与鞋子和鞋楦的原理相同，布兰查德在枪托的生产中也采用了一样的技术。不久，布兰查德就得到了附近规模已经十分庞大且还在扩大产量的斯普林菲尔德兵工厂的订单，军工厂要求布兰查德改造他的鞋楦车床，以制造枪支的枪托等木制部件。尽管枪支的木制部件必然比鞋楦复杂，但相比之下，也有更简单的地方，毕竟枪托只有一种尺寸。于是布兰查德制作了一个金属的枪托模型，并将它放在仿形车床里，和以前一样连接到触头上。要知道枪托的形状并不规则，当然脚的三维形状也各不相同。

当兵工厂的工匠启动布兰查德发明的这个奇异装置的发动机时，前者发现这个奇异装置看起来并不像是一个车床，而更像是某种原始的农机具，但正是这个看着有些原始的装置，开启了枪托标准化生产的历史进程，这种机器在兵工厂里又持续生产了半个多世纪。布兰查德明智地为他的车床原理申请了专利，附近的奇科皮镇的一家公司根据布兰查德专利许可证生产车床。布兰查德十分长寿，靠着源源不断的专利收入享受了一辈子优越的生活。

哈珀斯费里兵工厂的领导急于将所有的新发明都应用于生产。尽管在当时哈珀斯费里远离美国的经济中心，但是这里比布兰查德工作的地方，也就是更繁忙、更庞大、更古老的斯普林菲尔德兵工厂更能接受创新，诺斯是那里的常客。几乎可以肯定的是，哈珀斯费里兵工厂成了美国第一家，甚至是世界第一家，采用精密制造技术和工业化大生产为主权国家军队制造武器的机构。

为此，哈珀斯费里兵工厂采纳了一系列新技术和新思想。哈珀斯费里兵工厂使用了布兰查德的枪托生产车床以及霍尔的铣床、夹具和锻造机，在枪机生产中采用了由布兰克发明并由诺斯完善的技术。从康涅狄格州冶炼的铁，到散发着亚麻籽油（亚麻籽油在加工白蜡木枪托时用于润滑）气味和机油（机油用于枪管和枪机生产时的润滑）气味的成品枪械，这些都是第一批真正意义上的机械化生产线上制造的东西，同时这些最早的精密制造产物又恰好诞生于美国。正如刘易斯·芒福德所预言的那样，最先采用精密制造的产品就是军事装备（枪械）。而且这些枪械完全是由机器制造的，无论是枪机、枪托还是枪管都完全是机械化大生产的产物。

精确的钟表

那时，新生的制造业技术也在民用领域蓬勃发展：一个叫奥利弗·埃文斯（Oliver Evans）的人在同一时期研发出了面粉研磨机；艾萨克·辛格（Isaac Singer）将精密制造技术引入缝纫机的制造；赛勒斯·麦科米克（Cyrus McCormick）发明了收割机、割草机，后来又发明了联合收割机；阿尔伯特·波普（Albert Pope）正在研究量产廉价自行车的方法。尽管美国东北部地区长期以来以枪械制造而闻名，例如康涅狄格河宽阔的低地河段一直被人称为“枪谷”，因为枪械制造商们都在这里（时至今日也大多在这里）生产：柯尔特、温切斯特、史密斯 & 威森、雷明顿……但很快当地就因另一种工业生产而闻名，这种精密制造工业几乎在同一时期迁入了美国的山谷市镇。

那些为该地区的军械库制造小部件（扳机、枪机护板、卷簧），并能够熟练操作机器的工人们发现，他们可以很容易用他们的车床和铣刀转产其他精密零件，比如小齿轮、钟表轴承和弹簧，这些都是生产复杂的机械钟表所必需的部件。因此，该地区很快又因出产机械钟表而闻名。当地一代又一代的工匠进行着钟表的精密制造，虽然做工追求极致，但是作为计时用的钟表，准确度高的产品却不算多，大多是美国人日常使用的外表华美的家用钟表。

我在写下这篇文章的时候，一台于 20 世纪 20 年代在康涅狄格州普利茅斯市生产的赛思·托马斯（Seth Thomas）钟表正发出稳定的嘀嗒声，陪伴着我，这台钟表拥有 30 日的储备动力，也就是说将近一个月才需要为它上一次弦。这台钟表是我家里一个可靠、实用、美观的物件，如果震颤派[①]信徒注重精确界定黎明和黄昏的准确时刻，这群充满实干精神的信徒就会打造出这种东西。像我家这样的钟表在美国并不少见，在我家这座老旧的农庄里，还有许多类似的钟表，大多数只有 8 天的储备动力，其中 5 个钟表在每周日早上都需要上弦，还有一个钟表的钟摆由 2 个盛放着半桶水银的圆柱体构成。大厅里有一个在康涅狄格州温切斯特市制造的大型立钟，我是冲着它的产地购买的，但是现在这个钟表给我带来了一些麻烦：它已经有一个多世纪的历史了，使用的是木制的齿轮，木制齿轮在面对环境温度和湿度的变化时，会出现“水土不服”的情况。不过好在其他几个钟表或多或少还是可靠的，只要我把这些钟表认真地校准，它们都会整齐划一地发出嘀嗒声，指示正确的时间。但在厨房中有一个例外，那是一个曾经在英国火车站“服役”的旧钟表，它有自己的“想法”，有时我需要在周中为它上一次弦，至于这个钟的奇怪“想法”是怎么来的，我也很困惑。

不过，我特别喜欢老式钟表的一点是老式钟表通常能制造得很精确，比如说它们齿轮的公差达到千分之一英寸，弹簧的扭矩是经过精确计算

---

①震颤派是一个非常小众的基督教派别，主张男女分开过集体生活，始于 18 世纪中后期，在美国南北战争后逐步衰落，有很强的禁欲倾向，因在举行仪式时震颤着跳舞而得名。这个派别鼎盛时在机械制造和日常用品方面，贡献了很多发明创造和改进技术，比如圆锯、晾衣夹等。——译者注

的，摆锤重量也是精确计算过的，摆棒长度也是精确选取的，然而它们往往一点也不精确。因此我在每周日早上一个有趣的例行活动就是纠正所有钟表的误差，这台向前调一点，那台向后调一点，把有些老式钟表（其中有一台钟表的时间往前赶得特别多）往后调 10 分钟，甚至有时调整幅度比 10 分钟还多。

我童年最喜欢的电影是《堕落的偶像》(*The Fallen Idol*)，这是一部由卡罗尔·里德（Carol Reed）制作的电影。这部电影风格优雅，是那个时代典型的客厅惊悚片，其中的大部分情节发生在伦敦的法国大使馆内，有一个场景至今仍留在我脑海中：就在一群魁梧的警察逐渐揭开这件可怕谋杀案的真相之时，周日早晨的钟表上弦工出现了，他来给大使馆上那台典雅的钟表上弦，整个钟表由黄铜和景泰蓝包裹。我自己也收藏了一个与之相似，但尺寸小得多的钟表。

来自苏格兰邓迪地区的演员海·皮特里（Hay Petrie）扮演了钟表上弦工这个角色。他身材矮小，在剧中他用自己的怀表来对时，想必那个怀表是一个无懈可击的计时器。我自己的家庭标准计时器也是怀表，一个每天上弦的铁道怀表，每周的计时误差保持在 10 秒左右。差不多每个月我都会调整这个怀表一次，通常我都是打电话给美国海军天文台，咨询天文台主钟当时的时间刻度，美国海军天文台在科罗拉多州博尔德市的一座安全屋里有一组铯原子钟作为自己的时间标准。①

---

①用美国官方时间的原子钟给家用钟表的时间对时，这一做法为我们的故事引入了可追溯性的概念。**可追溯性也是精确的基石之一**，这一点对于 18 世纪和 19 世纪的钟表制造商、枪械制造商和滑轮组制造商来说，是未知的，但在今天却是精密标准的刚性需求。世界计量机构在标准单位溯源方面还有很多工作要做，这些内容在后文将会有详细的描述。

虽然在每周日的早餐之前，我已经把所有的时钟都调好了，但只需要 1 天左右的时间，它们就会再次出现轻微的误差。到了周三，我在床上抬头听着家里的钟声，就像哈丽雅特·范内（Harriet Vane）在《俗丽之夜》（*Gaudy Night*）中欣赏牛津午夜的钟声一样，午夜的钟声响起，轻微的误差导致钟声出现“友好的分歧”，在墨色的夜里此起彼伏。

这句话描述的是英国推理小说家多萝西·塞耶斯（Dorothy Sayers）在体验一个由钟表之间极小的误差导致的现象，人们很可能会从中体会到一种不可理喻的满足，我也如此。对于一个理性的普通人而言，我们所追求的精确程度可能太高了，或者说对精确的依赖性太强了，远超过我们实际需要的精确程度。新英格兰的钟表匠是很了解这一点的。钟表匠知道，使用可互换的零件使产品的制造比以前容易得多，他们也因此得以快速地制造产品，而对消费者而言，最重要的是让钟表的价格尽可能降低。消费者们很多时候没意识到，时钟的准确度并不是最重要的，尽管这种理念似乎与时钟设计时的初衷背道而驰。

在制造枪支时，精确度和准确度都是至关重要的。一个士兵在战场上能否活下去，很多时候取决于他的武器的可靠性，而武器的可靠性取决于它的精确度，武器的准确度又取决于武器制造时的质量。但是在日常的家庭生活中，尤其是在一个 19 世纪早期的家庭中，时钟更多地用于装饰，同时可以记录下生活当中那些需要关注时间的日常活动：奶牛从草地回到牛栏的时间；孩子们早晨吃早餐的时间；蒸汽在车站拉响发车的汽笛的时间；教堂敲响钟声的时间。美国在 19 世纪制造的那种钟表与约翰·哈里森在 20 世纪为英国经度委员会制造的那种航海计时器大不相同，这些精致的家用钟表，与康涅狄格的“枪谷”在同一时期制造的缝纫机和洗衣机一起，被视作中产阶级走上历史舞台的象征。

廉价、可维修和足够精确，这些要素都是一般客户对钟表的需求，正是由于精密制造的发展，这些工业产品才得以实现上述品质。也许我们不应该像21世纪中叶到美国西部参观的一位游客那样大惊小怪："在肯塔基州、印第安纳州、伊利诺伊州、密苏里州、阿肯色州的每一个小山谷里，甚至在野外一个连能坐的椅子都没有的小木屋里，都有一台康涅狄格州生产的钟表。"这就是工业化大生产的胜利，这令全世界所有工业化国家羡慕，其中也包括英国。虽然英国人仍然可以毋庸置疑地自诩为精密制造和追求完美加工的先驱，但现在这种精密的工业化生产方法被称为美国系统。

The Perfectionists

第 4 章

在更完美的世界边缘

公差 0.000 000 1 (10^{-7})

所有美，所有这颗行星的物产，
自群星中悠悠飘落，
从海洋中滚滚而来，
这些原料交融在一起，
正如生命与痛苦交融在一起，
是生命的杰作，亦是战争的杰作。

——阿尔弗雷德·丁尼生（Alfred Tennyson）
在国际展览会开幕时唱的颂歌

1860 年 7 月 2 日，周一，一个温暖而阳光明媚的午后，在当时绿树成荫的伦敦郊区的温布尔登村（Wimbledon），维多利亚女王做了一件许多臣民都认为不符合她的身份、她的性别，也不符合她的地位的事情。维多利亚女王用一支大威力步枪进行了一次打靶射击的展示，在近 400 米的距离上，第一次射击就近乎完美地命中靶心。

事情比听上去的情况要复杂得多。女王陛下并没有简单地在没人的地方拉开她的衣领，掀开她的面纱，扑倒在地，向远处的目标开火。这是英国全国步枪协会（British's National Rifle Association）举办的一场国际比赛的开幕式，女王是该协会的赞助人，主办方请求她以适当的方式为比赛揭幕。这样的比赛需要有个人来开第一枪，于是主办方邀请女王亲自开枪，这个邀请显得有些冒昧，但出乎所有人的意料，皇室同意了，不过提出要遵守某些条件，那就是女王陛下不会肚子朝下俯伏在地上。

女王从白金汉宫启程，最终抵达射击场，落座在带棚子的贵宾台上，贵宾台前放置了一张覆盖着深红色丝巾的台桌，桌上摆放着一支闪闪发光的惠特沃思步枪，这在当时是英国最先进的步枪。这支步枪不是简简单单地放在桌子上，而是被一个坚固的铁架牢牢地固定住，枪的扳机上系着一根带流苏的丝带，枪的保险处于解除状态，随时可以击发。这把枪是水平放置的，其高度与女王娇小的身材相称。女王对于臣民来说可能很威武，但其实她的身高只有约 1.49 米，不过对于站着开枪的人而言，这把枪的高度正合适。枪口指向 300 多米外温布尔登公地（Wimbledon Common）的另外一端，正对着一排靶子中最左边的一个。

想让女王出席射击比赛这样的大型赛事并顺利打响第一枪，肯定不能只靠运气。约瑟夫·惠特沃思（Joseph Whitworth）（见图 4-1）在三年前设计并发明了这种外缘是六边形的枪管，这种火枪使用 0.45 英寸口径的大威力弹药，后坐力很大，这样大的后坐力令曼彻斯特工程师惠特沃思很是担忧。那天下午，惠特沃思和他的一组助手一起花了两个小时来调试他的演示枪，想方设法使这把枪精确地对准射击目标。惠特沃思的一世英名完全仰仗女王开场时的一击：如果枪打不响，王室对他的荣宠将永远破灭；如果女王没有打中目标，他就会受到社会非议；如果惠特沃思足够倒霉，女王陛下的子弹不小心误杀了在场观众……啊，真是不堪设想。

在观众席上静候女王大驾光临的观众们可不觉得紧张，当惠特沃思的试射越来越接近靶心时，观众们越发兴高采烈。《伦敦时报》的记者写道：“贵宾台前的信号员和靶子旁边的信号员之间进行了一系列旗语的交流。”“随后贵宾台上的工作人员对步枪进行了更多调试，紧接着又开了一枪，就这样，在女王陛下大驾光临前不久，惠特沃思才最终把步枪调整好，确保女王能一枪命中靶心。”惠特沃思检查了一下，枪膛里有一颗 0.45 英寸口径的子弹。最后，他扣上了保险。

维多利亚女王在下午 4 点前如约抵达现场，她的随行人员自然包括她的丈夫阿尔伯特亲王、一群吵闹的小王子和小公主，还有一小队头戴礼帽的官员、一本正经的宫女以及一支卫队。那些年资很高、衣着庄重的官员向女王行礼，然后护送她和阿尔伯特亲王到贵宾台。贵宾台前的桌子上放着那把绑着流苏丝带并经过反复调试过的步枪。惠特沃思紧张地整理着他的领带，揪心地等待着女王拉枪的那一刻。女王也在那支擦得铿亮的步枪旁边等待着开枪的时刻。

图 4-1　约瑟夫·惠特沃思

注：约瑟夫·惠特沃思的名字成为“英国惠特沃思标准螺纹”（British Standard Whitworth）的由来，这是今天英国螺纹的标准。惠特沃思还设计了美国南北战争时期南方军队装备的通用步枪。

忽然，教堂的钟声从四面八方传来，开始敲响整点报时的序曲。现在是下午 4 点整，女王陛下甚至看不到靶子在哪里，但她完全知道自己应该做什么。她把手伸过去，抓住流苏，轻轻地拉着这根连着扳机的丝线，结果什么都没发生。也许她拉得太温柔了，所以她又试了一次，感受到了轻微的阻力。之后她按照建议，更加猛烈地拉了一次，这一次，她终于把枪拉响了。

突然传来一声响亮的声音，是碎石敲击似的“啪”的一声，接着“轰”的一声，步枪管里冒出一阵黑烟，但这两声似乎都没有吓到皇家人士。几秒钟过去了，所有人都保持沉默，女王开枪的声音在田野上回荡。这时，远处突然升起了一面红白相间的旗帜，在靶子前面热烈地挥舞着。

女王忠实的观众们随即爆发出一阵热烈的掌声和欢呼声。虽然女王既没尝试也没有追求射中靶子，但是实际上她不仅射中了靶子，而且击中了靶心。她脸上飘过一丝微笑，仿佛是被意外得到的荣誉给逗笑了。就这样，女王的首发射击就命中靶心。作风严谨的司法鉴定官经过测量后发现，在 300 多米的弹道飞行中，子弹的高程只偏离了 1.75 英寸，水平方向上也只有 0.75 英寸的偏差。至此可以说，女王开的这一枪既准确地进行了瞄准，也很精确地命中了目标。

随着那一枪的打响，1860 年英国全国步枪协会举办的步枪射击比赛正式开始了，所有为女王的出席而提心吊胆的人，尤其是惠特沃思，终于放心了，并大大地松了一口气。

大概是在 9 年之前，维多利亚女王、阿尔伯特亲王和惠特沃思曾见过一面。而经过了温布尔登的这次相遇之后，又过了 9 年，维多利亚和惠特沃思再次见面。在这次见面中，女王授予惠特沃思男爵的荣誉，这是一种世袭的爵位，以表彰惠特沃思在工程方面的卓著贡献。但这次相见时，女王穿着黑衣，因为女王的丈夫阿尔伯特亲王于 1861 年去世了。

万国工业博览会

在 19 世纪中叶的英国，人们非常真切地感觉到，西方世界正在发生着飞速的发展与变化。由瓦特和他改良的蒸汽机引发的社会革命，到 19 世纪中叶已经初见成效，工业化正影响着每个人的生活，这些影响有积极的，也有消极的。城市在膨胀，而村庄在凋敝，工厂在拔地而起，矿山越挖越深，铁路在广袤的土地上蜿蜒前行，码头上进行着繁忙的贸易，烟囱向还未曾受过污染的空气中排放浓烟，工人们从工厂领取工资，工会也正走上历史舞台。与此同时，人们对科学和技术孜孜以求，并把追求进步作为个人的座右铭，而机械实现的壮举与其带来的可能性也让人产生了敬畏和忧惧。

在 19 世纪中叶，一些人特别是西方那些享受到工业化生活的人，不自觉地抵达了一个关键节点，一个想要停下来进行全面分析的节点。人们当时普遍认为 19 世纪中叶的伦敦，是西方世界知识、信仰和科学的中心，于是皇室下令决定，西方世界需要名正言顺地享受这一时刻，炫耀迄今为止在世界上所取得的成就，并就下一步可能发生的事情提出一些预见。

就这样，一个伟大的工业展览方案浮出水面，旨在展示所有工业化国家的工业产品，即 1851 年的“万国工业博览会”（见图 4-2）。自 18 世纪末以来，法国人一直在巴黎举行这种类似的工业展，虽然规模一般，但是布展的周期非常固定；柏林也在几年后举行了一次小型的工业成就展；在伦敦，英国皇家艺术协会于 1845 年举办了一次工业设计大奖赛。然而计划在 1851 年举行的展览会是一场奇观，令所有先前的展览会都相形见绌。本来，惠特沃思在他所在的行业之外，并不算是个名人，但他也受邀参加了万国工业博览会。

维多利亚女王富有想象力的伴侣，阿尔伯特亲王曾公开表示：一定要举办一个大型的博览会。时过境迁，经历了两个世纪的光阴后，阿尔伯特亲王的远见卓识仍然令人敬仰。[①] 阿尔伯特亲王感受到了这个时代的非凡精神，并希望在一个阳光明媚的夏日将这份独特的精神化为永恒的记忆，把时代精神以一种恢宏壮丽的方式展现在帝国的臣民面前。阿尔伯特亲王希望繁荣昌盛的工业化社会为自己举起一面镜子，让所有人好好欣赏一下这个值得记忆的时代。而且，阿尔伯特亲王确信，那些令他着迷的东西，也会吸引大英帝国的普通民众，这样便能确保博览会最终可以收回成本。因此，当阿尔伯特亲王精心挑选组委会的成员来策划展览，并精心选择受邀参展对象及其展品时，他立下了一个规定：展览的经费必须由私人，而不是政府的公共财政来提供。

图 4-2　万国工业博览会

注：1851年在伦敦海德公园举行的万国工业博览会，得以让西方世界在水晶宫的巨大屋顶下向流连忘返的游客展示工业革命带来的新产品，这进一步巩固了西方工业世界的地位。

①万国工业博览会的创意，应该归功于一个叫作亨利·“老国王”·科尔（Henry “Old King” Cole）的人。他是一位能力出众、知识渊博的英国公务员，留给世人最突出的贡献，就是他设计了世界上第一张邮票“黑便士”。科尔还开创了每年圣诞节寄送圣诞贺卡的传统，贺卡由写贺卡的人亲自印制。科尔以费利克斯·萨默里（Felix Summerly）为化名，并以萨默里的名义，在1845年英国皇家艺术协会展览中，靠他设计的陶瓷茶具获奖。科尔很了解阿尔伯特亲王，说服了他在1851年实施这项雄心勃勃的会展计划，并使得亲王展示出了他的政治影响力，同时也打压了那些令人难以忍受的宫廷保守主义者。

阿尔伯特亲王在筹款活动的开幕宴会上讲道："我们生活在一个最美好的时代，一个进步的时代，这个时代的潮流将我们所有人引向某条历史道路的终点，即实现全人类的团结。""先生们，1851 年的展览，就是要给我们一个真正的展示机会，让大家看看人类已经实现了多么伟大的成就，让世界各国都能从这些成就带来的新起点上继续努力！"

通过这样激动人心的演讲，阿尔伯特亲王很快就筹到了所需的资金，然后他请了一位名叫约瑟夫·帕克斯顿（Joseph Paxton）的园艺大师，设计了博览会场馆。随后在海德公园的南边，一座几乎全部由玻璃和钢铁构成的巨大建筑拔地而起。为了纪念展览的年份，这座建筑长 1 851 英尺，最高处高 108 英尺，并且可以把公园里 3 棵最受欢迎的榆木古树包裹在玻璃结构中，也就不必为了博览会场的建设而伐掉这些古树了。这座建筑被世人称为"水晶宫"。它只用了 6 个月就得以建成，由近 1 000 000 平方英尺的玻璃面板构成，看起来就像一个充满奇妙发明的温室，同时又像园艺大师帕克斯顿为德文希尔公爵（Duke of Devonshire）建造的百合花苑温室的放大版。

这场博览会的门票价格其实非常低廉，"用一先令了解世界"这句口号吸引了数以万计的参观者，他们从世界各地赶来，欣赏无数的工程奇迹。在水晶宫里展示着一批身形巨大、飞速运转、铿锵轰鸣的钢铁怪兽，其中最新颖、最重要、最受欢迎的展品毋庸置疑是用于制造业的加工机械，尤其是英国制造的那些。这些英国生产的机器睥睨天下，无论美国人多么善于精密制造，多么熟练地掌握了可互换零件的技巧，对于大规模生产多么充满信心，在一段时间过后多么善于运用流水线，至少在此时此刻，英国就是世界工业制造的巅峰。这些机械的澎湃动力和移山填海般的惊人力量，正是英国想要展现给世界的，并借此炫耀自身的实力。对美国人来说，想要举办这样的博览会，还需要再耐心地等一等。就目前而言，这是英国的时代，英国为大规模工业制造投入的努力，在此刻得到了回报。

此时此刻，英国本土人民的爱国主义情绪高涨，社会上普遍存在着好战的舆论，这自然与这些先进机器在国内的风行有很大关系。当时的英国人喜欢欣赏这些既复杂又有趣的东西，而这次展览就有很多这样的展品。但很明显的是，正是通过在博览会上展现这些不朽的发明，以及对这些发明创造的进一步应用，英国才得以维持经济的繁荣、对殖民地的支配权和对世界的霸权，而大英帝国不久将登上国运的巅峰，迎来它最自豪和最强大的时期。

在当时，即使社会上出现了一些微弱的质疑声，英国人也对此充耳不闻。大英帝国的民众被他们的创造迷住了，巨轮、大炮、高耸的铁桥、绵延的运河、通畅的引水渠。蒸汽机车对于大多数英国人而言依旧是新鲜事物，最豪华的火车头上装点着红、黑、绿三色的搪瓷，车上的油漆闪闪发光，配上高度抛光的黄铜外表，在任何一个铁路的终点站上都会吸引涌动的人潮前来围观；在不断涌现的抽水站和印刷机旁边，给它们提供动力的蒸汽机庄严而又稳健地摆动着它们的大梁，让观赏它们的人心生遐想。

然而，很难想象美国和英国的工业发展方向意外地走上了不同的道路。没有人看得出，英国的道路很可能会走进技术的死胡同，而美国的道路至少在一段时间内可以走上一条更加开放的发展和进步之路。1851 年，似乎什么也不能阻止英伦三岛前进的步伐，英国在博览会上展出的发明创造，确实证明了人们对英国的普遍认知，那就是英国在此刻拥有无与伦比的力量，科技水平不断进步。

为了方便参观者，展品按照大类划分：第一类，采矿技术和矿物产品；第二类，化工及医药产品；第三类，食品和食品工业产品；第四类，制造业中使用的植物和动物原材料；第五类，直接使用的机器，包括马车车厢、铁路设备和航海用的机械装置；第六类，机床和机械加工工具；第七类，土木工程机械与建筑工具；第八类，船舶工程、军事工程、枪支、兵器等；第九类，农业、园艺机具……以此类推，一共 30 大类，展品的种类很丰富，技术水平也很高。

深入研究其中任何一个类目，都会证实阿尔伯特亲王的观点，即 19 世纪中期是一个“最美好的进步时代”。特别是第六大类，机床和机械加工工具，人们会从中发现，工业正朝着精密制造的尖端方向发展，尤其是在涉及研究如何以最精密和精确的方式进行生产的领域。①

万国工业博览会上的展品就是引领未来的机器，与这些机器一并参展的还有它们的发明者。其中，沃特洛父子公司发明了一种能自动制作信封的机器，好奇的人们在这台机器前面排起了长队。人们只要插入一张纸，一眨眼的工夫，机器就会将这张纸裁剪、折叠、涂上胶水，并把信封压好再盖上邮票。

位于英国伊普斯威奇（Ipswich）的一家公司发明了一种蒸汽动力挖掘机，用来开掘丘陵，为铁路线打通道路。从未有人见过拥有如此移山倒海之力的机械怪兽，甚至从未有人想象过。一家总部设在兰开夏郡奥尔德姆（Oldham）的公司，带了大约 15 台棉纺机来参展，每一台棉纺机都跟第

①词汇的收录情况可以充分证实这一点：虽然“尖端”这个词语的现代用法早在 1825 年就已出现，但“尖端”在此的比喻义是“某事物发展的最新或最先进的阶段”。这一比喻义首次出现在 1851 年 7 月出版的美国杂志《国家时代》（*The National Era*）上，与万国工业博览会的首次举行恰好是同一年。

六类的其他机械一样，由水晶宫外边一个独立建筑内的锅炉提供动力，通过管道把蒸汽输送到机械里以使其运转。

维多利亚时代的科学作家罗伯特·亨特（Robert Hunt）对奥德汉姆的展览印象特别深刻，他出版了两卷共948页的著作《亨特的官方目录手册》（*Hunt's Hand-Book to the Official Catalogues*），在书中他描述并评论了水晶宫里的每一件物品。他写道："纺纱者的双手在这个精致仪器的帮助下得以解放，家用的手摇纺车终将永远地被这种机器取代……在一个区域里，几千锭丝线在机器上以不可思议的速度旋转着，没有人督促它们工作，也没有人指导它们的手法，机器只是以永不懈怠的力量和速度，精确地抽出、旋转和盘绕数千根丝线。这样的景象对不了解机械的人来说是十分神奇的，而且这台机器在增长帝国的财富和人口数量方面产生了惊人的影响。"

"公平"的工程师

尽管如此，亨特还有一些忧虑。在一段描写新发明的蒸汽动力织布机的段落结尾，他特别抒情地写道："从机械发明的角度来看，这是个美妙的成果！但这会为我们增添怎样的道德之果呢？"在这本著作的其他位置，他以类似的方式反复阐述了他的担忧。但几乎没有其他观众或评论家发表与他类似的想法，或担心机械发明的社会影响，至少在英国没有更多人这样做。法国人也许最清楚地意识到，所有这些对于精密制造和工业化大生产的追求，有可能导致一些不利的社会影响：被法国政府封为贵族的数学家和政治家查尔斯·杜宾（Charles Dupin）警告说："如果机械取代了劳动力，那么这个国家的人口将会减少，机器将会取而代之。"而后世的人们将会判别这到底算不算是真正的进步。

显然，这位善良的贵族认为这根本不是进步。大约 20 年后，他的同胞古斯塔夫・多雷（Gustave Doré）出版了一本刻画伦敦贫民窟景象的书，许多人认为这本书表达了对工业化新世界的控诉。这本书尽力地提醒世人，在某种程度上，正是精密制造与工业化大生产，凸显了社会进步的局限性。

对于大多数前来参观展览会的人来说，他们都只是高兴地看到了蒸汽时代的完美机械典范。在他们眼中，机器就是美好而神奇的东西：织布机、印刷机、铁路机车、有轨电车、舰用蒸汽机、早期改进版的瓦特蒸汽机。其中最令人印象深刻的舰用蒸汽机是由莫兹利、桑斯和菲尔德公司制造的，这家公司正是 40 年前为皇家海军设计和制造滑车的公司，现在它的实力依旧很强。其他一些能源机械也出现在展览中，尤其是水车和风车，还有早期的马拉公交车，这种公交车有两层，尾部有螺旋楼梯，它是伦敦双层巴士的前身。

然而，在展览会上最令人难以忘怀的主角仍然是蒸汽机，它们发出耀眼的火焰和雷鸣般的声音，散发着热机油的气味。毋庸置疑，**蒸汽机给围观者带来的视觉冲击力，源自纯粹力量的那种令人生畏的压迫感**。

这些轰隆作响的引擎看起来十分危险，观众们不得不站在护栏后面。飞速旋转、高度抛光的铁梁和 2 吨重的齿轮在空中旋转飞舞，在观众眼中，这些钢铁巨兽能够轻易地砸碎孩童的头骨、抓住他们的四肢，把整个人都吞进它们的肚子里。这些机器是令人兴奋的，但同时也是令人生畏的，因此人们与它们保持了一定的安全距离。除了那些激动人心、轰隆作响的重型机械，第六类展区也展示了机械“静”的一面：这里展示了英国生产的各种关键的机械配件，它们对于精密制造的长期价值，远高于博览会上最吸引人的旋转木马。

本次博览会的 201 号摊位，设在第六类展区的一条较安静的走廊上，是一家总部位于曼彻斯特的公司。这家公司的创始人在当时已经是家喻户晓的工程师，时至今日，他仍然享有“世界上最伟大的机械工程师”的赞誉。9 年后，当他看着维多利亚女王用他的公司生产的步枪打靶时，他紧张到咬住自己的指甲。

“约瑟夫·惠特沃思公司”（Joseph Whitworth & Co）展位的产品目录上写着：“我公司生产自动化车床、刨床、开槽机、钻镗床、旋拧机、切分机、冲床和剪切机。我公司持有：针织机专利、螺丝坯料生产专利，含模具和螺母生产技术。我公司还销售测量设备和标准码量器。”

可惜惠特沃思在外表上相当不讨喜。当他亲自从曼彻斯特来到水晶宫布展的时候，他的形象也依旧很糟糕。他虎背熊腰，蓄着胡子，长着牡蛎型的眼睛（眼角下垂），看起来很吓人。苏格兰社会评论员托马斯·卡莱尔（Thomas Carlyle）的妻子简·卡莱尔（Jane Carlyle）说他的脸“像只狒狒”。除了可怕的相貌外，惠特沃思还以暴躁、不愿跟能力差的人相处、作风专横、私生活不检点且对人冷漠无情而著称。但是在伦敦参展的 6 个月里，惠特沃思成功地展出了 23 台设备和工具，尽管他参展的展品可能不如大型蒸汽机、能同时纺织上千锭丝线的大型织机那么光鲜和气派，却为机械工程的未来提供了一张路线图，也为惠特沃思公司在这次展览会上赢得了最多的奖牌。惠特沃思是精密制造绝对忠实的拥护者，他发明了一种史无前例的仪器，其最小的测量尺度可以达到难以想象的百万分之一英寸。在惠特沃思之前只有精确，后来才有了“惠特沃思标准精确”这一说法。

在世纪之交出生的一代杰出工程师们似乎都互相认识，也互相交流和分享经验，有着师徒般的传承关系。惠特沃思的故事就是这种传承的一部分。惠特沃思对制造完美机械的兴趣始于很年轻的时候，在他年纪还很小时母亲就去世了，父亲又外出接受牧师修行和培训，他实际上成了孤儿，后来拜师于亨利·莫兹利。惠特沃思是在给莫兹利当学徒工时，第一次对“表面平整度”这一概念有了非常特殊的感情。正如莫兹利后来证明的那样，完美的平整面是机械制造中最重要的事情，它的基本意义很简单，但却是精确理念的核心之一。

一个完美的平整表面，它自身的完美并不需要任何其他东西来证明。完美的表面是不需要用其他任何量具来衡量的，它的尺寸并不重要，形状也不重要，平整表面要么是平的，要么不是。一个完美的平整表面可以精确地衡量其他贴近它的东西：一把直尺、一个拐尺、一个量块——所有的量器都可以放在这个平面上，然后我们判断这个量器是平的，或者不是，是做工精密的，或者不是，没有中间地带。

因此，关于在莫兹利和惠特沃思两人中，谁首先提出了“表面平整度”这一概念，谁首先提出了加工平整表面的方法，还引发了一场小小的争论，毕竟在这两个人物之间，发生这样的争论很正常，但现在时间已经解决了这一争论。莫兹利作为这一概念的创立者和原理的发明者，被赋予了他应有的地位，惠特沃思所做的是阐述和改进这一概念，并使之更具有实践意义。惠特沃思毫不谦虚地给世人留下了这样一种印象：一切测量的基础，一切精确的起点，都源于他创制的精密金属工具和仪器。但实际情况是，莫兹利制造了第一批伟大的机器，然后惠特沃思制造了专用的测量工具和仪器，并使工程师们能在前人的基础上制造出更伟大的机器。完全平整的平面是其中伟大的发明之一，甚至可以说是必不可少的一个。

惠特沃思对后世产生重大影响的发明，主要是接下来要讲的两个：一个是标准化的螺丝（见图 4-3）；另一个是量具测量机。这两项创造无论在理论上，还是在工程实践中都是紧密关联的，而且都与在世界各地突然产生的（不仅仅是上文提到的英国和美国）对计量学这一新学科（即对精确测量的科学研究）的热情有关。在惠特沃思做出这些发明之后的几年里，大量精密制造所需的宝贵技术将传播到世界各地。直到今天，这些技术仍然在践行追求精密制造的使命，即确保我们身边一切工业产品的测量都是精确的，都是按照公认的标准来测量的。

图 4-3 标准化的螺丝

注：图片中展示的是各种各样采用标准化螺距和螺纹的螺丝，有了这些螺丝，工人们就可以依靠它们来调控车床的松紧、进行螺旋测距，并控制机床切削刀头的进退。

惠特沃思亲手发明的测量装置在当时是个了不起的物件，甚至是当时最优雅和最美丽的物件。它的设计如此精妙，以至于连一个不懂机械的人都会像对待艺术品那样希望占有它、欣赏它、偶尔抚摸它。

在曼彻斯特的惠特沃思艺术画廊里，我们从悬挂着的惠特沃思肖像中，可以看到他本人的形象。在这幅肖像中，惠特沃思身着正装大衣站立着，脸上似乎融合了庄重、自豪和略带惊讶的神情。他左手手指刮擦着黄铜齿轮，好像正在谦逊地展示它。在画的下方是一个带着黑曜石光彩的铁制仪器底座，而黄铜齿轮在煤气灯下闪烁着铜黄色的光泽。

测量工具的基本原理并不复杂，甚至可以说简单，一讲便能明白。大多数早期的测量机器使用直线来测量物体的加工偏差，比如用直尺测量物体边缘的直线。人们把物件靠在直尺上，根据边线来判断物件两端的误差大小。但是这种技术需要依靠视线来做出判断，这样就产生了一些新的问题：这个物件的一端距直线左侧或右侧有多长？直线本身有多粗？为了解答上述这些问题，需要有多少倍放大效果的放大镜？

其实一个游标尺就能解决这些问题。16 世纪法国发明家皮埃尔 · 韦尼耶（Pierre Vernier）制作了游标尺（Vernier scale）①，推动了测量精度的提高。有了标尺两端的内外径、量爪等结构的辅助，人们通过观察主尺的刻度就能对物件尺寸进行更准确的测量，但测量的结果仍然带有很强的主观性，有赖于测量者从合适的角度进行观察，并对测量结果做出准确的判断。

但惠特沃思却认为依靠游标尺测量并不可靠，这种方法既笨拙又容易出现误差。相比之下，他更倾向于采取“末端测量”，这种测量方法不依赖于视觉，而只需将测量仪器夹到待测物品的两个平坦表面上，通过这种“简单的接触”来进行测量。惠特沃思发明的装置采用了两块平面钢板作为夹具，通过转动一根长的黄铜螺杆，使两块作为夹具的钢板可以相互接近或远离，随后就可以在夹具当中放置一个测量对象，并拧紧两个与测量对象接触的金属夹具，直到这两个夹具牢牢地固定住物体。然后，再让夹具把测量对象慢慢地松开，直到这件物品无法再被夹住，并在重力作用下自然地掉落下来，那么此时，两个夹具之间的距离即为测量对象的尺寸。

---

①因此游标尺由韦尼耶的名字命名。测量时，在测量出主刻度的情况下，通过调整游标来精确确认测量中出现的分刻度，人们通常用滑动游标的方式来确定分刻度的大小。

这样一来，只需转动测距螺杆的旋钮，再配以简单的算法，就能在测量物件尺寸上取得突破性的进展。如一个螺杆，每英寸有 20 圈螺纹，再配备一个能将圆周均分为500个刻度的旋钮。如果将旋钮完整地转动1圈，螺杆及固定在螺杆上的夹具就会沿水平方向伸缩 1/20 英寸。如果将旋钮轻微转动 1 个刻度，那么螺杆就会伸缩 1/20 英寸的 1/500，即 1/10 000 英寸（万分之一英寸）。就这样，千分尺（或者称其为螺旋测微器）就此诞生了。

千分尺的原理就是这么简单。惠特沃思利用其高超的机械技术手段，于 1859 年发明了一种改进型的千分尺，这种千分尺也遵循着同样的原理，但是螺杆旋转 1 圈的螺距不是 1/20 英寸，而是 1/4 000 英寸，这是一个非常微小的数值。随后，惠特沃思在旋钮的圆周上切割了 250 个刻度，这意味着机器的操作员只需将旋钮旋转 1 个刻度，就可以将螺杆及其连接的平板推进或缩退 1/250 的 1/4 000 英寸，也就是说微调了 1/1 000 000 英寸（百万分之一英寸）。

如果被测量物体的外表面与千分尺上的夹具钢板一样平整，那么夹紧或放松 1/1 000 000 英寸的微小调整，就足以让被测量的物体从牢牢被固定在夹具上，转化为在重力的影响下从夹具上掉落。几年后，惠特沃思在一篇标题简练的论文《铁》（*Iron*）当中，描述了这种螺旋测微器的原理，这篇论文在纽约发表后，给相关领域的读者留下了深刻的印象。

在论文发表的同时，千分尺这种能够如此精巧优雅地实现精密测量的精密仪器也被逐步推向市场，很快，这件发明震惊了工程界。要知道，仅仅在不到 80 年前，约翰・威尔金森才靠着炮筒镗床这样一个钻孔机器，把公差控制在 0.1 英寸而促成了精密制造这一概念的诞生。而现在金属工件可以被制造、被测量、被控制到百万分之一英寸的公差，如此神速的发展令人难以置信。虽然在当时的环境下，人们还没能具体准确地意识到精密制造的潜能，但从这一刻起，精密制造似乎突然变得前途无量。

上述惠特沃思的发明创造都诞生于英国，其中大部分在曼彻斯特市。然而，一旦美国机床制造商吸收了惠特沃思的所有理念、原则和标准，美国在工业的发展上便会展现出弯道超车的潜力，而这几乎是注定的。惠特沃思曾于 1853 年前往纽约进行了一次考察，他发现美国的工程师们非常清楚地认识到，他们的国家在工业方面将会处于世界领导地位。至于其原因，惠特沃思在回国后发表的报告中是这样解释的："（美国）工人阶级的数量相对较少，但这从另一方面来看也有所裨益。正因为劳工的缺乏，才迫使美国在工业发展中，迫切需要在各个工业领域当中大规模使用机器。无论在哪个工业领域，机器的使用都被当作人工劳动的有效补充，采用机器进行生产是普遍现象，更是美国人主动追求的……这就是美国基于当前劳动力市场的状况而形成的结果，现在无论哪里都迫切需要使用机器来生产。这多少是因为，美国相比英国拥有更加普及的高等教育和智力资源，这也是美国即将快速发展的原因。"

现在，标准化、高精度的螺丝不仅能用来微调测量仪器，也能用来微调显微镜或望远镜，还能用来微调海军巨炮的角度，当然，它也将当时人们制造出来的各种工业产品更牢靠地固定在一起。

在惠特沃思之前，每一个螺丝、螺母和螺栓都是独一无二的。比如说，任何 1 英寸长、有 10 圈螺纹的螺丝，与随机选择的一个 1 英寸长、有 10 圈螺纹的螺母，能够相互适配的可能性很小。因此惠特沃思支持将所有螺丝进行标准化的想法，即所有螺丝的螺纹应具有相同的角度（55 度），螺距也应与螺丝半径和螺纹深度保持固定关系。在当时，螺丝的制造商们花了很长一段时间才就上述标准达成一致。但到了 18 世纪中叶，由惠特沃思提倡的标准已经在整个英国本土及其帝国范围内成为官方标准，其螺丝的标志符号为 BSW，即“英国惠特沃思标准”。这个标志至今仍然是从英国卡莱尔市（Carlisle）到印度加尔各答市（Calcutta）范围内所有工程车间的关键生产标准。

在随后的几年里，惠特沃思将注意力从高精度的精密金属工件，转移到了野蛮世界中的战争武器。可惜的是，在温布尔登主持活动时由维多利亚女王在那年夏天发射的六角筒惠特沃思步枪从未被英国军队配发，这令惠特沃思感到恼火，因为惠特沃思步枪的 0.45 英寸口径在当时被认为太小、威力不足。

不过，大洋彼岸传来了佳音：他的步枪在美国被称为“惠特沃思神枪手步枪”，在美国内战期间被南方邦联军队大量装配，还发生了一些轶事（北方联邦军队也发现他的高弹速步枪是非常理想的武器，但由于太昂贵，所以难以大量配发）。在 1864 年的斯波特西瓦尼亚战役中，他的步枪就因其致命的狙击准确率而名声大噪。北方联邦将军约翰・塞奇威克（John Sedgwick）向来以身先士卒著称，他在很远的地方看到了叛军，因而当着手下士兵的面，大声宣称“在这个距离上，他们甚至不能杀死一头大象”。随后，随着惠特沃思步枪的一声枪响，这位将军在全体北方联邦士兵面前被当场击毙了。

惠特沃思可能觉得他涉足军火生意有辱斯文，但事实证明，军火买卖是非常有利可图的。他设计了装甲板和开花炮弹，并研究出了很多完美地适用于枪支、富有延展性的钢合金，被业内人士称为“惠特沃思钢”（Whitworth steel），这种钢材后来在美国的武器铸造厂中很受欢迎。如今，惠特沃思拥有很多套豪宅，还建立了以自己名字命名的奖学金和捐赠计划，这些基金会和各种项目使他的名字在今天仍为人们所熟知。在他生命的最后几年里，他还设计了一个台球桌，专供他在曼彻斯特郊外的豪宅里使用。

这个台球桌是由坚固的铁制成的，虽然历史上没有记载惠特沃思有什么独特的能力，或者他在操作测量仪器时，有哪些不为人知的细节，但人们记得的是，惠特沃思公司出产的加工桌以其表面独特的平整度而闻名，这一点是千真万确的。当今天几乎所有人都在抱怨这个社会缺乏“公平的竞争环境”时，值得记住的是，惠特沃思很可能是第一个给我们带来“公平”的工程师。

打开布拉马锁

在水晶宫万国工业博览会的最后几周，在为美国预留的展室里，有一件意想不到的新展品摆在大家眼前：展厅的地板上放置着一个玻璃保险箱，里面铺着一块黑天鹅绒布，上面整齐地摆放着 200 枚新铸造的一几尼纯金硬币。它的出乎意料的出现，讲述了 20 世纪中叶精密工程的最后一个故事，以及这个故事在 60 年前的结局。

一个人设法撬开了约瑟夫 · 布拉马的锁（见图 4-4），这把锁从 1790 年起就一直放在皮卡迪利 124 号公司陈列室的橱窗中。这个人也是万国展览会的参展商，他是一个锁匠，也是一个竞争者，同时是一个美国人。他跨过大西洋来到这里，目的就是要把英国工程师放在他面前的每一把“不可撬开”的锁都撬开。

他的台字叫阿尔弗雷德 · C. 霍布斯（Alfred C. Hobbs），1812 年出生于波士顿，父母是英国人。也许是出于爱国热情，他想证明美国制造的锁比英国制造的锁质量好得多。他一到万国工业博览会，就在大厅东端的 298 号摊位上坐了下来，成为纽约的戴和纽厄尔公司（New York Firm of

Day and Newell）的代表。这家公司制造的锁称为“半自动重置锁”，霍布斯深信人们永远无法撬开这把锁，而布拉马的锁则一定可以被撬开。霍布斯在水晶宫布展后，给布拉马公司写了一封正式的信，要求在皮卡迪利“响应贵公司的挑战，我来打开贵公司的锁”。布拉马本人在 40 年前就去世了，也许在去世之前，他还沾沾自喜，因为从来没有人成功撬开过他的锁。现在是他的儿子们在经营着这家公司，他们收到了那封意义重大的信。由于霍布斯名声在外，他们有些战战兢兢，然而别无选择，只好同意会面，并迅速成立了一个专家委员会，以确保对这把锁的任何撬锁操作都是符合约定规则的，完全不依靠破坏锁的内部机构来开锁，毕竟这把锁是 18 世纪英国所能制造的最精密的设备。

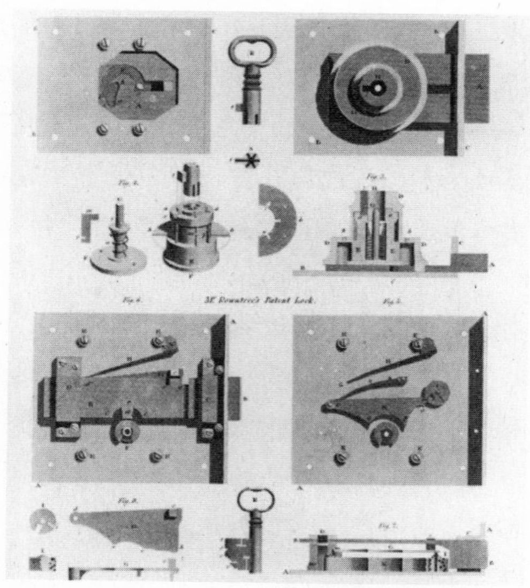

图 4-4　布拉马锁的结构

注：在前文中提到过，布拉马用于开锁挑战的那把锁，自1790年首次在伦敦皮卡迪利大街的橱窗中展出以来，长达60年没有被撬开。在1851举行的万国工业博览会上，霍布斯经过51个小时的细心尝试，最终才把锁撬开。如此的撬锁难度使得布拉马的制锁公司宣布，他们公司发明的锁基本上是防盗的。

就这样，霍布斯开始了撬锁挑战。他先后投入了 16 天的时间，总共花了整整 51 个小时，才把锁的锁扣打开，最终挑战成功。他使用了各种特别设计的微型工具来撬动锁芯的内部：其中有千分尺和微距螺丝。霍布斯把微距螺丝固定在布拉马锁的木制底座上，如果布拉马锁装在一个无法穿透的铁制底座上，这个工具就不能起到固定作用了。螺丝拧进木头里之后，能把锁内的 18 个簧片压住，这样霍布斯就可以用双手在 2 英寸长的锁芯里进行各种操作。霍布斯还使用了放大镜，用特殊的镜子在锁内反射微小的光束，发出明亮的光，以协助他观察锁的内部。他用微小的测量天平观察每一个弹子的高低位置，并用小钩子把位置太深的弹子拉回来。总之，霍布斯在身旁放置了一系列的工具，就像外科医生的手术托盘里的各种工具一样，当然，霍布斯的托盘里没有手术刀。霍布斯这样努力，就是为了要确保撬开布拉马锁，并借此宣扬美国人在精确方面的优越性。

布拉马的儿子小布拉马付清了钱，但布拉马公司的人一边付钱，一边抱怨美国人靠着那一大箱工具和 51 个小时的挑战时长才把锁打开，根本胜之不武。霍布斯没有遵守潜在的游戏规则，即这个挑战的目的是验证锁的防盗特性，而霍布斯花在这把倒霉的锁上的时间和精力，是任何一个窃贼都负担不起的。

仲裁小组对小布拉马的抱怨表示支持，他们指出霍布斯的做法是不公平的，并且得出了掷地有声的结论："仲裁小组清楚地知道那 200 几尼已经颇有体育精神地付给了霍布斯先生，霍布斯先生也没有刻意损害布拉马锁的声誉。但霍布斯先生费尽全力打开布拉马锁产生了与破坏声誉相反的效果，它在很大程度上证实了，就日常生活的实际情况而言，布拉马锁的确是绝对防盗的。"

霍布斯坚持要把这 200 几尼金币展示在水晶宫里，以此来炫耀他的胜利。就这样，伴随着霍布斯开锁成功的喜悦，200 个几尼在水晶宫的灯光下闪耀了好几周。虽然霍布斯陶醉在胜利的喜悦中，但这个胜利也是短暂的，消费者的选择证明了最终的结果。正如仲裁小组所指出的那样，霍布斯撬开了布拉马锁，这对布拉马的公司没有任何损害：顾客们排着队来购买一把连开锁专家都要花费 16 天才撬开的锁。该公司至今仍在伦敦保持运营状态，并在世界各地销售它生产的锁，而所有这些锁都是基于 1797 年布拉马最初设计的改良产品。

与此同时，纽约的戴和纽厄尔公司在万国工业博览会后不久就倒闭了。在霍布斯布展之后不久，就有人成功地撬开了他的半自动重置锁，而且据说撬开这种锁的人只用了一根木棍。他是一个新生的精密制锁公司创始人的后裔，那个公司也是现在世界上最大的制锁公司——耶尔公司，这个公司的创始人就是老莱纳斯 · 耶尔。

The Perfectionists

第 5 章

没有人能抵挡在高速路上飞驰的诱惑

公差 0.000 000 000 1 (10^{-10})

福特T型车对美国的影响十分深远，它几乎在很大程度上改变了这个国家的特质。福特T型车改变了美国的艺术、音乐、社会结构，也影响了美国人的体质、财富、傲慢与偏见，而造就这一切的人，亨利·福特，对美国而言，可以说是个高效的革命家。

——L. J. K. 西赖特（L. J. K. Setright）

《继续向前开！》（*Drive On！*）

1998 年年初，正值隆冬时节，我在关闭一辆借来的劳斯莱斯银天使的后备箱时，突然右手食指感到一阵刺痛。我低头一看，一滴血从我手指的伤口处冒出来，伤口并不大，都不用贴创可贴。然而，一辆全新的劳斯莱斯汽车的某些部分，居然已经锋利到能把我的手指扎破的程度，这才是令人惊讶的地方。要知道，劳斯莱斯银天使不仅要重新确立或者强化“劳斯莱斯汽车是世界上最好的汽车”这一认知，更重要的是，这一产品还立志要帮助劳斯莱斯品牌在市场竞争激烈的 1998 年再现辉煌。

我和我的副驾驶检查了一下车辆，轻轻地抚摸着汽车后部那如镜面般光滑的车身。毫无疑问，这是一辆精致的豪车：深蓝色的外壳，后备箱内侧衬着厚厚的羊毛地毯，后备箱里还专门备有装雨伞的特殊容器，车上的所有镀铬部件都结实坚固且经过细腻抛光。这辆车的车灯又大又稳固，甚至连车牌架都是经过加固、能防水雾的，这样的车牌架简直就是装在军舰上的铭牌。但我还是发现了问题，我把手放在车牌架的下面，发现了两个小螺丝，其中右手边的那个似乎偏离了正常的角度，导致它锋利的钢边在如镜面般平滑的镀铬表面上，突出了大约几分之一毫米，而我的指头正好划过了它。

毫无疑问，这就是把我的手划破的罪魁祸首：一个简单的螺丝钉。某个学徒在试图打孔时，加工的角度不对，才产生了这个有些偏差的孔，并导致了这个瑕疵。

对于一款自诩“精密机械工程的典范”“世界上最优秀的汽车”，以及“贵到让绝大多数人惊愕的汽车”来说，这似乎是一个不可思议、不可原谅的错误，是劳斯莱斯产品一个难以抹去的污点。几周后，我的不安得到了证实，当时一位供职于伦敦一家报社的汽车评论员，描述了他开着一辆劳斯莱斯银天使出去试驾的经历。他在停车后，发现自己不能正常启用手刹，甚至直接把手刹给掰下来了。出现这种情况，可能是因为这辆车的手刹所连接的电缆在车内部的某个地方完全断开了。很明显，工厂里有人并没有认真按要求装配。

劳斯莱斯出现这样的质量事故，我并不意外，但是英国大多数人都感到震惊和沮丧，而更巧的是，就在这次质量事故发生后的几个月内，大名鼎鼎的劳斯莱斯汽车公司实际上破产了，并被出售给德国大众汽车公司。这家以“劳斯莱斯”闻名于世的公司于 1904 年 5 月在曼彻斯特正式成立。而 1903 年 6 月，在密歇根州的底特律一次更加低调的公司成立仪式上，福特汽车公司正式成立。这两家公司都是由敬业、执着、手上沾着机油的工程师创建的，他们的创立者都叫亨利①，都出生于 1863 年，并且都出身于中产阶级家庭。

①亨利·罗伊斯和亨利·福特，前者是劳斯莱斯的创始人之一。——译者注

当这两个亨利各自的目标确定了之后，他们的追求就截然不同了。一方面，亨利・罗伊斯只是简单地致力于为少数眼光很高的人制造世界上最好的汽车，不考虑实现这个目标的难度，也不考虑造车成本。另一方面，亨利・福特（见图 5-1）决心以工业生产所能达到的最低成本，让尽可能多的人可以拥有私人轿车。为了实现各自的抱负，罗伊斯将组建一个工匠团队，手工制造劳斯莱斯汽车；而福特将选取在适当的时候，依托机器的协助大量生产福特汽车。

图 5-1　亨利·福特

注：亨利・福特和亨利・罗伊斯一样，于1863年出生在一个中产阶级家庭，后来福特在底特律推销汽车，建设了世界上第一条汽车生产流水线。

然而，无论对于罗伊斯还是对于福特而言，采用更精密的生产设备始终都是实现精密制造的关键。罗伊斯身为工程师，怀揣着一种艺术家的虔诚，以井井有条的步调去逐步实现精密制造；福特是一个背负着革命信念的工程师，决定以雷霆手段来推动精密技术的运用。通过对两家公司的比较，我们可以看出，在 20 世纪早期，精确度是现代文明得以存在的基础，精密制造以两种截然不同的方式得以推广应用，并产生了两种不同的结果。

劳斯莱斯之旅

无论是过去还是现在，我都买不起一辆劳斯莱斯。尽管如此，我还是很欣赏劳斯莱斯汽车。早在大学时期，我当时是一个学生社团的成员。那个社团拥有一台劳斯莱斯 1933 款，经典的 20/25 型，只可惜，这辆车一生产出来就被改装成了一辆毫无魅力的灵车。这辆车很容易驾驶，并且大部分时候车况良好，但是它的油耗大，且耗油量特别不稳定，这对于大学生来说非常难以承受。我们很少开这辆车，只是偶尔开出去兜兜风。一个朋友有一把羽管键琴，他把琴放在后备箱里，当我们开车时他会弹琴，给伙伴们带来更好的乘车体验。有一次，这辆车在前往科茨沃尔德（Cotswolds）的途中抛锚了，前来维修的工程师带来了一套黑色毛毡，将它覆盖在车上，试图掩盖这辆车的品牌，避免品牌形象受损。但这么做在很大程度上是自欺欺人，谁也蒙蔽不了：路人们依旧会看到轮毂盖上的“RR”标志，并会发现引擎盖的黑色毛毡下方有个茶壶似的装饰物，这是劳斯莱斯的欢庆女神标志，她就站在散热器上，人们一看到引擎盖上的突起，立刻就会意识到眼前这辆故障车的品牌。

几年后，也就是 1984 年年初，我对汽车的喜爱更加强烈了。当时伦敦一家报社派我去撰写一些关于欧洲大陆的文章，一位编辑冷嘲热讽地说，英国人一般对欧洲大陆知之甚少，也没有了解欧洲大陆的欲望。因此，对于每一篇文章，我都会选择在不同的城市中书写，文风也随着城市环境的不用而发生变化。我从斯德哥尔摩乘船去了赫尔辛基；从加迪兹（Cádiz）步行到了直布罗陀；从伦敦的维多利亚车站坐火车到了瑞士和意大利边境布里格（Brig）的维多利亚酒店；我还开车从欧洲最西端到达最东端，从大西洋加利西亚的岬角到当时的苏联城市阿斯特拉罕（Astrakham），伏尔加河就是在阿斯特拉罕注入里海的。

在我走南闯北撰写游记的旅途即将迎来最后一程之前，我已经经历了步行、乘船和乘火车的交通方式。原本我们一直盘算着，要开一辆老旧的沃尔沃家用车踏上前往苏联的冒险旅程。启程前，就在我与摄影师在伦敦市中心享用午餐时，我突发奇想，大声对同行的摄影师帕特里克说，为什么不开一辆劳斯莱斯来完成这次长途旅程呢？毕竟，这可能会在苏联引起轰动。

这算不上什么难事。我们赶紧给公司的公关部打了一个电话，结果，不到半个小时就搞定了。第二天早上，一辆崭新的海蓝色劳斯莱斯银灵[①]将驶下生产线。这是一笔被别人抛弃的订单，如果我能坐火车去位于克鲁（Crewe）的工厂亲自提车，我就能在接下来的两个月里任意支配这辆车。第二天早上，公关专员把钥匙给了我，他说："我们只要求你把它完好地带回来就行。"在和他握手后，我和摄影师帕特里克就这样开车离开了。

这还不算我们在这段旅程中最传奇的经历。汽车引擎运转的精确度和这辆车在出发前细致入微的保养，使得最终我这趟 16 000 千米的驾程完美无憾地完成了。在德国巴伐利亚的高速公路上，我们以每小时 224 千米的速度飞驰，在这样的速度下，汽车依旧保持着完美而平稳的机械节奏，带给我们始终如一的驾乘体验。对于一辆 3 吨重的汽车来说，如此高速的行驶真的不容易，它甚至没有发生最轻微的机械故障。

我唯一一次拜访机修工是在维也纳（这是劳斯莱斯当时在东方的前哨站）与经销商会面时，考虑到有些地区可能会遇到品质低劣的燃油，我想对发动机进行一些轻微调整。"其实，非常坦率地说，"经销商拍拍尚有

---

①劳斯莱斯银灵是 Silver Spirit ，劳斯莱斯银魅是 Silver Ghost，后文会出现。——译者注

余温的气缸盖，“这台发动机里面，就算灌上花生酱也一样能欢快地运转，这辆劳斯莱斯适应性很好。”

这篇文章如期刊登在报纸上，不出所料，报社选择了劳斯莱斯之旅作为封面文章，这主要是因为一张带有象征意义的照片。这张照片展示了我在基辅城门前摆的一个姿势。照片中，我坐在这辆强大的蓝色汽车的引擎盖上，它刚抛过光，如陈列室里的展品一般闪闪发光，因而也成为富有而庸俗的资本主义的化身。

照片中，我仿佛手指着某个距离不远不近的东西。后来这期杂志在伦敦很畅销。我想，这样的封面在基辅肯定会被封禁的。这个作品一时间获得了很大的成功，也让劳斯莱斯汽车公司全球公关人员这 10 年来对我十分感激，也十分慷慨地接待我，这一点让我很意外。

报社派给我的下一个任务是写一篇关于洛杉矶东部帮派势力的文章。因为 1984 年洛杉矶奥运会即将开幕，洛杉矶的地方政府担心奥运会期间会有帮派活动，所以十分忧虑。因此，我和另一位摄影师飞往加利福尼亚州，在登记入住威尔希尔大道上的大使酒店时，我非常惊讶地收到了一个棕色小信封，里面有一封来自劳斯莱斯贝弗利山经销店的信，还有一把车钥匙。信上写道:“希望您能在这里度过一段愉快的时光，我们正为此努力。”

这是一辆全新的大型轿车的车钥匙，这辆车是一辆黑白相间的劳斯莱斯卡玛格，在当时是世界上最昂贵的汽车，同时也是世界上最没有市场竞争力的汽车之一。这是一台由意大利人设计的双门机械巨兽，这个意大利人在设计这辆车时，显然经历了什么不好的事情。他将这辆车设计成了低速、笨重、烦冗的机械，一个典型的“为了虚张声势”而设计的汽车，因此我们在驾驶这辆汽车的时候吸引了很多不必要的关注。

一个炎热的下午，当我在红灯前等候时，两个坐在敞篷车上的年轻女子在这辆车旁边停了下来。

“你开的是劳斯莱斯吗？”开车的女子问道。

“是的。”我回答。

她笑了：“这简直是我见过的最丑的车。”

卡玛格的故事充分说明了精确度和准确度之间的区别。因为尽管工程师精心制造了这一款汽车，使其在制造的各个方面都具有极高的精确度，但那些对该型号汽车进行设计、营销和销售的人对自己决策的准确度毫无感觉。因此，卡玛格是一个严重的商业失败案例，而公司的领导层对此后知后觉。劳斯莱斯公司当时正逐渐走向衰落，最终它生产出了割破我手指的产品以及刹车线断裂的产品，大约 10 年后，劳斯莱斯公司将品牌的所有权转让给德国的公司，它的一段历史也宣告终结。在卡玛格车型投产的 10 年中，劳斯莱斯公司仅售出了 500 多辆。1985 年，在劳斯莱斯公司把卡玛格借给我的第二年（后来我才意识到，这是一款在贝弗利山庄卖不出去的库存车），劳斯莱斯总算摆脱了这个失败的产品，永久关闭了卡玛格的生产线。

设计自己的车

实际上，从更加公平的角度来看，劳斯莱斯公司应该叫作罗伊斯·罗尔斯公司[①]，因为亨利·罗伊斯（见图 5-2）是制造汽车的人，而

①劳斯莱斯也被译为罗尔斯·罗伊斯，顺序反过来就是罗伊斯·罗尔斯。——译者注

查尔斯·罗尔斯（Charles Rolls）只是简单地做销售工作，这正如可口可乐每年投入巨资，让可口可乐的品牌始终为世人所知一样。当一个品牌的名字为世人熟知时，即使是最微小的改变也被认为是对其商业价值的玷污，毕竟连商标的字体也是受法律保护的。据说，把劳斯莱斯简称为劳斯是非常粗俗的做法。对于车间里的工人而言，如果可以用熟悉的内部行话来谈论自己的公司，他们会称自己的公司为“罗伊斯”。

图 5-2　亨利·罗伊斯

注：如果这个世界更加公平的话，1904年亨利·罗伊斯旗下公司生产的汽车将被命名为罗伊斯·罗尔斯或者莱斯劳斯（Royce Rolls）。在机械车间，工程师公然称他们生产的车为“罗伊斯”系列。

罗伊斯①于1863年有幸出生在彼得伯勒（Peterborough）附近，在他出生后不久，大北方铁路公司碰巧在他的出生地附近修建了一个机车维修

①人们赞誉罗伊斯，会不会是受商业影响呢？其实并不一定。在罗伊斯出生26年后，同样是在罗伊斯的出生地剑桥郡奥沃尔顿村（Alwalton），弗兰克·珀金斯（Frank Perkins）出生了，他是一个备受尊敬的柴油发动机品牌的创立者。然而，只有罗伊斯享受到了由教堂为他树碑立传的待遇。

保养车间。罗伊斯的童年既贫穷又艰辛，他在童年不得不从事诸如驱鸟、卖报纸和送电报的工作，而且他才 9 岁时父亲就去世了，之后他只能住在贫民窟里。但是罗伊斯有一位具有先见之明的姨母，她相信学习发动机制造技术能改变罗伊斯的命运。因此，她为年轻的罗伊斯支付了 3 年的学徒费，让他在大北方铁路车间工作，而这个地方很快将成为建造和修理英国有史以来最精良、最快速的蒸汽火车头的地方。后来，正如罗伊斯的姨母希望的那样，她支付的费用使罗伊斯走上了自己制造发动机的道路。时至今日我们都知道，罗伊斯的汽车引擎将会享有更高的声誉，而且他后来制造的引擎的机械性能，远胜于他早年调教过的那些裹着铁皮的、吞噬煤炭的怪物。要知道罗伊斯后来打造的引擎，不是彼得伯勒铁路工棚里那些火车头所能比的。

事实上，在创业了 20 年后，罗伊斯才开始制造自己公司研制的发动机，并组装使用本公司发动机的汽车。罗伊斯的第一次创业，始于曼彻斯特库克街（Cooke Street）的一个车间，生产的器件涉及民用电器元件，这在当时算是新奇的设备，如电灯开关、保险丝、门铃和发电机。他很快就过上了富裕一点的生活，结了婚，在郊区买了一栋中等大小的房子，开始把业余时间花在园艺、养玫瑰和种植果树上，并乐此不疲。

然而，罗伊斯的真正兴趣所在是机械工程而非电气工程，在这之后的 10 年里，他想方设法将这两种工程技术合为一体，成立了一家名为罗伊斯有限公司的机构，生产一系列大型电动起重机。优秀的产品为该公司赢得了良好的声誉。罗伊斯有限公司在起重机的制造和生产方面都非常出色，拥有获得专利的安全保障技术，最大限度地减少了维多利亚时代新兴高层建筑施工带来的致命事故。

几年来，罗伊斯有限公司蓬勃发展，甚至把电动起重机卖给了日本，后来不守规矩的日本工程师原封不动地仿制了这台起重机，还一并仿制了罗伊斯有限公司的铭牌。

大约在19世纪和20世纪之交，一些德国和美国公司突然杀入了起重机市场，迫使罗伊斯有限公司压低了起重机的价格，这几乎使该公司在市场压力下屈服，甚至放弃原则。但是罗伊斯很早就表达了一种坚定的决心，即无论市场压力有多大，都要制造出最高质量的机器。他坚称，他既不会削减成本，也不会降低标准。最终，这家年轻的公司得以生存下来，产品销路稳定，赢得了生产高质量产品的声誉，并打造出了不求价格、只求质量的精工制造的产品形象。

罗伊斯家境良好，现在已经安顿下来，生活稳定，在银行里也有存款。他的个人兴趣转向了汽车，现在他可以在一定程度上随心所欲地追求他想要的东西。1902年，他买了一辆德迪翁式四轮摩托车。这种机车实质上就是把两辆自行车并排拴在一起，然后在中间悬挂一台小型内燃机来提供动力。

当时，法国几乎垄断了新生的汽车制造业务，诸如德迪翁－布东（De Dion-Bouton）、德拉哈耶（Delahaye）、德考维尔（Decauville）、哈奇开斯公司（Hotchkiss et Cie）、潘哈德（Panhard）和罗奈恩底垂（Lorraine-Dietrich）等公司开始为越来越多的汽车买家生产少量的汽车。以下英文词汇反映了部分汽车专有名词的法语起源：garage（车库）、chauffeur（司机）、sedan（轿车）、coupe（双门轿跑车），事实上，连现代意义上的汽车本身也与法国有很深的渊源。

罗伊斯起初认为，法国汽车由工匠制造，外形美观、制作精良，比同期开始出现在欧洲道路上粗糙的美国车要好得多。他很快就对进一步研究法国车产生了兴趣，并于 1903 年初购买了他的第一辆真正的汽车，一辆二手的 10 马力双缸德考维尔汽车。这辆汽车是由火车运送到曼彻斯特的，必须由罗伊斯自己派工人从火车站搬回库克街的车间。

“10 马力标准型汽车”是 1903 年最先进的汽车。伦敦的一位经销商精明地宣扬着该公司最近的成就：“可以从爱丁堡一口气开到伦敦！满载时也能以平均每小时 32 千米的速度一路驰骋！”“在韦尔贝克跑出 82 千米时速！”“在多维尔飙出每小时 120 千米！”这位经销商声称，这辆汽车平均时速可以达到 56 千米，可以舒适地载员 4 人。乘客头顶上有一个可伸缩的华盖，可以避雨，但是司机头顶上没有遮挡，也没有挡风玻璃。当时，1 加仑汽油的价格也只有 1 先令，在经销商处随时可以买到，非常便利。

在购入这辆车后的短短几周内，罗伊斯做出了一个重大决定：依据他面前的这辆新车来设计他自己的车。罗伊斯喜欢他的新车，几乎每天都开着它，但在他看来，虽然别致的设计值得赞赏，但车内的机械装置却显得粗制滥造。这辆车噪声很大，在加速时动力不足，发动机也很容易过热，总之这辆车一点也不可靠。

罗伊斯随即向他的团队宣布，他将把汽车拆卸到只保留核心部件，从汽车轮毂开始重新设计，并制造出一辆全新的汽车，这辆车要在各个方面都力求机械流畅运转，同时保证汽车整体可靠。罗伊斯会在自己的闲暇时间里完成最初的工作，如果罗伊斯改进汽车的计划一切顺利，那么他会让罗伊斯有限公司在他对法国车改进的基础上制造全新的汽车，那辆车将会被命名为“罗伊斯”。由于这辆车也将拥有 10 马力的动力系统，因此它将被称为“罗伊斯 10 型车”。

为了改进这辆车，罗伊斯可谓煞费苦心，毕竟这辆车几乎要靠罗伊斯及其员工熟练的手工技能，一点一点地打造出来。与法国生产的德考维尔汽车一样，罗伊斯自制的汽车也有 2 个气缸，每个气缸的缸径为 95 毫米，冲程为 127 毫米。燃料入口位于气缸顶部，排气阀位于气缸侧面。在新的发动机的前部配有一个水冷夹套，以确保机器不会过热。罗伊斯设计并手工制作了一种新型化油器，还制作了一个新型木制外壳的电打火震动器线圈，这个纯铂金线圈由手工打制，可以工作很长时间而无须调整或清洗，线圈持续不断地产生火花来点燃燃料。在 1904 年生产的汽车中，打火线圈失灵是最常见的故障，但这回至少在罗伊斯制造的这辆车上不会出现这个问题。此外，罗伊斯还制造了一种高度精确的配电盘，确保气缸在受到汽油和空气混合物震动的同时点火，从而使内燃机保持平稳运转。

罗伊斯用传动轴替代链条传动，并确保每一个齿轮都啮合得很好，齿轮间的润滑良好。罗伊斯完善了汽车的悬挂减震系统，同时在改进时始终考虑乘客的感受，全力保障乘客的舒适和安全。他使用铁匠的皮革围裙的边角制成气缸盖垫圈，以增强气密性；用自己设计的锥形螺栓取代法国人安装的铆钉；还为排气系统制造了一个大型的、配有多层挡板的消音器，这样可以将排气孔发出的阵阵轰鸣声降低为沉闷的嗡嗡声。

罗伊斯设计的变速箱有 3 个前进挡，离合器中还内衬了皮革。他更换了转向系统上的蜗杆和制动系统上的制动蹄，然后进行了无数次测试。通过分析并改进每一次测试中出现的故障，他确定他设计制造出的“罗伊斯 10 型车”将是一个比买来用于改良实验的德考维尔型车更可靠的替代品，尽管生产一辆“罗伊斯 10 型车”的成本要比德考维尔型车高得多。著名工程师斯坦利·胡克（Stanley Hooker）评价罗伊斯的车说：“这辆车没有明显内部或外部构件的冲突和不必要耗损的痕迹，即使有潜在的故障，也微不足道，难以察觉。总之，这辆车当前已经没有再改进的必要了。”

1904 年 3 月 31 日，第一辆“罗伊斯 10 型车”从库克街车间下线。很快，这里又下线了 2 台同型轿车，每一辆车都比前一辆车建造得更好、更精细，罗伊斯有限公司的工人们还把轿车开到大街上进行试驾。后来，罗伊斯有限公司的一位名叫亨利·埃德蒙兹（Henry Edmunds）的新董事为其中一辆闪亮登场的新车拍照，并将照片寄给了他自己的一位朋友。这位朋友就是后来大名鼎鼎的查尔斯·罗尔斯，一位成天手捧啤酒的、悠闲的贵族，一个胆大包天的表演者，但他也是一位汽车爱好者，并且还是早期自行牵引机车交通协会的成员。当时罗尔斯正试图在梅费尔、奈茨布里奇和贝尔格拉维亚几个禁止喧嚣的上流街区里，向富裕的潜在用户兜售东风标致汽车和潘哈德汽车。

罗尔斯一收到这张黑白快照，就立刻被迷住了，他感到很兴奋。从埃德蒙兹的描述和这张照片中，他意识到，现在英国终于有了一辆可以与欧洲大陆制造商一较高下的汽车了。罗尔斯写信给罗伊斯，起初是询问能否跟罗伊斯合作，然后是要求跟罗伊斯合作，最后乞求罗伊斯这位“最杰出的工程师”来伦敦见他。总之罗尔斯给罗伊斯写了一封又一封信，然而，他的请求都遭到了回绝。

我们来设想一下那年 4 月底，罗伊斯在库克街办公室里的情景。他的办公桌上放着一封信，而他却没工夫回应。这封信是从伦敦寄出的，现在它到了曼彻斯特，罗伊斯知道邀请他的人是伦敦这个大都市的大人物，是一位毕业于伊顿公学和剑桥大学的名流，而正是这位名流在一次又一次地邀请罗伊斯。

但罗伊斯并不打算去伦敦会会罗尔斯。他太忙了，他蹲在狭小的机械车间里，这里的工作占据了他一整天的时光。

我们再来设想这样一个场景，正值早春，一周以来罗伊斯一直在强迫自己进行一项“不可能完成的”任务：将锻钢曲轴加工到完美的程度，即在理想状态下，曲轴一旦开始旋转，就永远不会停下来。因为曲轴弯曲部分的两侧重量完全一致，一旦弯曲部分的两侧出现哪怕很微小的重量差，都会导致曲轴减慢旋转速度，影响汽车的性能。在收到罗尔斯来信的时候，罗伊斯正在尝试用千分尺矫正曲轴。他试图测量形状并不规则的曲轴，测量它各个部分的公差，打磨并锉削曲轴多余的部分，直到量块显示曲轴弯曲部分的误差不超过十万分之一英寸，基本上是等重的，这才能保证曲轴在运转时能实现完美的平衡。

罗伊斯完全专注于制造新的汽车。他告诉工人们，经过试验、检测、机械耐久性测试和车体重构，他的车最终将成为市面上独一无二的产品。每一辆罗伊斯 10 型车的部件都经过精雕细琢，生产过程力求精确，以保证最终生产出的汽车将长期保持可靠性，且在机械运转时只产生非常小的噪声，而又始终保持澎湃的动力。这样的追求对如今的普通大众而言或许不算什么，但是对于专注于机械工程的内行来说，罗伊斯在他的汽车上，实现了那个时代对于机械之美的极致追求。

现在，曲轴的试制宣告成功。这些曲轴制造得无比完美，甚至人们用手拨，使其转起来，它都能自己旋转很久，几乎看不到减速的趋势。罗伊斯生产的第 3 辆罗伊斯 10 型车已经实现了完全依靠机械动力驱动的目标，并且确保了所有部件都是英国本土生产的，至此，罗伊斯的团队已经准备好进行最终的检测和试驾。随后，工人们用螺栓把组装完备的发动机固定在底盘上。汽车传动系统也是手工组装的，传动系统的各个部件用油鞣革进行了打磨，磨得锃亮的部件在午后的阳光下闪闪发光。车轮上的轮胎充满了气，工人们用螺栓把车轮固定在车轴上，在将各个部件加固之后，工人们小心翼翼地将燃油注入油箱。

然后，罗伊斯将镍钢制成的手动曲柄插入冷却散热器下方的插孔中，这辆车的散热器采用了全新的希腊式神庙穹顶造型，造型庄严的质感显示出这辆全新的罗伊斯 10 型车非同寻常的高贵气质。罗伊斯站在车前，将曲柄转动一圈、两圈、三圈。

一开始，什么动静都没有。罗伊斯调整了传动杆，尝试转动滚花铜轮，测试阀门的开合。一系列调整之后，伴随着一声低沉的轰响，发动机冒出了一大股黑烟，喷涌而出的黑色气体让工人们纷纷惊慌失措地后退，原来是发动机被卡住了。罗伊斯再次点火，发动机很快平静下来，并正常地运转起来，翻滚而出的声音好似遥远天空中低沉的闷雷。

相比同一时期的其他汽车，罗伊斯 10 型车的发动机运转起来算是非常安静了。它没有像德考维尔汽车那样产生喧嚣刺耳的噪声。如果我们仔细听的话，还能听到另外一些声音：排气管轻轻地响了起来，挺杆升降的咔嚓声小得几乎听不见，凸轮轴在飞速旋转中与活塞相连。这辆车的机械润滑良好，工件之间严丝合缝，运转流畅，如丝般顺滑。前引擎盖固定在颤动的发动机之上，它一旦正确地闭合，汽车就会一下子安静下来，通过释放的热量和引擎盖传来的振动，前来观摩的工程师才能心生敬畏地确信这台车并未熄火，所有气缸都在燃烧。很快，“火力全开”这个词就在人们的口中流传开来。

试驾司机随后坐进驾驶室，调整了化油器阻风门、磁力计，然后把护目镜戴上，把帽子调整好。有人打开了车间的木制双门，并向库克街扫视了一下，以确保门口没有恰好经过的马匹和行人。司机将变速箱换到一挡，松开手刹，抓住方向盘，轻抬离合器，就这样，罗伊斯第三辆手工制造的汽车悄无声息地驶入了街道，驶向视线尽头的低山，开始了它的第一次冒险。

其时，罗伊斯打开了罗尔斯寄来的信。这封信一如既往是罗尔斯亲笔写的，但在这封信中，罗尔斯没有要求罗伊斯来伦敦，相反，罗尔斯说，如果罗伊斯方便的话，他会亲自来库克街的工厂拜访罗伊斯，看看是否有可能制造和销售世界上最好的汽车。罗伊斯会同意吗？罗尔斯在信中说，双方都尊重这样一种理念，即无论成本如何，都要制造一种基于极致精密原则的高级机动客运交通工具。而正在阅读信件的罗伊斯是否会想到，有一天，这封信的作者和他自己会一起把这份产业经营起来，并用他们两个人的名字为新的公司冠名？

经历了两个小时的试驾之后，这辆黑色的罗伊斯 10 型车驶回了库克街车库。这辆车驰骋了一路之后，车体的噪声依然很小，宛如幽灵的低语。试驾司机对罗伊斯 10 型车的性能感到既吃惊又兴奋。机修工随后把汽车引擎浸润在温热的机油中，对其进行检查、维护和保养。

对于这次试驾，所有媒体都给予了极高的评价，认为这辆车是“前所未有”“无与伦比”的。通过大家的评价，我们可以显而易见地得出这样的结论，那就是这辆车超出了所有观察人士的预期。因此，试驾的当天晚上，罗伊斯在这次试驾取得显著成果的鼓舞下，给罗尔斯回了信。

“我一定要到曼彻斯特来，”罗尔斯回信说，“我们将在 5 月 4 日会面，也就是两周后的今天。我相信我们有机会可以一起成就一番事业。”

劳斯莱斯的奇迹

时至今日，曼彻斯特市彼得街上的米德兰酒店入口处依然有一块纪念铜匾，纪念罗尔斯和罗伊斯在 1904 年 5 月 4 日的首次正式会面。罗伊斯只是希望通过这次会面筹集资金，从而能够继续生产以精密制造为追求的高端汽车，并继续研发和迭代出符合更高标准的产品，但是罗尔斯的野心要大得多。那天早上，罗尔斯在从伦敦出发的火车上告诉与他同行的埃德蒙兹，他想要的是让自己的名字与一些伟大的产品联系起来，这样罗尔斯就可以很快成为一个家喻户晓的词。“就像一提到钢琴人们就会想起‘布罗德伍德’（Broadwood）或‘施坦威’（Steinway），一提到保险就想到丘博公司（Chubbs）一样。”埃德蒙兹写道。[①]

当罗尔斯看到一辆全新的罗伊斯 10 型车，又察觉到罗伊斯本人对自己的成果所表现出的那种显而易见又平静自如的自豪感时，罗尔斯的确被罗伊斯的产品征服了。罗尔斯亲自乘坐了这辆罗伊斯 10 型车。与同一时期的大部分汽车不同，这辆汽车显然不会惊吓到马匹，罗尔斯在曼彻斯特的街道上经历了一次短暂、平稳、完美的体验之旅，这越发提高了他对罗伊斯产品的青睐。那天晚上，罗尔斯坐火车回伦敦，他在餐车里吃得很香，而不得不在午夜时分出去散步消食，并向英国贝尔格拉维亚上流社区所有愿意听他在半夜演讲的人宣布：“我找到了世界上最伟大的工程师！对，世界上最伟大的工程师！”

律师们第二天就开始制订合作的法条框架，并在圣诞节前两天达成了一项正式协议，双方正式建立了合作关系。罗尔斯为这家新公司争取到他的名字在前的商标并不困难，罗伊斯对其机器品质的自豪感盖过了对商标冠名的虚荣心，因此他很容易就同意先是“罗尔斯”，后是“罗伊斯”的命名顺序。商标的中间再加上一个连字符，就成为今天的劳斯莱斯，它的全名为罗尔斯 - 罗伊斯有限公司。

---

①布罗德伍德和施坦威都是世界著名的钢琴品牌，丘博公司是美国著名的保险公司。——译者注

1905年，罗伊斯的赛车在马恩岛（Isle of Man）举行的一场比赛中获得了第一名。就这样，这家在匆忙之中成立的汽车公司成功打入市场。比赛的胜利提供了一个完美的宣传契机，借助比赛胜利的感言，罗尔斯在颁奖晚宴上向媒体讲述了他与罗伊斯的第一次会面。罗尔斯说他曾试图向伦敦上流社会兜售法国制造的汽车：

> 我后来清楚地注意到，我的客户越来越渴望购买英国自主制造的汽车。然而，我没有选择自己亲自下厂生产制造汽车，这首先是因为我自己在这方面缺乏资源和经验，其次是因为这样做涉及的风险太大，同时我也找不到任何我真正喜欢的英国汽车……直到我有幸结识了罗伊斯先生，他就是多年来我一直在寻找的那个人。

劳斯莱斯公司生产的最早一批汽车之所以能打开市场，与其说是因为它们有格调、速度快、造型气派或外表华丽，不如说是因为它们噪声小、运行可靠。在第一台手工制作的罗伊斯10型车缓缓下线10年后，社会上出现了劳斯莱斯汽车皮实耐用的传闻。例如，苏格兰东部的一位农民驾驶他的罗伊斯10型车行驶了16万多千米山路，没有出现一次故障，而且那个时候劳斯莱斯汽车也没有今天那么贵：罗伊斯10型车的价格是395英镑，而当时一辆60马力的梅赛德斯要2 500英镑，一辆6缸的纳皮尔要1 000英镑多一点。

不过，劳斯莱斯公司早期的发展历程不总是一帆风顺，实际上也偶有挫折。一次，罗尔斯开着一辆车穿过马恩岛时，轻率地决定用空挡沿一段比较长的山路坡道滑行。然后，他更加冒失地尝试挂挡，但忘记将发动机的转速与滑行中的汽车带动的齿轮转速相匹配。在这个过程中，罗尔斯不得不将齿轮变速箱拆开，并将齿轮的齿磨秃。[①]虽然罗伊斯对此不太高兴，但他也只能咬紧牙关帮助罗尔斯。毕竟，可敬的罗尔斯在公司里是有名望和实力的，并不是凭空成为公司一把手的。

人们很容易认为，越现代的汽车就越好。尤其是劳斯莱斯幻影系列和银系列，以及它们的姊妹产品：曜影、魅影、银云、银影、银灵、银色马刺、银天使，甚至连前缀不是“银”的险路系列和卡玛格系列也可能是该公司的精品。人们认为，这些汽车在迭代时采用的大量改进，以及新技术的应用，会带来驾乘舒适度的提升。但其实从本质上来讲，许多改动毫无意义，例如，在装潢上使用“采用更加人道的方法饲养的牛的整块牛皮”，悬挂系统可以“自动补偿后油箱中由于燃油重量减少带来的失衡”；在车内铺上阿克明斯特牌的超厚地毯，不过在这种条件下，要是耳环落在车里，那可能就永远找不到了；仪表板镶嵌物采用与这个城市最优雅的客厅相同的设计；车上的各块门饰面板都取材于高品质的古树木材，经过精心切割而成，而且各块木料都有着近乎相同的质感和纹理，使它们看起来像镜像一样。这些都准确地反映了罗伊斯对永恒和完美的追求。

但事实并非如此。**工程师不是一个以追求华丽而闻名的职业，相反，工程师往往拥有着粗犷的品位**，他们对淹没脚踝的地毯或凝脂般光滑的皮革不感兴趣，宁愿利用自己的技能来不断挖掘机械工程的潜力，突破技术的限制。就汽车工业而言，这意味着使用更好的材料，不断追求轻量化和机械效率，并实现更精细的生产、更小的加工公差、更高的表面平滑度、更高的外观抛光度和更佳的零件配合精确度。

---

①在长山路下坡坡道挂空挡滑车非常危险，即使在今天，车辆依然有可能会出现无法制动或刹车失灵的问题。像罗尔斯在 100 年前的汽车上这样操作，能活下来已经是奇迹，这全仰仗驾驶员在车上拆变速箱才侥幸脱险。——译者注

到了1906年，虽然仍处于劳斯莱斯公司历史的早期阶段，但公司显然在飞速发展。公司每一辆汽车的原型设计都是基于法国的德考维尔10马力型汽车，罗伊斯在此基础上已经制作了很多个版本：10马力型、20马力型、重型20马力型、6缸30马力型。它们都受到汽车新闻界的好评，销量也很高，但从工程的角度来看，它们却走进了发展思路上的死胡同。

现在劳斯莱斯公司需要设计一辆全新的汽车，一辆完全基于罗伊斯设想的汽车，它将淘汰已经有些过时的法国原型车的设计。就这样，在1906年的某个深夜，劳斯莱斯公司的一小队工匠出现了，他们穿着沙褐色的、充满油渍的工服，工服上的破口露出一团团废棉；工匠们手指上沾满油污，眼皮下垂，眉头紧皱；他们身上的挂绳绑着放大镜、计算尺、千分尺、卡尺、游标尺和压力表等工具；被烟草熏得发黄的牙齿紧咬着烟斗，仔细研究着设计蓝图和相关数据，钻研着新合金的清单，思忖着白蜡木底盘框架的密度和其柔韧性参数，斟酌着螺纹和挺杆的间隙以及潜在气缸直径，加班加点为公司设计新车。

所有这些设计成就了劳斯莱斯第一代银魅车型（见图5-3）的原型车。该车型于1906年首次生产，并持续到1926年，期间一共生产了近8 000辆汽车，其中大部分至今仍在行驶。这种车型的车体巨大，为了提供动力，它有一个货真价实的巨型6缸侧阀发动机，排量超过7升，其中1910年款排量高达7.5升。发动机的各个部件都是巨大、坚固且沉重的。气缸排列成2列，每列3个气缸，它的顶部是圆形的，由黄铜覆盖表面。每个气缸只有1个凸轮轴，气缸挺杆外露；提供燃料的管道由黄铜铸造，它配有1个双喷嘴化油器和1个调速器，可以通过方向盘上的控制装置进行设置；还有个巨大的铜管负责将废气输送到排气管。这辆汽车的曲轴由钢材制成，并加以抛光，装有7个轴承。即使在今天，银魅的引擎仍让人感觉既复杂又庞大，就好像在汽车底盘上安装了1个船用涡轮机，这样的发动机为银魅提供了超越同时代乘用车的澎湃动力以及扎实的可靠性。

图 5-3　劳斯莱斯银魅

注：劳斯莱斯银魅始终是劳斯莱斯公司的品牌名片之一，也是唯一一款在美国生产的车型。前后产量约为8 000辆，全部由工人手工生产。

银魅这款车至今仍被视为无与伦比的车型，是所有工程产品的典范，它达到了一个时代最高的标准。这一款车型能够脱颖而出的主要原因在于，它特别结实耐用、特别安静而且速度也很快。银魅充分反映了大家熟知的一句罗伊斯的名言："细节成就完美。"但是完美绝非易事，从散热器到化油器，从轮胎到刹车，罗伊斯将精密制造的精神贯彻到了每个细节之中。

这款车最初被称为劳斯莱斯 40/50 型。这个索然无味的名字映射出了监管的影子，以及驾驶乐趣的最大敌人——机动车税。在 20 世纪早期，机动车税是根据发动机的尺寸和动力征收的，伦敦税务局颁布的机动车税的算法是"发动机气缸直径（以英寸为单位）平方的 2/5 乘以气缸数"。以劳斯莱斯 40/50 型这辆汽车为例，劳斯莱斯 40 型有 6 个气缸，每个气缸都有一个直径或孔径，约 4 英寸。4 的平方是 16，16 乘 6 等于 96，96 乘以 2/5 约等于 40，因此购买这款车的机动车税的税点为 40。

这就是“40”这个数字的由来，而后面那个“50”，是汽车制造商宣称所售的劳斯莱斯实际能够产生的马力，这显然是为了夸耀汽车的性能，但其实通常达不到。因此，这两个数字其实是该车应纳税的税点点数和这辆车的实际输出功率的组合，这样劳斯莱斯 1906 年出品的这个车型就有了一个带编号的名称“40/50”。很难想象一辆如此非凡的汽车会用一个如此乏味的名字。

随后，这辆车得到了营销天才恰如其分的炒作。在为新系列车型制作了第 11 个底盘后，劳斯莱斯库克街门店的总经理——“爱组织聚会的外向型男”克劳德·约翰逊（Claude Johnson）[①] 下令让编号为 60551 的第十二辆车的车身采用银色涂装，其中所有亮光部分由纯银打造，并将这台车用于宣传展示。克劳德·约翰逊随后将这一款车型命名为“银魅”，因为这辆车的外观具有“非凡的隐蔽性”。随后工人们将“银魅”这个名字钉在一块牌匾上，安装在车的舷窗后部，同时还在旁边钉上了另一块牌匾，写着“金属雕纹风格”。

但是只有一辆车采用这个独特的名字是远远不够的，约翰逊这位风流倜傥的汽车制造商认为，整条生产线出产的车都应该采用这个名字。因此，库克街最初的小工厂在一年内被抛弃，取而代之的是在德比市建立的一家全新的专业加工工厂，继续手工制造劳斯莱斯 40/50 型汽车。客户和汽车爱好者都用“银魅”来称呼这款车，就这样，这个名字被正式载入汽

---

①克劳德·约翰逊一直认为自己是 Rolls-Royce（劳斯莱斯）中间的连字符。站在历史的角度讲，他是劳斯莱斯银魅车型的教父，他力主公司同一时间内只出产一种单品，并尽可能追求完美。考虑到他是给汽车命名的人，又是皇家汽车俱乐部的创始人，有人可能会说，他是引领现代汽车在英国普及的先驱者，这表明了他在汽车历史上的重要地位，远不止在劳斯莱斯公司当三把手这么简单。

车行业的史册。

然而，就是这辆用于展示的银色汽车创造了奇迹。它于 1907 年 4 月 13 日从工厂里开出，由劳斯莱斯公司首席试驾员进行了 128 千米的试驾，随后试驾员宣布这辆车各项性能完备、状态良好，并将其通过公路送往伦敦，交由约翰逊保管。然后约翰逊对这辆车安排了一系列极其富有挑战的测试。在测试中，皇家汽车俱乐部的观察者们“拿着放大镜”试图寻找劳斯莱斯银魅的机械故障，渴望挑出这辆车的任何一点瑕疵。从本质上说，这辆汽车除了每隔几十千米就有一次扎胎和其他轮胎故障外，没有其他任何不良情况发生。司机们认为，轮胎故障并不比停车加油更加影响驾乘体验。

在一次从伦敦出发开往格拉斯哥（Glasgow）约 800 千米的试驾中，这辆车大部分时候保持在三挡或四挡。之所以这样做有两个原因，第一个原因是测试这台车在山道行驶的状态下，发动机表现出来的性能如何。这条路上最大的考验来自威斯特摩兰（Westmorland）那座由巨型粉红色花岗岩构成的山，它位于从伦敦到格拉斯哥这条路上的最高处，这段路坡度大，路况不好，容易出现车打滑的情况，因此臭名昭著。虽然 A6 高速路只是深入北方的一条狭窄的公路，但它在当时是向北通往苏格兰的主要道路。结果银魅极其轻松地征服了这段山路，然后一路飞驰，驶下了北坡。

试车时，让汽车尽量不换挡的第二个原因是向爱德华时代①的司机展示劳斯莱斯是多么容易驾驶。要知道，有很多潜在的购车者并不了解如何

①全称“爱德华七世时代”，指 1901 年至 1910 年。——译者注

换挡，并且对开车时不得不换挡的驾驶方式感到恐惧。而直到最近，劳斯莱斯的车主手册还假定“在遭遇轮胎漏气时，指示你的司机把车停到路边”，并且默认“你的司机”应当知道如何换挡或换轮胎。

然而真正给公众留下深刻印象的是劳斯莱斯公司尝试使用银魅进行的后续挑战，这个挑战无疑使劳斯莱斯在英国名声大噪。这是一个耐力测试，就是要看看劳斯莱斯银魅在不得不停下来之前，最多能开多远。

劳斯莱斯银魅的耐力挑战始于 1907 年 6 月，这项壮举在时间上几乎是紧接着先前的苏格兰高地之旅。在这次挑战中，车上共计 4 人，其中，约翰逊负责驾驶汽车，此外还有 1 名皇家汽车俱乐部观察员和 2 名乘客。一行 4 人驰骋在大不列颠岛北部，穿越 1 280 千米风景壮丽、人迹罕至的地区，不时在倾盆大雨中颠簸前行。虽然一路顺利，但是也发生了一个有惊无险的情况：在从格拉斯哥开往珀斯的途中，这辆车成功地通过了臭名昭著的“歇恩山口”（Rest and Be Thankful Pass）①，但在第二天尝试通过“魔鬼之肘”（Devil’s Elbow）②时，一个小型的供油黄铜阀门在剧烈的颠簸中自行关闭了，并迅速导致发动机的燃油供应不足，然后车辆熄火，这辆劳斯莱斯银魅随即停了下来。但片刻沉寂之后，神奇的事情发生了，黄铜阀门又自行开启了，一切又恢复了正常。乘客们被机械故障给愚弄了一番，感到十分尴尬，但毕竟有惊无险，也没有什么可沮丧的。

---

①“歇恩山口”是一个意译的名称，它是 A83 公路上一段地形陡峭、山体滑坡频发的山路，同时又是格拉斯哥通往南方的重要路段。——译者注

②“魔鬼之肘”由两个连续的山地急弯组成，对于 20 世纪初的车辆和司机而言颇具挑战，当时的客车和轿车在途经这里时，通常会把乘客放下，待过弯之后再让乘客上车。——译者注

如果没有这次故障，一切都是完美无瑕的。这辆车在苏格兰行驶了 5 天后，就获得了无数的奖项和奖牌，而约翰逊迫不及待地想在报纸上引起尽可能大的轰动。他说服倒霉的皇家汽车俱乐部观察员继续留在车上，然后和他们一同驶向格拉斯哥，再回到伦敦。他们一路经过爱丁堡、纽卡斯尔、达灵顿、利兹、曼彻斯特和考文垂，再回到位于伦敦皮卡迪利大街的皇家汽车俱乐部总部，然后掉头重新回到旅途上。最终，这样的大不列颠巡回之旅重复了至少 27 次，这辆车似乎很享受这种马不停蹄的巡回之旅，也不想消停下来。皇家汽车俱乐部的观察员和各种汽车专刊的记者一直关注着劳斯莱斯银魅的全英巡回之旅，这辆车在地图上如同羊毛织机上的梭子一般，在英格兰和苏格兰之间来回穿梭。

旅程结束后，这辆劳斯莱斯银魅首次表演了一个在今天看来稀松平常，但在当年算是特技的绝活：把一枚硬币立在散热器上面，然后启动发动机，直至达到最大功率，在此期间，硬币始终保持直立、稳定的状态，并没有受到发动机功率的影响。看到这一情景，所有人都对劳斯莱斯公司的工艺技术表示敬佩。随后劳斯莱斯的工作人员把一杯装满马提尼酒的高脚杯放在了散热器上面，高脚杯里的酒不是一般意义上的满，酒的液面与酒杯的外缘齐平。随后，司机收到指令将油门踩到底，让这辆车功率澎湃的 6 缸引擎在一瞬间释放出最大的能量，然而在高脚杯中，马提尼酒的液面上没有波纹，没有晃动，没有溢出。毫无疑问，这杯马提尼酒没有为引擎所撼动，而据说后来在场的观众品尝了这杯马提尼酒，并表示酒的味道很好。

《汽车》(*Autocar*) 杂志的一位观察者说，劳斯莱斯 40/50 型的引擎非常安静，仿佛藏在引擎盖下的不是汽车发动机，而是一台缝纫机。尽管它看起来像是一个沉重的船用发动机，但当它以最大功率运转时，发出的声音依旧优雅，由此我们便可得知在汽车内部潜伏着一个犹如棉纱一般精巧的装置。劳斯莱斯汽车引擎发出的声音肯定与一辆重型卡车发出的声音不同，然而这台引擎却可以驱动着6 000磅重的汽车，载着4名彪形大汉，在夜间以每小时128千米的速度，顶着倾盆大雨在上山坡道上向前行驶。

直到8月8日，约翰逊才宣布停止试驾。在此之前他已经连续开着这辆车跑了40天，除了在苏格兰的山路上出现过黄铜油阀偶然关闭导致熄火的意外状况，以及由爆胎导致的停车之外，这辆劳斯莱斯银魅在22 994千米的路途中一路畅行。在旅途中，汽车的维护工作必须在夜间完成，那时驾乘团队正在睡觉，维护团队需要在驾乘团队天亮出发之前完成各项工作。唯一需要认真对待的维护工作是清洁阀门，这是一项耗时8.5小时的工作，就像劳斯莱斯汽车的大多数工作流程一样，它是手工作业的，过程缓慢、细致，追求完美。

随后，这场马拉松式测试就结束了。随着车身的冷却，引擎轰鸣声逐渐减弱，这辆银魅汽车停在了伦敦，约翰逊要求手下员工把这辆车拆成基础零件，重新组装到新的汽车上。因此，汽车钣金工把这辆车的外壳部分和各种镶嵌的零件拆了下来，皇家汽车俱乐部成员将巨大的发动机从底盘上吊起，将变速箱和其他传动装置从车轮和车架上拆下，同时拆下制动器，断开电气设备的连接。接着，一小队手持千分尺的工人开始工作。他们负责测量每一个部件在测试期间发生的形变，卡尺的计量参数都精确地设置为银魅出厂时的设计尺寸，也就是它在117天前的4月13日下线时的尺寸。

经过测量，这辆车的发动机、变速箱和制动器没有丝毫磨损的迹象。发动机的状况在4月份下线时与现在（8月份）没有明显差别。这辆车在经历了长时间、高强度的驾驶测试后，至少从汽车最关键部件的状态来看，车况并没有丝毫恶化。要使汽车完全恢复到下线时的状态，只需“更换两个前轮枢轴销、一个转向杆销钉、转向杆球头、电磁打火接头、一个风扇传动皮带和一个汽油滤网，重新夹紧转向球节的套筒，并对气门重新研磨”。

皇家汽车俱乐部的报告明确指出，如果这辆车是由普通人所拥有的家用车，它其实不需要接受任何修缮和维护，当前车况完全够用。但如果，正如皇家汽车俱乐部现在所做的那样，必须提交一份把汽车修理到完美状态的账单，那么银魅经过 24 000 千米的艰苦旅途后，维修所需零件和劳动力的总成本只有区区 28 英镑 5 先令。至此，各路报纸头版头条都刊载了这辆劳斯莱斯汽车的传奇之旅，称赞这辆车制造精良，车体牢不可破，维护成本低，无论是购买还是养护都很经济，购买它甚至可以算是一种投资。各种小报把劳斯莱斯的这款车型吹上了天，到处都是银魅的照片和目击者描述的报道。

最初，你只要花 980 英镑就可以单独购买一个银魅的底盘，其中包含了车架、车轮和全部机械部件。在银魅投入生产的近 20 年间，底盘的价格最终在 1923 年上涨到了 1 850 英镑。全世界总共生产了 7 876 个银魅底盘。劳斯莱斯银魅在美国市场如此受欢迎，以至于劳斯莱斯公司在马萨诸塞州的斯普林菲尔德专门开了一家工厂。如果你还能回想起这本书之前的内容，你会记得斯普林菲尔德正是大规模生产开始的地方，只不过最开始生产的是枪支，而不是汽车。在德比和斯普林菲尔德的这两个工厂中，制造汽车的方法几乎是相同的，都是依靠传统、历久弥新的手工加工工艺。

劳斯莱斯汽车的制造方法与福特汽车截然不同，但这两家企业的发迹几乎是在同一个时期。劳斯莱斯的建造过程是这样的：首先工人们在工厂的地板上用粉笔画出汽车的草图，然后将车架的铁制配件和木制配件通过焊接、栓接、铆接等手段固定在模件上。工人们将所有零件先挂在支柱上，直到车轴从上方吊下来，随后连接车轮，待车轮安装好之后，还在制造中的汽车便可以依靠 4 个车轮支撑车体，并通过木楔避免自身滑动。

然后，桥式起重机将在同一工厂的不远处，用机械手臂将大部分已经组装完成的发动机运进工厂。发动机很重，操作起来很棘手，但是桥式起重机会将其小心地放在前轮后面的位置上，随后工人们会将变速箱、万向节、传动轴以及后轴连接好，安装在发动机后面。最后，工人们会对转向机和连杆机构进行手动组装，用螺栓将它们固定在前轮上，并通过蜗轮将其连接到方向盘。方向盘位于发动机后面、大型变速箱的侧面，带有换挡杆和 3 个前进挡，后续车型有 4 个前进挡。此时，制动器也吊装到位，工人们会安装杠杆和连杆，再之后，还要安装细长的液压管，并在安装好后及时进行连接、密封并灌注液压油。

随着工人们将电池安装好，在发动机周围缠绕上如同巨蟒般又粗又长的电线，这些电线沿着大灯、喇叭和各种指示器的位置铺设，并为它们提供电力。

劳斯莱斯希腊神庙风格的金属栅格，至今仍然是劳斯莱斯汽车最具有代表性的部件。组合和安装这个部件将由一名专员亲自操刀。专员会先对其进行钎焊、铜焊和抛光，然后会温柔地、亲切地甚至是恭敬地把散热格栅安装在汽车的前部，将其用螺栓固定到位，然后再次抛光。自此格栅成为汽车冷却系统的一部分，并与风扇一起通过银色叶片吸入空气，以防止发动机水箱里的水沸腾。

工人们会将各种类型和黏度的润滑油泵入、倒入或注入这个迅猛而复杂的汽车的各个位置。最后，随着燃油注入油箱，工人们开始转动发动机曲柄，新发动机发出噼啪作响的声音，“咳嗽”着启动起来，然后引擎会安静下来，发出低沉的嗡嗡声。在劳斯莱斯汽车刚刚投入量产的日子里，工厂里所有的工人都会放下手中的活，聆听新调试好的引擎的嗡嗡声，整个团队把新车当成一个新生的婴儿，而他们作为新生儿的父母，感到无比的自豪和激动。

然后，劳斯莱斯公司会将汽车底盘交给马车装配公司的工程师。这些工程师取走底盘后，会把精心雕琢的车身、外壳镶板、地毯和玻璃等一系列他们不太感兴趣，但能有效吸引顾客的部件安装到劳斯莱斯车上。

现在，工厂地板上剩下的只有粉笔痕迹。随后，工人们会将另一组支柱和零件放置在他们制作的模件上，并像以前一样用螺栓和铆钉将它们固定在一起，然后放置车轴，依靠车轮把汽车支撑起来，将更多的零件安装在车上，并配制成另一辆汽车。整个过程周而复始地进行，缓慢而艰苦，但这饱含着对精密制造的敬意。整个制造节奏比较慢，像造船厂一样，在工人们将一辆车的底盘装配妥当的时候，这辆银魅的底盘将滑出车间大门。在该车型 20 年的生产历程中，大约共有 4 000 多个工作日，工厂以每天生产 2 辆车的速度，一共产出了约 8 000 辆汽车。

在约翰逊试驾测试成功后的第二年，当所有关于劳斯莱斯成就的风潮和麻烦都逐渐散去时，罗尔斯在一次谈话中向他人介绍劳斯莱斯的成功之道。此时有人问他，为什么劳斯莱斯的工厂设备齐全、人员配备完备，却不生产更多汽车呢？为什么这个工厂拥有日生产 200 辆甚至 2 000 辆汽车的潜力，一天却只生产 2 辆车？

对此，罗尔斯是这样回答的："首先，能胜任一般工业加工任务的工人，多数达不到我们的工作标准。为了生产出最完美的汽车，我们必须雇用最完美的工人，我们还需要培养他们，让每一个从事这项工作的人都专注于自身的工作，并努力做到比世界上任何其他人都做得更好……我们一直认为，汽车的结构应该具备必要的刚度和强度，我们的汽车能在重量比其他同类汽车更轻的情况下，实现这样的强度。之所以能做到这一点，在很大程度上是因为所使用的金属材料的优势。我们认为，劳斯莱斯公司以及为劳斯莱斯公司提供支持的实验室从事的科学设计、基础研究和对金属材料的应用研究都在其中发挥了很大的作用，在去年 24 000 千米的试驾中，劳斯莱斯汽车展示的非凡的耐用性和低维护成本的优势，完全归功于劳斯莱斯公司在上述领域的投入。我们认为这些研发部门可能是汽车工业中最重要的部门。"

尽管劳斯莱斯只生产了约 8 000 辆银魅轿车，但这已经成功地奠定了它的市场地位，使它在激烈的竞争中存活了下来，并在短时间内就成为驰名商标。劳斯莱斯甚至成为一种标准，成为常用词汇的一部分，成为汽车行业必不可少、无出其右的典范。更神奇的是，《牛津英语词典》的词汇表中显示，"劳斯莱斯"一词在其他领域也拥有了与其在汽车行业相似的知名度。1916 年，一架飞机被誉为"空中的劳斯莱斯"；1923 年，媒体赞誉一款婴儿车是"婴儿车领域的劳斯莱斯"；1974 年伊斯法罕（Isfahan）的地毯被称作"地毯中的劳斯莱斯"；1977 年斯坦威的钢琴被描述为"钢琴界的劳斯莱斯"；2006 年，德隆的一款冷壁式、带有面包屑抽屉的烤面包机获得"电烤面包机中的劳斯莱斯"这一美誉。

一个多世纪以来，查尔斯·罗尔斯和亨利·罗伊斯名字的组合体，已经成为民众口中卓越的代名词，这个名字在业界的统治地位无人质疑，声誉牢不可破，而且所有的声誉都源于劳斯莱斯产品准确、精密、可靠的质量。劳斯莱斯，在这个时代的机械制造中实现了最精细的加工，贯彻了其对降低公差吹毛求疵般的追求。

福特T型车的生产线

大约在银魅诞生的同时，距英伦三岛 6 400 千米之外，在密歇根州底特律市的一家工厂里，另一款截然不同的汽车问世了。与库克街和德比工厂打造的手工典范不同，这是福特 T 型车（见图 5-4）。1908 年 10 月，在第一辆银魅开始穿越英格兰和苏格兰后不久，福特 T 型车开始出现在美国的公路上。

图 5-4　福特 T 型车

注：1908—1927年，福特汽车公司销售了超过1 600万辆福特T型车，俗称"Tin Lizzies"。由于后来采用了更高效的制造技术，T型车的价格从850美元降至260美元。

罗伊斯为少数人提供了由精密加工带来的享受，而福特希望精密加工的产物能为大多数人所用。他在 1907 年宣布："我将为广大民众制造一辆汽车，它将足够大，可以供家庭使用，但也足够小，一个人就能驾驶和维护。这辆车将用最好的材料制造，由最优秀的工人生产，采用现代工程所能实现的最简约的设计。而它的价格也足够便宜，能让任何收入不错的人享有，并与家人一起在道路上享受幸福时光。”

如果说福特早期的动机完全是出于利他主义，那就太无趣了。福特是密歇根州一位农民的儿子，他早年就对机械工程产生了兴趣，从这个角度来讲，他的少年时代与罗伊斯非常相似。福特对各种各样的机器十分着迷，例如，在他十几岁的时候，他就特别擅长跟机械打交道，还曾修好过邻居的怀表。随后，福特对于机械工程知识的渴求大增，他开始追寻与机械工程相关的工作机会，并获得了一个学徒工的岗位。福特和罗伊斯实习工作的时间基本相同，但他不像罗伊斯那样，能有幸在一个伟大的铁道车间工作。他工作的地方是离家不远的一家公司，这家公司生产非常普通的日用品和消防用具，如水阀、汽笛、消防栓和锣，这就使福特获得了接触车床和镗床的机会。

福特在青年时就为宏伟的西屋蒸汽脱粒机轰鸣运转时的雄姿而着迷，福特有幸见过人们将脱粒机带到他所在的村庄，帮助他的父亲和附近的其他农民收割庄稼，尤其是那些能够自行前进的脱粒机——人们可以把脱粒机的传动带拆下，并重新安装上行动轮，这样脱粒机就可以依靠自身动力前进。福特造车故事的核心部分是：年轻的亨利特别擅长操作和修理附近的轻型西屋蒸汽机。1882 年夏天，他拿着一天 3 美元的工资，把这台强悍的小蒸汽机从一个农场开到另一个农场，用它来打谷、翻草、锯木头、磨饲料。

福特用玉米秸秆、旧的栅栏板以及偶尔得到的煤块，给发动机添加燃料。尽管这项工作非常辛苦，但后来福特却认为自己再也未能像那时那样快乐过，当时他与西屋电气公司生产的机械怪兽一起，在尘土飞扬的密歇根州小路上行进，利用简单的蒸汽机械给附近的农民在农忙时提供一些帮助，同时也给那时的自己攒下一笔笔收入。[①]

不久，福特就成了当地西屋蒸汽机经销商的演示员和维修工。然而一段时间之后，他就意识到了他心爱的脱粒机的局限性，那就是脱粒机并没有通电。于是福特离开了蒸汽世界，成为爱迪生照明公司（Edison Illuminating Company）的一名机械工程师，那里有丰富的电力。这是一个仓促的举动，但是福特在不经意间模仿了罗伊斯，而这一点两人都没有意识到。这时，罗伊斯在英国曼彻斯特，而大洋彼岸的福特在美国底特律，他们二人学习的内容是相同的，都在学习自 19 世纪 70 年代以来，机械工程和电气工程相结合的产物——内燃机。相比蒸汽机，内燃机可以提供更加持续、稳定和高效的动力。

除了上述的共同点之外，罗伊斯和福特二人之间的相似之处，仍然多到不可思议：当罗伊斯购买并修复了一辆德迪翁式四轮摩托车作为他的第一辆汽车时；福特也在西屋电气和爱迪生公司的工作中收获颇丰，他利用业余时间制造了一辆四轮摩托车，并用一台两缸汽油发动机为其提供动力。

1896 年 6 月 4 日，福特开始了第一次试驾。因为福特把车架做得太宽了，所以为了把汽车开到街上，他只好用斧子砍倒了车间的大门。这

①许多年后，福特让他的员工寻找这台自己曾经使用过的蒸汽机的滑阀，福特记得这台蒸汽机的编号是 345。最终福特的手下找到了这个滑阀，虽然那时它已经坏了，并被遗弃在宾夕法尼亚州的一块田地里。为了庆祝福特的 60 岁生日，福特公司让人修理和翻新了这个蒸汽机零件，把它再次装在蒸汽机上，并发动了蒸汽机，再次用这台蒸汽机打谷。至于福特为何执着于这台编号“345”的滑阀，是因为这是他走向机械工程的起点，还是他只是想提醒自己年轻时曾经设计过滑阀，福特公司没有详述。

辆车在上路后没多久就坏了，福特不得不当街解决机械问题。尽管这次试车是在后半夜进行的，但还是吸引了一群好事的旁观者围观福特试车和修车。

正如罗伊斯从购买德迪翁式四轮摩托车，到改装德考维尔汽车，再到自己原创设计汽车一样，福特也迅速开始制造自己的汽车。他进行了各种各样的实验，他为自己生产的汽车装配了两缸、三缸和四缸发动机，用自己组装的粗糙的赛车参加比赛。在这个过程中有成功也有失败，有挫折也小有成就，有团队之间的争吵也有机器卡壳的状况，除此之外，还有商业上的困难。福特最初创立的两家公司在不到两年的时间里就倒闭了，其中一家公司仅仅生产了 20 辆汽车。但到了 1903 年，福特，这位年轻的农民的儿子，终于感觉自己的汽车公司站稳了脚跟。

福特经受住了各种危机，仍然屹立不倒。他走过很多汽车制造中的弯路，现在他有足够的能力、信心、金钱、天赋，以及足够多的朋友，足够忠实的拥护者[①]来支持成立福特汽车公司，并从此开始以惊人的速度向公众推广精密制造和工业化大生产。

然而，当在曼彻斯特的罗伊斯决定全身心投入对于完美的探索时，在迪尔伯恩（Dearborn）的福特却为了提高产量而筋疲力尽。福特和劳斯莱斯这两家初创公司，在很多方面都非常相似。两家公司都致力于制造最好、最舒适的汽车，但两家公司从各自创立的那一刻起，它们在各自的追求和实践上就开始出现分歧。

---

①因为福特曾从早期创业的失败中夺回“福特”这个品牌名称。

罗伊斯的造车生涯从罗伊斯 10 型车开始，而福特则从 A 型车开始。像福特早期生产的所有汽车一样，A 型车（只有红色款）的宣传词是“零件并不多，每个都有用”。福特 A 型车没有软座椅，没有豪华装潢，没有令人兴奋的设计。当然用户自己可以购买升级套餐，配备后门、橡胶车顶、车灯、喇叭、黄铜饰件等物品，但需额外支付 750 美元，税费另算。购买基础款的用户就会得到一个轴距只有 1.8 米长，非常简陋的双座小轿车。它有一个 8 马力的两缸发动机，还带有 1 个半自动变速器，这款 A 型车有 2 个前进挡和 1 个倒挡，只有后轮上有刹车。这台红色的小汽车可以不到 48 千米的时速前进，整体的可靠性不是很好。

在购买这款车时，买家被郑重警告，如果发生专利侵权案，车主可能会失去对福特 A 型车的自由支配权，当然这种情况从来没有真正出现过。遇到类似情况的是一位名叫塞尔登的购车人，他最终也选择了庭外和解。芝加哥的一位牙医购买了第一辆 A 型车，而紧随其后的还有约 1 700 名客户。在第一辆车售出时，福特公司账上的现金流已降至危险的 223 美元，但是随后 12 个月的生产和经营所取得的相对成功帮助该公司扭转了形势，并为后续所有的福特汽车打下了基础，这才终于有了福特车第一次真正的成功——T 型车。该车型取得了非凡的成就，它甚至成为改变美国社会的工业产品。

考虑到字母 T 是英文字母表中的第 20 个字母，我们可能会猜想福特汽车在 A 型车之后，先后上市了 18 款车型。但事实上，A 型和 T 型之间只有 5 款车型：B 型（动力强劲的高档车，价格昂贵，发动机前置）、C 型（高配版 A 型，和 A 型一样，发动机在座椅下面）、F 型（豪华版 A 型，但车体只有绿色的）、K 型（豪华版的 B 型，配备六缸发动机，发动机前置）、N 型（便宜又轻便，首次使用添加了钒的合金钢，这是福特在一辆被撞毁的法国赛车的残骸中发现的一种合金。他订购了这种合金，并要求他的下属在未来的汽车生产中尽可能广泛地使用这种合金，因为它使底盘具有更高的抗拉强度，并且可以显著减轻汽车的重量）。福特 N 型车的售价为 500 美元，配有一个四缸发动机，共卖了 7 000 辆。N 型车只有红褐色的车体。福特认为，N 型车是一种几乎完美的车型，但从市场反馈来看，它还不够完美。

N 型车仍然有改进的空间，而且后续的改进也很成功。在 N 型车的改进之路上，福特 T 型车横空出世。后来人们亲切地称之为 Tin Lizzie，福特终于做出了完美契合市场需求的神车。福特 T 型车于 1908 年 10 月 1 日正式诞生，并大量生产。T 型车在问世后的近 19 年中，共售出了 1 600 万辆，最后一辆 T 型车于 1927 年 5 月下线。

“生产线”始终是福特汽车生产中的关键词。福特公司早期的所有车型，同从英国漂洋过海来到美国的罗伊斯 10 型和劳斯莱斯银魅一样，都是采用同样的方式制造的：汽车的零件、组件和结构件放置在工厂生产线上的一个特定位置，然后由一群工人对它们进行锤击、焊接、栓接、剪切、翻面、转动螺丝和锉削。福特工厂的工人们总是用锉刀来打磨工件之间贴合得不好的地方，以此保障所有的零件都能精准地拼在一起。随后，一辆新车摇晃着诞生了，并呼呼作响地驶向千家万户。

随着 T 型车投入生产，福特决心改变这种有些混乱的生产方式。从一开始，福特就要求工人们在他的汽车制造厂里不准做任何锉削的工作，因为他用在机器上的所有零件、组件和结构件在进入工厂组装之前，都要严格执行标准的公差，每一个品控标准都要符合要求，以确保交到福特工厂的零件是极其精确的，无须进行哪怕最细小的调整。一旦他要求的这套系统全面稳固地建立起来，他就创造了一种将基础的零件组装成汽车的全新生产方式。

福特要求自己公司的任何零件，都要对应一系列精密制造标准，对于已有标准的零件，要制定更加严格的精密制造标准，现在他将这个标准与一个以前很少尝试过的新制造模式结合了起来。就这样，福特彻底改变了汽车工业。福特汽车生产方式的改进随后带来的影响，远远超出了汽车工业的范围。这一影响无处不在，最终改变了整个工业世界，而它带来的变化也是不可逆的。尽管在福特之前，还有一些小规模的标准化大生产的案例[①]，但公正地说，在福特 T 型车的制造过程中，福特公司发展出了广受后世认可的全面工业生产线。

T 型车只有不到 100 个不同的部件（一辆现代汽车有 3 万多个），所以组装一辆 T 型车并不比组装一台现代洗衣机复杂。在 20 世纪的前 20 年里，福特一直在挑战如何标准化地组装一辆能正常工作的汽车这一课题。针对福特公司早期的车型，他试验了各种各样的制造模式。例如，他让 15 名左右的工人组成一组，这组工人都致力于制造同一辆汽车。然后，福特命令其中为首的一名男子完全主导制造一辆汽车，而这一组的其他人就如同他的工具箱一样，根据这个人的需要将所有零件和工具带到他身边，就像外科医生领着多名护士做手术那样，如此一来，这名男子就不必

---

①大规模流水线生产的雏形已经在斯普林菲尔德哈珀斯费里的军械厂建立起来，这是一种非常有美国特色的现象，在欧洲和世界其他地方，大规模流水线生产的发展十分缓慢。而与此同时，它也被美国新英格兰地区钟表业接受，并彻底改变了当时 3 种依赖金属零件的产品的生产方式，这 3 种产品是：缝纫机、自行车和打字机。流水线生产方式的推广对所有工业门类都至关重要，此外，可互换零件的使用对新型的汽车制造业也至关重要。值得注意的是，福特的早期车型（A、B、C、F、K 或 N）没有一款能完全做到零件可互换，但是 T 型车直截了当地做到了。有人会说，兰索姆·奥尔兹（Ransom Olds）是率先在汽车制造中使用生产线装配的企业家，但他并没有使用可互换零件的技术，这样的观点让工业史的记载显得有些混乱。要知道，奥尔兹生产线上的工人仍在用锉刀锉金属零件，这与可互换零件构成的生产线相比差距甚远。

离开工位。假设工厂里有 15 个这样的工位，如果零件没有配错，且每个递上来的零件都是精确制造的，而装配零件所需的工具又都能及时递到安装工手里的话，那么这组工人在一天中可以制造 15 辆汽车（见图 5-5）。

图 5-5　福特公司生产汽车的装配线

注：在福特公司主要工厂的装配线上，想要实现理想化的工业大生产，就要实现所有部件各个主要参数的绝对精确，虽然在当时这些部件总共才不到100个，而现代汽车的零件有30 000多个。但即使是在当时，哪怕只有一个零件不合适，整条生产线就有可能被迫停工。而劳斯莱斯的制造采用手工生产方式，因此在生产过程中，工人们可以随时使用锉刀矫正零件。

然后，在进一步的生产实验中，每个工人专门负责汽车生产过程中一项特定的工作，一旦完成了这项工作（例如用螺栓固定发动机罩，或安装后保险杠），他们就会走到生产线上的下一辆车前，再进行同样的操作。

而汽车的零件，诸如汽车前盖、保险杠、气缸、车灯，都在 3 层厂房的上层以几乎相同的方式进行生产，并储存在楼上，然后通过斜槽滑到下方的装配层。这意味着再也没有堆积如山的零件阻碍工人行动，同时又确保了工人身后总有新制造的组件可以随时使用。

福特工厂里的每一种生产模式都有其优势，都代表了制造业知识和智慧的一次沉淀和升华。终于，在 1913 年，福特研究出了最终延续至今的流水线生产方式。在这种生产方式中，只要工件可以在工人面前移动，那么每个工人都可以在工件上执行一项非常基础且不费力的加工，然后再加工下一个。当加工对象一次又一次地出现在他们面前时，所有工人一次又一次地执行着不同的任务，直到制造出一个个全新的部件、一个个全新的组件，然后用这些不同的部件和组件制造出一辆全新的汽车。通过在汽车生产线上安排成百上千的“一次一种加工”的工位，汽车在沿着生产线前进的过程中就被组装好了。

福特说，他是在参观当地一家猪肉加工厂的时候第一次想到了生产线模式。这家加工厂把杀好的猪放在流水线上，认真细致地进行分解：工厂的工人只需要把猪翻过来，切片、去骨、进一步放血、取猪油，然后分解。福特认为，跟加工猪肉一样，汽车生产也不过是焊接、栓接、镀铜、组装，然后喷漆（早期的 T 型车，只有快干黑漆这一种选择）。在食品加工流水线上，生产线出产排骨、火腿、猪肉肠和猪油；而在福特的新工厂，流水线用金属、玻璃和橡胶零件出产一辆辆全新的汽车，售价只要 800 多美元。

生产方式的改变带来生产效率的提升，生产效率的提升带来革命性的生产力！第一个以现代生产线这种方式进行装配的组件是 T 型车的电磁打火装置，它由简单的磁铁和 2 个线圈组成，可以产生火花，用于点燃发动机中的燃油。在工厂里，福特在传送带中间画了一条长长的线，起初驱动传送带的只是一个简单的钢轮，这个钢轮可以接上汽车启动用的手柄，然后手柄就可以驱动传送带。

生产线上的第一个工人坐在传送带前，他将会看到一个钢轮在他的视野中平稳地滑过来，此时他会将一个预先缠绕了约 200 圈铜线的小线圈固定在钢轮上。生产线上的下一个工人会用螺栓再额外固定一个线圈，在这个线圈上缠绕着大约 2 000 圈更细的铜线。第三个工人会把一个“U”形磁铁固定在之前的组件上，然后第四个工人会把打火装置的外壳安装好，并把成品的打火装置送去进行产品检测。

随后一个质检人员会在磁场中旋转线圈：在 200 圈的线圈中会产生微弱的感应电流，然后在 2 000 圈的线圈中会产生一个非常大的电压，如果所有的线圈都能够正常工作，且零件按照规定的精确度制造并按要求装配在了一起，那么电磁打火装置的打火端会瞬间产生巨大的火花。如果将电磁打火装置正确地安装在发动机上，则电磁打火装置将爆发出猛烈的火花，此时气缸内充满了易燃的汽油蒸汽和空气混合物，它们在遇到火花时将发生猛烈的爆炸，这次爆炸产生的能量会将活塞向下推，启动福特汽车的引擎并运转起来。

在装配线出现之前，一名工人需要大约 20 分钟才能从头到尾组装一台电磁打火装置。随着装配线投入运行，生产线上的每个工人分别负责执行一项简单的工作，这样一来，制造一个完整的电磁打火装置只需 5 分钟。每个装置都是一模一样的，没有一个产品会因为工人心血来潮或精神懈怠而受到影响，所有电磁打火装置都可以安装在福特汽车发动机的指定位置，且不会出现影响安装的问题。

车轴是下一个在生产线上组装的汽车零件。1915 年，第一条车轴生产线投入使用。过去将一根车轴组装在一起需要 2.5 个小时；现在在新生产线上，这一过程只需要 26 分钟。随后，另一条生产线将组装变速器所需的时间也缩短了一半，福特汽车的变速器有 3 个前进挡和 1 个倒挡，它们安装在福特公司巧妙设计的行星传动系统中，该系统由齿轮、制动带和齿圈组成。

过去，制造一台完整的发动机需要一个工人组装 10 个小时，而现在，在福特全新设计的气缸体的帮助下，只需要 4 个小时。福特将气缸体的顶部和底部改进成平整表面，以容纳镶嵌在上面的阀门、活塞以及下面的曲轴和润滑油槽。由于现在的机床已经可以毫不费力地加工气缸，因此它可以钻出极其精确的气缸内径孔。随着时间的推移，福特公司的生产效率越来越高，新的 T 型车以每 40 秒生产一辆的速度在迪尔伯恩的工厂门口下线。

除此之外，在生产线上工作几乎不需要任何特别的职业技能。但是在之前的汽车制造中，测量公差，使用通止装置查验、检测、复检以及归档，所有这些流程都需要操作人员具备一定技术水平，这就意味着公司需要对在岗人员进行培训，并给这些人额外的薪酬。福特发现，通过使用更高标准的零件，并使用生产线进行装配，他一下子就解决了工程师薪资过高给企业增加成本这一问题。通过建立装配线，他可以生产出越来越多的汽车，这样就可以把成本压得越来越低，让更多人买得起福特汽车，并让福特汽车在市场上的占有率越来越高，最后让福特车进入千家万户。与此同时，福特雇用技术水平越来越低的人来生产汽车，福特的工厂可以不再需要技术人员，让这些技术人员去造劳斯莱斯吧。

因为福特和罗伊斯采用了不同的生产模式，因此这给他们的生活带来了不同的影响：虽然罗伊斯通过努力变得十分富裕，但相比之下，福特却成为这个星球上最富有的人，而且是有史以来最富有的人。除此之外，福特还留下了世界上最大的汽车公司之一——福特汽车公司，时至今日，这家公司依然有着可观的市场占有率，还成立了福特基金会。

那么精密制造在这两家公司中是否扮演了不同的角色呢？在劳斯莱斯内部，依靠对产品精密性的追求，劳斯莱斯创造了这些极其舒适、时尚、迅捷和令人印象深刻的豪华轿车。但是事实上，福特工厂生产的这些成本低廉、结构简单、朴实无华但又依赖精密制造的平民化汽车在全球普及，这其实对后世产生了更大的影响。原因很简单：可互换零件带来的工业化大生产创造了大量新需求，也对上游零件制造商产生了巨大影响。因为，如果上游供应的零件中有一个零件的加工精确度不符合要求，而且一个装配线工人试图将这个不精确的零件装配到生产线提供的工件上，显然不会成功，如果这个工人试图强行装配，跟这个零件较劲，那就会出现查理·卓别林在《摩登时代》里扮演的那名装配线工人的情况，或者出现和弗里茨·朗（Fritz Lang）在电影《大都市》（*Metropolis*）里饰演的装配线工人一样的情况，即这条生产线将逐步减缓、卡壳并最终停下来。周围的工人将发现他们的工作被迫中断，传送带上待处理的零件将逐渐堆积起来，这条供应链将堵塞，整个工厂的生产可能会痛苦地停滞下来。

换句话说，精确度对于维持生产的运转是至关重要的。相比之下，对于手工制造的汽车来说，上游预先交付的零件的精确度就显得不那么重要。

在劳斯莱斯的手工加工生产中，有一点需要注意，从制造开始，这样的加工过程本身其实并不要求于每个部件的精确度，至少在劳斯莱斯银魅的那个时代是这样。具有讽刺意味的是，劳斯莱斯之所以如此昂贵、与众不同，是因为它长期以来享有着“生产无与伦比的豪华轿车，产品拥有无可挑剔的性能”这种声誉，但是劳斯莱斯并不要求汽车在生产制造的所有阶段都绝对精确。然而福特T型车在制造的全流程中都需要保持极高的精确度。事实上，任何现代汽车，在今天都是由机器人而不是人类来制造的，管理人员只需要像卓别林在《摩登时代》中扮演的那个工人一样，呆呆地盯着无休无止的传送带和川流不息的零件即可。**没有全流程、全产业链的精密制造，现代汽车就无法被制造出来。**

工业化大生产体系的改进与扩大

这个故事还有最后一个部分：福特还采用了一项发明，通过使用这项发明，福特 T 型车在 18 年的生产历程中几乎每年都能降低成本，售价从 1908 年的 850 美元下降到 1916 年的 345 美元，而到了 1925 年，其售价更是降到了惊人的 260 美元。

虽然福特生产的汽车没有变，原材料也没有变，但是生产效率的大幅提高实现了成本的降低。而福特正是通过使用某个工具实现了这一目标，随后他还收购了制造该工具的公司。这个工具是一位非常谦逊的瑞典人发明的，后来这种工具对精密制造世界带来了深远而持久的影响。

这位瑞典人就是卡尔·爱德华·约翰松，当今每一位受到良好教育的瑞典人，都知晓他“世界测量大师”的威名，把他视为瑞典的骄傲。约翰松发明了一套用于精密测量的平整硬化钢组件，今天我们称之为量块，或者为了纪念它的发明者，称之为“约翰松规”或“Jo 规”（见图 5-6）[①]。20 世纪 50 年代中期，我父亲带回家给我看的那些锃亮的钢块和小钢坯，就是量块，也是从那时起，父亲在我心中种下了“精密”的种子。

约翰松是在火车上萌发这一发明创意的。1896 年，约翰松当时在瑞典埃斯基尔斯蒂纳市（Eskilstuna）的一家国营的枪械厂担任军械质检员。埃斯基尔斯蒂纳市是瑞典重要的钢铁冶金城市，其地位相当于美国的匹兹堡或英国的谢菲尔德，时至今日，在该市的盾徽上，仍有一名钢铁工人的

① Jo 是约翰松英文的前两个字母。——译者注

形象。约翰松所在的工厂获得了雷明顿步枪的生产授权，生产这种步枪已经有一段时间了，后来，这家工厂准备转产德国毛瑟枪的改进型卡宾枪；与转产同步的，工厂的测量系统也要进行相应的调整，升级为一个新的测量系统。

图 5-6 约翰松规

注：福特后来买下了量块发明人约翰松在美国的量块业务。这个瑞典人至今仍被称为世界“测量大师”。通过使用所谓的约翰松规，精密制造可以迅速在生产实践中达到极限公差，进一步提高工业产品的效率和可靠性。

作为军械质检员，约翰松始终看重精密测量。他曾到德国黑森林地区（Black Forest）的毛瑟工厂调研该公司的测量方法，出于某种原因，约翰松发现该公司的测量方案并不完善。据说，约翰松在火车上度过漫长而乏味的归国旅途时一直在考虑，很快就要在瑞典投产的步枪，在后续质检测量时应如何改进工艺。他的想法是创造一套量块，然后对这些量块进行排列组合，这样，它们在理论上就可以测量任何需要测量的尺寸。

约翰松思考的是，这套量块所需的最小量块数量是多少，以及每一块量块的尺寸应该是多少。当他在埃斯基尔斯蒂纳站，伴随着蒸汽火车叮当作响的铃铛下车时，他已经解决了这个问题。约翰松认为，只需要制成

103 个特定尺寸的量块，任取 3 块进行排列组合，应该就能以千分之一毫米的增量进行大约 2 万次的测量。

约翰松花了很长时间才制作出第一套量块的原型。他改装了妻子的缝纫机，通过添加一个砂轮，使缝纫机可以打磨木材，把木块抹平并加工成合适的尺寸，这成为原始的量块。一位传记作家后来回忆说，这项工作非常适合约翰松的个性。据说，那时的约翰松是一个为人谦逊、与世无争、低调隐秘、叼着烟斗、留着小胡子、待人耐心、穿着正式、和蔼可亲、身体驼背的退休老人。约翰松在瑞典中部的一个种植黑麦的农场长大，但是他后来改变了世界。据约翰松的传记作者称，他最终开发的 103 块量块组“直接或间接地教会了工程师、车间工头和机械师们要小心对待工具，同时让他们熟悉了千分之一毫米和万分之一毫米这样的尺寸”。

量块于 1908 年首次进入美国，第一套量块是由亨利·利兰（Henry Leland）带回美国的。利兰是一位机械师和精密制造的狂热推崇者，他为世人所知是因为他是凯迪拉克品牌的创始人。[①] 正如 19 世纪皇家海军对制造滑轮组的需求迅速增长一样，美国对量块的需求也与日俱增，当然这两者其实根本没有任何联系。真实的原因是：随着越来越多的行业的建立，所有这些行业都需要使用量块这种简单而优雅的工具来检测各种产品。

后来，有人说服了约翰松，让他在美国进行生产销售。约翰松的工厂先是在纽约落脚，然后搬到了纽约哈得逊河以北 160 千米处的波基普西（Poughkeepsie），在当地一家三层楼高的老钢琴厂里生产量块。约翰松的

①利兰也是林肯汽车公司的创始人，他发明了电启动马达。这里还有一段悲伤的故事：利兰最好的朋友被一辆大型汽车起动曲柄的回转击倒后意外死亡，在这次事故的刺激下，利兰研究出了电启动马达。

到来受到了美国媒体的欢迎，有的媒体称他为“世界上最准确的人”，另一家媒体说约翰松是“瑞典的爱迪生”。

当时，尽管福特汽车的大规模生产系统完全依赖极致的精确度，但福特并没有第一时间在他的工厂使用约翰松量块。福特之所以没有这么做，可能是因为他本人坚决反对，也可能是有其他什么原因。然而，当福特听到了自己的工厂经理与瑞典滚珠轴承制造商斯凯孚之间的激烈争论后，他对量块的反对抑或是轻慢一下子就消失了。

斯凯孚公司成立于 1907 年，其全称为 Svenska Kullagerfabriken AB，这家公司至今仍然存在。20 世纪 20 年代，斯凯孚从福特公司收到了许多关于其轴承尺寸的“无理投诉”。福特公司底特律工厂生产线上的工人抱怨称：斯凯孚轴承经常严重失准，导致工厂车间工作延误甚至停产。面对福特公司的抱怨，斯凯孚的经理们提出强烈的异议，坚称他们的轴承尺寸是完美的，用量块测量轴承可以证明这一点。

正如量块所展示的，斯凯孚的轴承在测量后并没有呈现出任何问题。而斯凯孚的经理说，如果福特想要证明他们对斯凯孚的投诉是合理的，福特就理应对福特汽车安装轴承的设备和生产线进行测量。而令福特惊恐的是，他意识到斯凯孚的经理说的是对的，问题出在福特公司本身，他在紧急会议上对他的同僚说，也许在福特汽车的生产过程中，只有使用福特公司内部的零件时，它们才表现得精确和可互换；也许福特公司内部制造的每一个部件都能完美地匹配，是因为它本身是可互换的。但是一旦另一家公司（比如斯凯孚）的精确标准更高，尤其是当这种产品采用量块来矫正产品的生产规格，把这种更完美、更精密的产品投入福特生产线后，也许它就会凸显出福特公司的产品加工精密程度低的问题，虽然差得不多，但还是福特公司的问题。因此，福特汽车很快在它的生产线上引入了量块。

依仗福特公司的强大和富有，野心勃勃的福特做了其他人不敢做的事情。福特与约翰松取得了联系，并说服他将整个量块生产线从波基普西搬到了相距 1 120 千米的底特律，并在那里的福特新工厂内开设专门的车间。约翰松听从了福特的这条建议，后来在福特坚持不懈地劝说下，卖掉了自己虽然规模小、厂房老、设备旧，但对工业发展至关重要的量块生产公司，成为福特汽车公司的一个部门。换言之，约翰松的公司在 1936 年被吞并，现在由福特来打理量块产品，约翰松自己则低调地回到了他的祖国瑞典，在那里约翰森获得了很多金质奖章、荣誉学位、访学机会以及其他瑞典皇家专门颁发的荣誉。

约翰松晚年患上了耳聋，他使用了一种助听器，他管这个助听器叫"和平烟斗"。爱迪生也患有耳聋，约翰松喜欢回忆他们两位大发明家是如何把脑袋靠在一起交流的。有一次约翰松遇到了爱迪生，他们讨论了量块的问题，那时已经是第一次世界大战后，量块的精确度达到了百万分之一英寸。爱迪生问约翰松："但你能做得更好吗？""是的"，约翰松回答说，"现在我可以将量块的精确度公差降低到千万分之一英寸。"但约翰松不愿透露具体的实现方法，这让爱迪生大发雷霆。众所周知，爱迪生脾气暴躁且对人刻薄吝啬。因此，在爱迪生面前讨论涉及发明的问题，还是保持沉默比较好。

约翰松于 1943 年去世，他去世后在瑞典受到了尊重和爱戴，但在其他地方却被遗忘了。他的发明无意中改进和扩大了工业化大生产体系，毕竟工业化大生产依赖于尽可能高的精确度。但是这个精确度还没有达到极致，毕竟在高空，任何精确度的问题都可能带来难以想象的灾难性后果。

The Perfectionists

第 6 章

在万米的高空，精确与风险同在

公差 0.000 000 000 001 (10^{-12})

对于发明喷气式引擎这件事，惠特尔[①]就像是天选之人，他具有成功所需的所有条件：想象力、能力、热情、决心、对科学的尊重和实践的经验，而他所拥有的这些都是为了实现一个异常简单的想法，那就是只靠一台发动机输出 1 471 千瓦的推力。

——兰斯洛特·劳·怀特（Lancelot Law Whyke）

《惠特尔与喷气机冒险》（*Whittle and the Jet Adventure*）

①英国喷气动力之父。——译者注

当我们谈到日常生活中使用的机械，诸如三轮车、缝纫机、手表或水泵等设备，机械的精确度在保障使用者生命财产安全和防止机械伤人事故方面，并没有那么大的影响。然而，在高性能跑车、电梯或机械手术台上，精确度却是至关重要的。当精确度不足导致的机械故障发生在时速 160 千米的跑车上、摩天大楼的第 60 层电梯里或心脏手术的过程中，那它就可能会导致可怕的后果，甚至是致命的灾难。

飞机在高空中高速飞行时，花钱登上飞机的乘客依靠人类的技术被抬升到了距离地表数千米的地方。在高空中，人类可不受欢迎，人类这样的复杂生命在高空中也无法持续生存，因此**把人带到高空中的飞机，其机械的精确度必须是无可挑剔的，飞机上的任何机械偏离绝对精密的状态，都可能带来最严重的、灾难性的后果**。这种灾难一旦发生，很快就会登上世界各地的头条。2010 年 11 月 4 日，周四，上午 10 点刚过，新加坡当地阳光明媚。澳航 32 号航班，一架机龄 2 年的 A380 双层超大型喷气式飞机，正准备开始进行一次为期 7 小时的例行飞行，飞机将飞往悉尼。A380 是当时世界上最大的商用客机。

飞机上共有440名乘客，24名客舱乘务员，驾驶舱内有5名飞行员，人数比一般的航班略多：1名机长、1名副驾驶、1名第二副驾驶、1名检查机长和1名监督检查机长，最后那名监督检查机长的工作是检查其他机组乘员的表现。这5名飞行员的累计飞行时间为7.2万小时，他们之前积累的大量经验，在那天上午起到了非常重要的作用。

飞机于9点58分从新加坡樟宜机场的一条西南向跑道上起飞。随着飞机腾空而起，飞机的起落架迅速收回，4台罗尔斯·罗伊斯公司[①]瑞达900系列发动机的推力设置被设为爬升模式，重达511吨、满载着行李和乘客的A380开始一往无前地向天空爬升。不一会儿，飞机就离开了新加坡领空，进入了邻国印度尼西亚的领空。在这架飞机的下方是巴淡岛（Batam Island）的红树林沼泽以及小渔村，天空能见度良好，无云，利于飞行，但是突然间，“嘣”“嘣”两声巨响传来，这让飞机上几乎所有人都感到惊讶、错愕和恐慌。

机长立即从自动驾驶仪手中接过指挥权，命令飞机停止爬升，让其高度保持在2 100米，并继续向南飞行。驾驶舱监视器起初只显示了一个事件：位于左侧机翼的二号发动机涡轮过热。二号发动机是左侧机翼上的内侧发动机，就是更靠近机身的那个发动机。然而，几秒钟之内，事件通知就如雨点般袭来，随后是一阵由警报闪光灯、警报器的喧嚣声和叮当作响

---

①虽然劳斯莱斯和罗罗公司在历史渊源上是同一家公司，但是根据中文习惯，在汽车行业统一使用“劳斯莱斯”这一说法，在飞机行业统一使用“罗尔斯·罗伊斯公司”这一说法，或者简称“罗罗公司”。——译者注

的警铃声组成的狂风暴雨，飞机上的各个系统一个接一个地出现故障。而在二号发动机内部，听起来似乎无害的“过热”现象已经转化为一场熊熊大火。

机长用无线电向新加坡空管局发出了一条“pan-pan”的求救信息，这条信息表明飞机遇到严重问题，尽管还没有达到全面紧急状态，但这是仅次于“May day”的呼救。然后，机长决定驾驶飞机返回新加坡，取消飞行任务，向空管局申请让出航道，并使飞机做好降落准备，同时通过半小时的稳定飞行来搞清楚飞机上到底发生了什么，并想方设法地处理发动机故障引发的一系列问题。与此同时，机组人员可以看到燃油从发动机后部喷涌而出，机翼上也被炸出了一个个小孔，毫无疑问，某种爆炸产生的碎片已击穿了机翼。从地面传来的报告称，在巴淡岛的村庄里发现了飞机引擎碎片，所有这些碎片显然都是从受损的飞机上掉落下来的。

航空从业者中流传着这样一句话：起飞与否是可以选择的，但着陆可没得选。机组人员花了半个多小时的时间来处理飞机受损引发的各种问题，并研究如何在飞机各种关键部件失灵的情况下着陆。这些问题包括：刹车系统似乎只是部分起作用；左翼上的扰流板无法展开；故障发动机上的反推装置无法在降落时启动；起落架无法通过正常的流程放下。另外，飞机将以非常快的速度着陆，而由于飞机刚起飞没多久就要降落，因此飞机相比正常降落的情况，还多携带了 95 吨燃油[①]。飞机的刹车系统也严重受损，可能无法在近 5 千米的跑道之内成功停下来。机组人员要求消防人员和紧急救援车队随时待命，迎接这架巨型喷气式飞机的降落。

①当时这架飞机的空中放油系统也发生了故障。——译者注

幸好，在这次事件中，这架巨大的A380飞机确实成功地着陆了，机组人员在降落时疯狂地踩下刹车踏板，万幸的是飞机在距离跑到尽头100多米的地方停了下来。但是，就算飞机已经停了下来，危机还远没有结束，飞机左翼外侧的一号发动机还在运转，二号发动机已经彻底损坏，无法运行。出于某种原因，控制电缆和电子系统的连接线路也被切断了，在爆炸事故中，有什么东西击穿了机翼，但是机翼受损并不严重。

然而，二号发动机附近破裂的油箱仍在喷涌着燃油，与此同时，令人担忧的是，机身左侧的刹车在高速且超重的着陆过程中发生了过热的情况，起落架变得红热，座舱显示屏上显示，起落架温度接近1 000摄氏度。

雪上加霜的是，轮胎发生漏气，紧接着爆胎而且瘪了下去，轮圈裸露的金属在跑道上刮擦了几十米。由于一号发动机无法关闭，所以它一直处于喷气状态，如果任何喷涌而出的油雾飘过红热的制动器或过热的轮毂，那么油气可能会被引燃，接着一道火光就会引燃地面的燃油，而当机翼油箱过热时，就会发生巨大的爆炸。因安全着陆短暂缓解的危机将再度恶化，这架已经不能移动的飞机将会被火球吞噬。如果出现这种情况，那即使是在地面上，情况也比在空中的任何时候都更糟糕。

新加坡消防员后来又花了三个小时，才让发动机停止运转。实际上，消防员尝试用数千加仑的高压水柱将着火的发动机浇灭，然而，这样做的意义不大，因为罗罗公司的发动机是能在暴雨状况下运行的，这也证明了这些罗罗公司瑞达发动机拥有稳健的设计和结构。最后，消防员终于靠着“人工暴雨”和消防泡沫让这台快速旋转的机器停了下来。在发动机即将被关停，数千千克的阻燃泡沫和灭火干粉将炽热的刹车冷却下来之后，在受损飞机里受困了两个小时的乘客被解救了出来，他们通过不常用的右侧舱门走下旋梯，终于结束了这场噩梦。

虽然这 440 名乘客已经脱离了危险，但是他们中的许多人都受到了严重惊吓，万幸的是没有任何乘客受伤。从飞机上下来后，站在跑道上的机组人员终于看清飞机到底遭遇了什么。这是一片狼藉的景象，即使是最资深的机组人员也很少目睹或经历这种情况：二号发动机后 1/3 的整流罩被炸开，发动机的涡轮部分裸露在外，从发动机破损的地方，能看到其内部结构有 2 处严重的损毁。到处都是灰烬、燃油、烧毁的电线、破碎的管道、受损的转子和叶片的残骸（见图 6-1）。

图 6-1　发动机残骸

注：图上的发动机残骸在印度尼西亚上空1 600米处发生了“转子失控故障”，而已经完全损毁了的二号发动机，其型号为罗罗公司的瑞达900系列。

造成这次事故的原因是，一个高密度的盘型金属转子因为旋转过速而破裂，从发动机中被甩出，化为高热的碎片，摧毁了多个机载系统。金属碎片从飞机上掉落，后来印度尼西亚巴淡岛的村民找到了这些碎片，它们砸在建筑物上，万幸的是没有伤到任何人。

澳航 32 号航班所经历的一切，可谓是世界上任何一家喷气式发动机制造商的噩梦。虽然罗尔斯·罗伊斯的瑞达 900 系列，特别是 972-84 型，能产生近 7 万磅的推力，但正是这个引擎的转子失控故障，瞬间使澳洲航空公司遭受了 1 300 万美元的损失。

转子失控是一种非常罕见的事故，但一旦发生，总是会带来异常猛烈的爆炸。一旦发动机在高温工况下发生金属部件破裂，那么它外围的金属壳就无法阻止高温高速的零件运行，零件会击穿金属外壳，然后如弹片一般击穿所有阻碍，因此，飞机的机翼和机身也会受到损害。

成捆的电缆、油箱、燃油和管路、液压系统、机械系统，以及加压客舱、客舱里面脆弱的人体，所有这些在高速飞行的金属碎片面前都不堪一击。

类似于澳航 32 号航班遭遇的这种情况，过去有许多飞机都被爆炸引发的毁灭性气浪吞噬了。但是，令所有人感到欣慰的是，驾驶舱内多名高度称职的机组人员成功地掌控了飞机损伤的进度，避免了飞机失控。

但到底是什么原因导致了这场近乎毁灭性的灾难呢？要了解这一点，我们就需要进入现代喷气式发动机内部的超精密世界，进入现代喷气式飞机内部那个炽热的“地狱”。现在，让我们先回顾历史，回到那个过去不久的时代。在那个时代，航空是一种通过螺旋桨驱动的、业余爱好者尚可涉足的领域，而不是像今天这样，**商业航空巨头在驾驶舱里发起数字化狂飙，让航空成为常人难以企及的领域**。

燃气涡轮发动机的改进

弗兰克·惠特尔（见图 6–2）是兰开夏郡一家棉纺织厂工人的长子，后来成为维修工人，他发明了喷气式发动机。对于惠特尔而言，喷气式发动机发明者的头衔还有一些竞争者。喷气式发动机是当今使用最广泛的航空发动机，而为当今大多数喷气式飞机提供动力的是吸气式内燃机，不是非吸气式的火箭发动机。虽然从严格意义上来讲，火箭发动机也是一种喷气式发动机，但实际上喷气式发动机只有两种①。一种是由法国人马克西姆·纪尧姆（Maxime Guillaume）发明的，他在 1922 年 4 月为一台涡轮喷气式航空发动机申请了法国的专利，并获得了法国政府编号为 534801 的专利；②另一种是由德国的机械工程师汉斯·冯·奥海因（Hans von Ohain）发明的，他在 1933 年提出了“不需要螺旋桨的发动机”设计，并亲眼见证了它的制造过程。③

图 6-2　弗兰克·惠特尔

注：弗兰克·惠特尔还是一名年轻的飞行学员时，就构思出了喷气式发动机的基本概念，但由于缺乏经费，他无法继续签署该项专利。而他的第一架无螺旋桨喷气式飞机（一种离心式涡喷发动机）于1941年5月才进行首飞。

---

①作者应该是指涡喷发动机有两种，即轴流式涡喷发动机和离心式涡喷发动机，而喷气式发动机除了涡喷发动机以外，还有冲压发动机、脉冲发动机等。——译者注

②这是一台轴流式涡喷发动机。——译者注

③这是一台离心式涡喷发动机。——译者注

然而，无论是法国的设计还是德国的设计，它们都没有在短时间内迅速发展起来。飞机发动机注定要在极端恶劣的物理环境中运行，特别是发动机中所有的工作零件都将会处于高热的环境中，这样的技术要求对于当时欧洲所具有的材料基础和工程技术来说，简直高不可攀。此外，有一件值得一提的怪事，那就是美国实验室对涡轮喷气式发动机于航空工业的意义视而不见、充耳不闻，直到 20 世纪 40 年代，美国才开始进行相关研究。

因此，没有太多社会资源的惠特尔开始追求这个进一步征服天空的梦想，他对活塞螺旋桨发动机提出了严厉的批评，认为螺旋桨发动机已经过时了，时至今日，这一观点依然能够引起人们的共鸣。“往复式发动机的发展已经达到了极限，”惠特尔说，“它在工作时有数百个零件来回颠簸，如果螺旋桨引擎今后想要输出更高的动力，那么它就会变得更加复杂。而未来的发动机必须在只依靠一个工作零件的情况下就产生 1 471 千瓦的功率，这就要依靠旋转的涡轮增压系统。”①

时至今日，喷气式发动机可以产生超过 7 万千瓦的功率，但基本上，它们只有一个工作零件。这个零件有一个驱动主轴，一个转子，转子在机械动力的牵引下旋转，并在旋转过程中带动许多高精确度的金属叶片随之旋转。喷气式发动机是一种工艺极其复杂，但在设计上又极其简约的“凶

①惠特尔半开玩笑地将他对活塞式发动机的偏见归咎于他那一系列摩托车事故。在其中一次事故中，他未能在伦敦郊外的一个丁字路路口把车停稳，这导致惠特尔摔下车，跌入了树林，保险公司收回了他买的保险，银行也没收了他那辆受损的摩托车。惠特尔不是一个习惯在遇到事故后自省的人，相反，他指责摩托车发动机转得太快，导致他刹不住车。

猛野兽”。喷气式引擎的正常运转，全仰仗着构成引擎各个零件的那些稀有且昂贵的材料，正是这些材料使零件在经过精密加工后，各个方面依然满足设计时的需求，也保证了产品能维持极低的公差。从 1928 年夏天提出关于喷气式引擎的宏伟构想开始，惠特尔就不得不在接下来 10 年的人生中面对严酷的现实。在这 10 年中，他遇到了各种难以想象的困难。然而，他都坚持了下来。

惠特尔身高约 1.52 米，颇有卓别林的气质，他一贯穿戴整洁，一丝不苟。年轻时的惠特尔抗压能力非常强，他充满活力，是一个胆大包天的特技飞行员和摩托飙车党，他还是导师眼中的刺儿头、一个罕见的有数学天赋的人。当惠特尔在英国中部地区的克兰韦尔（Cranwell）皇家空军学院当飞行学员时，就播下了立志改进航空发动机的种子。当时的皇家空军学院学员们都必须就他们感兴趣的话题写一篇简短的科学论文，而惠特尔的论文从此成为航空界传奇的一部分：年少轻狂的惠特尔将他的论文标题定为《飞机设计的未来发展方向》（*Future Developments in Aircraft Design*）。

当惠特尔从英国皇家空军学院毕业时，人类动力飞行的历史只有短短 25 年。惠特尔等学员所乘坐的飞机大多是双翼飞机，它们是木质结构的，没有优雅的流线外形，没有伸缩式起落架或增压驾驶舱等辅助飞行的装置，在低空飞行时，这些飞机的飞行时速很少超过 320 千米。虽然英国皇家空军战斗机在许多方面都比同时期大多数战斗机先进，但是英国皇家空军战斗机在当时的平均时速也只有区区 240 千米，只能在海拔几百米高的地方作战。

科幻小说是当时最流行的畅销书类型，对于像惠特尔这样的读者来说，赫伯特・乔治・威尔斯（Herbert George Wells）、儒勒・凡尔纳（Jules

Verne）和雨果·根斯巴克（Hugo Gernsback）[1]等科幻作家在小说里描绘的场景（高速飞行、大型客机、在平流层飞行、登陆月球、飞向外太空）都深深地刻在了他的脑海中，他相信这些科幻场景都是可以通过自己的努力来实现的。惠特尔不仅对比了小说中和现实中的科技，还在深思熟虑后，提出了一系列可以将科幻场景变为现实的技术路径。惠特尔认为，那个时代的科幻作家提出的很多设想是可以实现的，但不是用当时的往复式发动机。一种新型的、更好的发动机才有可能实现这些设想。后来惠特尔把他的想法写进了他在英国皇家空军学院就读时的论文中，在那篇论文中提出了那些令人印象深刻的观点。

> 我得出的一般结论是，如果要同时追求飞机的高速度与长航程，就必须使飞机在较高的高度飞行，因为在高空中，较低的空气密度将大大降低阻力。我认为飞机在平流层的飞行时速能达到800千米，那里的空气密度不到海平面空气密度的1/4。
>
> 在我看来，传统的活塞螺旋桨发动机不太可能满足飞机在高空高速飞行时的推力需求，因此我在对航空动力装置的讨论中，提出了火箭推进和燃气涡轮驱动螺旋桨的可能性，但当时我并没有想到可以用燃气涡轮发动机来推进喷气式飞机。

1929年10月，时机终于成熟了。惠特尔已经成为一名完全合格的值班飞行员，驻扎在剑桥郡，在训练和教授其他人飞行的同时，他痴迷于思考、计算和构想能使飞机飞得快如闪电的发动机。一开始，他的所有设计都是围绕增压活塞发动机来进行的。

---

①雨果奖就是世界科幻协会为纪念雨果·根斯巴克而设立的。——译者注

与此同时，他发现，即使是小幅提升活塞发动机的功率，以追求飞机速度的提高，也需要让发动机变得更大更重，而这样的发动机可能对于当时任何飞机来说，都太大、太重了。当惠特尔正准备要放弃时，突然，在那年 10 月的一天，他灵光一闪：为什么不使用一个燃气涡轮作为发动机呢？应该用一台燃气涡轮发动机，它不是驱动发动机前部的螺旋桨，而是直接从发动机后部喷射出一股强大的气流来提供推力。惠特尔在 22 岁时就有了这样一个想法，而这个想法将以难以想象的方式改变世界。

惠特尔近期在学校的所学和他在数学领域的研究使他意识到，他所提出的那种喷气式发动机是有科学依据的。1686 年，牛顿提出了牛顿第三定律，这为喷气式发动机的可行性提供了一个有效的证明。牛顿碰巧也是一位剑桥人，他曾写道："作用于物体上的每一种力，都会产生与其大小相等方向相反的力。"根据这一定律，从飞机发动机后部产生强大推力的喷气式飞机将获得等量的前进动力，理论上可以实现当时人们所能设想的任何飞行速度。

此外，从理论上讲，燃气轮机可能比活塞式发动机强大得多，原因很简单。任何内燃机的核心原理是把空气吸入发动机，与燃料混合，然后通过燃烧或爆炸产生热能，热能转化为动能，从而为发动机的运动部件提供动力。但活塞式发动机吸入的空气量受到气缸尺寸等因素的限制，而在燃气涡轮发动机中，几乎没有这方面的限制：在燃气涡轮发动机的开口处，一个巨大的风扇能吸入大量的空气，在惠特尔学生时代的技术水平下，这个空气量能达到活塞式发动机所能吸入空气量的 70 倍以上。虽然由于功率还受其他因素影响，70 倍的空气可能并不意味着 70 倍的功率，但 20 倍的功率是工程界认可的数量差距。

对于专注于研究科技创新的历史学家来说，惠特尔的灵光一闪，就是一个改变历史的时刻。尽管这听起来有些像陈词滥调，但它确实代表了一种工程模式的转变。从那天起，惠特尔只想让燃气涡轮发动机效率更高、性能更可靠。燃气涡轮发动机已成为惠特尔心中未来飞机飞行的动力来源，但当他下定决心的时候，就意味着他要面对无休止的技术攻关和行政手续，这些问题阻碍了该项目的推进和发展。10 年后，第一台可用的发动机才终于得以启动，而且就像历史长河中很多的技术进步一样，是战争推动了它的发展。

一开始，惠特尔并没有得到有力的帮助。当时几乎没有人对惠特尔的燃气涡轮发动机感兴趣。尽管惠特尔已成功申请并于 1931 年最终获得了一项“在飞机和其他载具上改进推进系统”的专利，他在空军基地的同事们和军官们也都在替他宣传造势，说惠特尔正在进行一项极具创新性和独创性的研究，但惠特尔还是遭到了各种拒绝。英国航空部说他们对惠特尔的设计没有兴趣，英国的 3 家主要航空发动机制造商也拒绝支持他。当 1935 年惠特尔需要更新专利的时候，他甚至连 5 英镑的专利费用都付不起了，英国航空部也明确表示不会动用政府资金给惠特尔买单。当时的惠特尔正处于放弃的边缘，他已经制订了设计另外一种装置的研究计划，这种装置与航空无关，是用于公路运输的。当时，惠特尔经过冷静思考之后觉得，他所珍视的专利失效了也并不一定是件坏事，反而会产生正面的效果。随着专利的失效，惠特尔的设想将不再受他的专属所有权保护，现在全世界都可以使用它，并用它来改变世界。

1935 年，德国迅速走上了武装备战的道路，汉斯·冯·奥海因和海因克尔公司（Heinkel Company）对喷气式发动机表现出了兴趣，同时容克工厂机身负责人赫伯特·瓦格纳（Herbert Wagner）也对涡轮推进表现出了新的热情，并确立了研发涡轮喷气式飞机的目标。虽然不能确定德国大步走向喷气式飞机是由于几个人的兴趣，还是由于惠特尔专利的释放，但结果不言而喻：到了 20 世纪 30 年代中期，德国政府确实对生产航空喷气式发动机产生了兴趣。而对英国而言，尽管该创意的专利所有者和他的新家庭就住在距离首都不到 80 千米的地方，并且就在皇家空军工作，英国也没有在喷气式引擎的研发上占得先机。

一旦资金注入该项目，一切都会发生变化，惠特尔开始将他的蓝图转化为实验台上的发动机，并最终验证自己的想法可行。对惠特尔的想法进行风险投资的是一家名为“O. T. 福尔克及其合伙人”（O. T. Falk and Partners）的公司，这家公司最终在 1935 年加入了“平流层飞机”项目的豪赌。同年 9 月 11 日，该公司的高级合伙人兰斯洛特・劳・怀特（Lancelot Law Whyte）承认自己对惠尔特这位年轻的飞行教官“一见钟情”。

尽管有人质疑怀特的说法，但怀特后来告诉妻子，他第一次见到惠特尔的经历类似于“一个路人，在一个新宗教发端的时期，遇到了一个传教的先知”。而惠特尔当时正在剑桥大学攻读博士学位，英国皇家空军允许他离开军队去进修。这样一个故事的结局即便不明说，也容易想象得到，大部分人都会拒绝这个先知的传教，但好在事情没有朝着悲观的方向发展。

这次会面取得了成功，惠特尔这个“先知”确实让怀特看到了他所期待的奇迹。怀特从这段故事中脱颖而出，在惠特尔的面前当了一次梦想家，但他本人也是一个被无情遗忘的人，他曾经是一名物理学家，绝不是像现在这样扮演一个冷酷的银行家。怀特是一个近乎神秘的人物，他喜欢惠特尔的想法，不是因为惠特尔的想法可能会赚钱，而是因为惠特尔对于喷气式发动机的设计带有一种纯粹的优雅，因为“每一个伟大的进步都以一种新颖的简单取代了传统的复杂，尤其是在工程界这个充斥着钢铁的领域中”。

投资公司为惠特尔提供了3 000英镑的预付款，并为惠特尔成立了一家公司，名为喷气机动力有限公司（Power Jets Limited）。这家公司的一个主要股东是生产自动售烟机的，惠特尔被公司任命为总工程师，但他也是公司唯一的员工。英国航空部同意他暂时脱离军职，但指出他在喷气动力上的工作只是业余工作，并要求他每周花在研制喷气式发动机上的时间不得超过6小时。毕竟，英国航空部是惠特尔隶属的单位，他还是一名现役的空军军官。

英国航空部可能是无奈之下才给予了支持，但正是这个来自官方的态度推动了已经下了决心的惠特尔付诸行动。[①] 他立即与涡轮制造商英国汤姆森休斯顿公司（British Thomson-Houston，简称BTH）签订合同，开发符合自己期望的航空发动机。[②] 惠特尔需要一个能以每分钟17 750转的速度旋转的涡轮，这样涡轮就可以驱动压缩机并产生370千瓦的功率，同时向后喷射出的气流足以推进一架小型邮件运输机。它将被称为WU或“惠特尔运输小队”。惠特尔希望飞机能以这样的速度，在大约6小时的时间

①正如我们预料的那样，在第二次世界大战之前，英国政府中主管科研的官员们对惠特尔的提议抱有负面看法：一位名叫哈里·温珀里斯（Harry Wimperis）的人就认为研究喷气式飞机暂时不会成功，他对一位喷气动力公司的投资人发表过这样尖刻的评论，“很多人在使用燃气涡轮机推动飞机的尝试中都失败了，我想你不会是最后一个进行这种尝试的人”。但温珀里斯的前辈、传奇人物亨利·蒂泽德（Henry Tizard）却非常支持惠特尔，最终，还是蒂泽德的观点占了上风。蒂泽德和温珀里斯后来合作发明了雷达。如果说温珀里斯曾对喷气动力的飞机持怀疑态度，那也只是暂时的情况，毕竟，作为剑桥大学惠特沃思奖学金的获得者，温珀里斯大部分时候都是一个思想开放的人。惠特沃思奖学金是以维多利亚时期伟大的工程师惠特沃思命名的，在100年前，这位工程师是精密制造故事的核心人物。

②惠特尔曾在几年前带着他的想法接触过英国汤姆森休斯顿公司，但这家公司在当时断然拒绝了他。现在惠特尔有了资金支持，这家公司被惠特尔说服，并抓住机会，建立了一个喷气式发动机的原型机。

内，将几吨重的邮件运过大西洋。

喷气式飞机的新时代

在燃气涡轮喷气式飞机投入使用的 80 年后，我们几乎不可能体会到这个想法在当时的革命性和创新性。**喷气式发动机的发明并不是偶然的，它是一个经过精心策划和认真评估创造后的全新推进方式和运输方式。从这一刻起，基于精确标准模型的实验性发明，从纯粹的机械世界转移到了人类思维与模拟的超凡世界，这种转移即将创造一个具有非凡美感的机械。尽管我们可以说，人类已经发明了喷气式发动机，并用它彻底改变了世界，但这一发明所具有的与众不同和完备的特性，是时至今日很多工业品都仍然缺乏的。**

至此，涡轮发动机的基本原理已经基本确立，涡轮发动机也已经开始由全世界的公司生产制造（不仅仅是英国 BTH 公司）。燃气涡轮发动机已经开始为船只、发电厂和工厂提供动力。燃气涡轮发动机基本结构的简约性非常吸引人。发动机前部的空气入口快速吸入大量空气，并立即进行压缩，空气在此过程中被加热，然后与燃料混合，引燃后做功。

正是由此产生的高温、高压和可控的爆炸驱动了涡轮，涡轮旋转叶片，然后执行两项功能。它利用一部分动力来驱动压缩机，压缩机吸入并压缩空气，而它剩下的动力也相当大，因此可以做其他事情，如转动轮船的螺旋桨、发电机或铁路机车的驱动轮，抑或为工厂里的 1 000 台机器提供动力，让它们持续不断地运转。因此，空气和燃料混合后产生的化学能转化为机械能。机械能正是驱动船只或工厂机器所需要的能量形式，但如果它随后驱动发电机，则会产生另一种能量转化，即机械能转化为电能。

惠特尔只对化学能转化为机械能感兴趣，对电能的兴趣并不强烈。然而，惠特尔想要的不是只能驱动旋转轴的机械能，他希望燃气涡轮发动机能直接产生气体射流，从而推动飞机。他还希望将这种把化学能转化为推进射流的装置造得足够轻，使发动机能被带到高空，并且足够高效，使喷气式发动机的油耗在可以接受的范围内。这意味着发动机零件必须按照非常严格的标准精心制造，并且能够在最恶劣的环境下工作。造出这样的喷气式发动机，正是喷气动力公司和英国 BTH 公司自 1936 年开始想要努力实现的目标。事实证明，这个目标实现起来非常困难。

燃气涡轮发动机产生的高温可能是最棘手的问题。喷气式发动机的燃烧室会产生极高的温度，这对任何研究内燃机和锅炉的工程师而言，都是前所未有的挑战。高温给轴承的运转也带来了一些问题，从来没有人制造过可以在承受喷气式发动机运转时产生的高温和高压的同时，还能正常运转的轴承。

英国 BTH 公司必须在各个温度下进行燃烧测试，测试轴承在不同温度下，受力到什么程度会断裂。轴承断裂时会产生滚滚浓烟和一摊摊流出的燃料，甚至还会爆炸。没有人知道这个过程中发生了什么，因为所有这些实验和对喷气式发动机的研究都被列为绝密。

燃料漏一地还不算太糟，因为第一次喷气式发动机测试几乎是一场彻底的灾难。第一次喷气式发动机测试于 1937 年 4 月进行，工厂位于英国中部地区的拉格比镇外，在那次测试开始之前，人们已经为可能发生的灾难性爆炸做好了充分准备。因为一旦涡轮零件断裂，并从发动机中飞出，飞出的零件就可能会产生致命的后果。在那几周前的一次事故中，一台普通的涡轮机发生爆炸，将大块红热的金属抛到了 3 千米外，并造成了数人死亡。所以在这次测试中，测试员把喷气式发动机安装在了一辆卡车上

（因为发动机的起动装置有几吨重，轮胎承受不了，所以只好把卡车的轮胎卸了下来），并在发动机外加装了 3 块 1 英寸厚的保护性钢板。发动机的喷管被布置在室外的空地上，启动装置的控制器在几米远的地方，惠特尔用手势向雇来的操作工示意，让充满勇气抑或是鲁莽无畏的操作工开始实验。

惠特尔的报告并不像是一位经验丰富的试飞员所写，其内容既不冷静，也不简洁：

> 我打开了燃油泵。然后，一位测试员把启动装置与喷气式发动机连在一起（启动装置用于启动喷气式引擎，但是根据工程师的设计，当发动机主转子的转速超过启动装置时，启动装置会立即分离），随后，我向这位测试员做出开始测试的手势。
>
> 启动装置随即开始转动。当转速达到每分钟 1 000 转左右时，我打开控制阀，将燃料送入燃烧室中的引燃器，并迅速转动手动电磁打火器的手柄，以点燃引燃器喷出的精细雾化的燃料喷雾。一名观察员透过燃烧室的石英观察窗看到了里面的情况，并向我竖起大拇指，表示燃烧室内的燃料喷雾已被点燃。
>
> 我发出信号，要求提高启动装置的转速，当转速表指示转速为每分钟 2 000 转时，我打开了主燃烧室的燃油控制阀。在一两秒钟的时间里，喷气式发动机的转速缓慢上升，然后随着机器发出像防空警报一样的尖啸声，发动机的转速开始迅速上升，燃烧室的金属外壳上可以看到大片的红热。发动机显然失控了。英国 BTH 公司所有的工作人员都意识到接下来会发生什么，他们从不同的方向快速跑进工厂里面。其中一些人躲在附近的大型蒸汽机的排气罩后面，这是一个相对安全的地方。
>
> 我立即拧紧控制阀，但这似乎没有效果，转速还在继续上

> 升，但幸运的是，在达到每分钟 8 000 转时，发动机就不再继续加速了，转速开始缓慢下降。不用说，这一情况的发生把我吓得够呛。我从来没这么害怕过。

第二天又发生了类似的情况，喷气式发动机的喷管中喷出了凶猛的火焰，燃烧室中焊接断点处露出热气，热气被红热的金属燃烧室引燃，火焰在喷气式发动机的上空飞舞，英国 BTH 公司的工作人员这次逃得更快了。

但是，在当地一家酒店喝了几杯红酒后，惠特尔对事故的成因有了一个简单的解释，他相信燃烧室的问题能够解决。但惠特尔过于乐观了，在 1937 年的那个夏天，惠特尔的团队进行了一次又一次的测试，测试过程中发生了各种各样的故障，结果均以失败告终，因此，当务之急是对发动机进行全面的重新设计。然而，到这个时候，惠特尔几乎没有钱了，他本人也几乎陷入了歇斯底里的情绪中，喷气式发动机的项目似乎面临着彻底失败的风险。

此外，喷气式发动机的实验本身已经变得非常危险，英国 BTH 公司坚持要求，任何进一步的实验都应该在距离工厂 11 千米以外的安全地点进行，新的实验地点设在卢特沃斯镇附近的一个废弃铸造厂。正是在这里，该项目的命运发生了转变。英国航空部已经决定投入少量的一笔资金用以支持研究，这归功于亨利·蒂泽德撰写的不少称赞惠特尔天赋异禀的文章，而且蒂泽德本人又是广受尊重的人才。在蒂泽德的努力下，连政府最高级别的人都注意到了喷气式发动机的研究，英国 BTH 公司也投入了一些资金。在各方的努力下，惠特尔重新设计的发动机于 1938 年 4 月开始进行新的测试。

新的测试一切顺利，直到一块抹布被吸气风扇吸入发动机，第一次测试结束。同年 5 月，喷气式发动机在一次测试中达到了每分钟 13 000 转，但 9 个涡轮叶片破碎、脱离叶盘，并在发动机中爆炸而导致突然停机，这次事故的代价极其高昂。重新制造新的喷气式发动机原型机又花费了 4 个多月的时间，这一次，工程师们没有只制造 1 个燃烧室，而是制造了 10 个燃烧室。燃烧室像隔热垫材一样包裹着涡轮转子，让发动机看起来坚固、沉重而且对称，具有讽刺意味的是，这样的设计让喷气式发动机看起来与它试图取代的径向式活塞发动机没有太大区别。

这台新的发动机终于运行起来了。1939 年 6 月 30 日，距离第二次世界大战在欧洲战场正式爆发不到 10 周的时间，一位英国航空部官员来到卢特沃斯镇对喷气式飞机进行检查，目睹它以每分钟 16 000 转的速度持续运行了 28 分钟，并做出了一项至关重要的决定。惠特尔的设计被批准用于制造真正的航空发动机。此后不久，格洛斯特飞机制造公司（Gloster Aircraft Company）[①]接到指令生产一种由喷气式发动机提供动力的实验飞机。发动机被指定为 W1X 型，飞机型号被指定为格洛斯特 E28/39。

设计这架新飞机的责任落在了格洛斯特飞机制造公司的技术总监乔治·卡特（George Carter）身上，他是一位十分冷静的人，喜欢抽烟斗。

英国国防部希望它既是一架喷气式推进的试验机，又是一架战斗机，所以这架飞机必须配备 4 门航炮和弹药。但是卡特说这架试验机应该小巧

①该公司成立于 1917 年，原名为格洛斯特郡飞机有限公司，但由于许多外国客户发现“格洛斯特郡”这个单词不好发音，因此被更名为“格洛斯特”。

轻便，重量不超过 1 吨，这个建议最终得到了政府的批准，即前两架试验机不用考虑配备武器。首架试验机始建于 1940 年。当时第二次世界大战已经全面爆发，德国空军正在疯狂轰炸英国城市，格洛斯特飞机制造公司总部附近有一个非常显眼的工厂和机场，这些都是非常容易遭到轰炸的目标。因此，格洛斯特飞机制造公司决定将这一高度机密的项目转移到切尔滕纳姆市（Cheltenham）附近一个废弃的汽车陈列室——摄政车库里。车库外面有一名武装警察在站岗，而在车库里面，一小队工匠正在努力制造喷气式飞机。在当时没有人，或者说没有德国人发现这个秘密研究中心。

值得注意的是，在第一架英国喷气式飞机还远没有准备好的时候，一架德国涡轮喷气式飞机已经在 1939 年 8 月 27 日进行了试飞，即战争爆发前一周的时候。

这架飞机是“亨克尔 He178”，它的发动机基于前文提到的汉斯·冯·奥海因 1933 年的设计。然而，德国政府对此并不满意，嘲笑它速度慢，战斗续航时间只有几分钟。柏林最终接受了对喷气式飞机耗油过多的改进方案。因此，私人资助的海因克尔[①]的研究和实验，虽然在技术上实现了德国有史以来第一次喷气动力的飞行，但结果依然失败了。

1941 年初春，英国喷气式飞机终于揭开了面纱。这是一架小巧可爱的飞机，光滑而简洁，像玩具一样。机头有一个 30 厘米宽、像嘴一样的进气口，没有螺旋桨，尾部下方有一根喷射管，只有一对机翼，一个滑动

①海因克尔和亨克尔其实是同一个词（Heinkel），海因克尔这个名字至今依然是这家德国公司的名字，而且依然销售机器，活跃在市场上，但是，飞机被翻译成了亨克尔，因为人们在军事历史圈和军迷圈都使用亨克尔这个名字。——译者注

门驾驶舱，然后就看不到其他部分了。起落架短小且可伸缩，因为不需要为了避免旋转的螺旋桨打到地面而把飞机架高了。

简而言之，格洛斯特 E28/39 之所以得名，除了因为飞机是格洛斯特飞机制造公司生产的以外，还因为政府的订单号是 28，生产年份是 1939 年，因此才是 E28/39。这架喷气式飞机本身就很简单，其外观设计和生产材料产生的成本都不高。

这架试验机早在惠特尔的喷气式发动机调试完成之前几个月就组装完毕，而那时，惠特尔的发动机仍然有无数的问题需要改善。在其中一次调试里，喷气式发动机被安装在一架威灵顿式轰炸机的尾部组件中（轰炸机的尾部炮塔被拆除，替换成了喷气式发动机的进气口），通过这种方法来测试喷气式发动机在高空中的性能。惠特尔的喷气式发动机在高空中的性能良好，因此，工作人员把喷气式发动机从轰炸机上卸下，然后用卡车把它运到布罗克沃思镇（Brockworth）的科茨沃尔德村附近，这个镇上设有格洛斯特飞机制造公司下属的飞机试飞场地。如今，布罗克沃思镇因一年一度的仲夏滚奶酪比赛而闻名，这个有趣的比赛大概是这样：当地人制作一块巨大的圆形奶酪，然后让这块奶酪滚下山坡，当地的醉汉在奶酪后面穷追不舍。最终在这个民风淳朴的小镇里，喷气式发动机终于与卡特设计的小型试验机结合在一起：喷气式发动机就安装在飞行员的正后方，而油箱就夹在喷气式发动机和飞行员驾驶舱之间。

与滚下山的奶酪不同，飞机在首次试飞时，原本是在水平的机场跑道上进行调试，主要是为了测试喷气式飞机在滑行过程中的操纵响应。但在驾驶舱里的试飞员杰里·塞耶（Gerry Sayer）显然无法匀速地控制油门的大小。随着近乎没有振动的发动机一下子转换到全速，飞机迅速沿着机场跑道进行了一次飞跃几十米的短暂滑跃起飞，在场观摩的人员都跟着吃了一惊，一位站在斯特林轰炸机[①]机翼上观摩的美国工程师，看到一架没有螺旋桨的飞机在跑道上呼啸着起飞，虽然飞机只飞起来了几秒钟，但他依旧吃惊得差点儿从机翼上掉下来。后来，这个美国工程师受到威胁："忘记你所看到的东西。"

毕竟在当时，德国特工可能无处不在。最后为了保险起见，他们决定将这架飞机[②]带回到惠特尔的母校英国皇家空军学院的机场。这里地势平坦，人口稀少，因此，这一次的试飞更容易做好保密工作。

故事既然发生在英国大不列颠岛，也就免不了出现"天气决定事态发展"的状况。1941 年 5 月 15 日，天空乌云密布，寒风阵阵。惠特尔只好先前往发动机装配厂，在那里，有个新的工作需要惠特尔来完成，那就是研究下一代喷气式发动机。这个发动机将被用于空军已经定型的，并将投入实战的"格洛斯特流星战斗机"。然而，惠特尔依旧惦记着飞机的试飞，因此他一直盯着天空。当天空终于有了转晴的兆头时，惠特尔笃定黄昏时天色会放晴，因此他飞快地开车回到克兰韦尔的试飞机场。

惠特尔回来得正是时候。正如他所预料的那样，塞耶已经将飞机停在了长长的东西向跑道上。气喘吁吁的惠特尔终于赶在试飞之前，与他喷气动力公司的同事们会合了。随后，惠特尔把车开到了试飞机场跑道的半程标记处，在那里静静等待着飞机起飞的时刻，看着塞耶将这架小小的飞机飞入充斥着刺骨寒风的天空之中。

---

①斯特林轰炸机是一型庞大的四引擎重型轰炸机，如果从机翼上摔下来相当于从两层楼上掉下来。——译者注

②这架飞机现在较为官方的名称是先锋号（Pioneer），虽然先锋号这个名称蕴含着航空业发展的趋势，但可惜的是，这个名字本身并没有在历史上留下浓墨重彩的一笔。

试飞员塞耶一边估算着各项参数，一边盖紧了驾驶舱舱盖。塞耶先把飞机的机鼻稍微调低①，并收回襟翼。随后，塞耶踩下刹车，并开始启动发动机。当飞机发出正常运转的轰鸣声时，飞机才开始在刹车和发动机的作用下，一点一点地往前蹿。塞耶把脚从刹车踏板上抬起来，飞机便开始向前滑行，并加速驶向阴冷的天空。此时已经是晚上 7 点 40 分，夜幕降临。惠特尔焦急地握着拳头，同时密切注视着飞机的情况。

在大约 500 米稳定地加速滑行后，伴随着发动机发出的强劲轰鸣声和从后喷射管中喷涌而出的火焰，塞耶拉下了操纵杆。紧接着，翼面以教科书式的角度被调整好，靠着发动机输出的 500 马力轰鸣而出、供应稳定的推进气流，这架小型飞机毫不费力地在不依靠螺旋桨的情况下，平稳地升上了夜空。只用了几秒钟，“先锋号”就爬到了 300 米的高度，在地面上的观摩者可以看到塞耶使用液压蓄能器把起落架收进机腹。此时，飞机就像是一颗精心设计的、带有推进动力的子弹，拖着尾部喷出的暗色烟雾穿越云层，并消失在了云层中。

随着飞机消失在云层中，惠特尔和他的同事们此刻所能感受到的只剩下平稳运转的喷气式发动机的轰鸣声。这是有史以来精密制造和精密设计在航空发动机领域取得的第一批重大创新成果，这些成果包含压缩机叶片、涡轮叶片和高温燃料喷射技术等，让以“反作用力”作为推进动力的飞机在英国上空展翅翱翔。这个项目也是世界上第一个得到政府支持的喷气式飞机研发项目。

对于在机场跑道上观摩的人而言，在接下来的几分钟里，除了头顶上

①调低机鼻可以获得更大的升力。——译者注

空的云彩，他们什么都看不到。但是从喷气式发动机发出声音的音量和方向来看，他们知道，在云霄之上的塞耶正以他自己的方式，开心地享受着试飞的旅程。就这样，塞耶带着老派试飞员的作风，亲自拉开了喷气式飞机新时代的帷幕。

大约过了一刻钟的时间，惠特尔和他的手下听到从东边传来越来越大的轰鸣声，此时地面人员已经可以看到先锋号试验机了，它在昏暗的阳光下闪闪发光，准备着陆。此时，飞机的起落架已经放了下来；襟翼和扰流板张开，速度逐渐降低，并对准了降落的跑道。很快飞机下降到了雨后潮湿的跑道上空，就在距离地面不到 3 米的地方，接着缓慢而优雅地逐步接近地面，几乎贴着地面滑行。这时，塞耶开始降低发动机功率。在试飞的最后阶段，飞机顺利着陆，停了下来，而且停在了跑道的中心线上。起落架在飞机自重的作用下弹动了几下，随后，塞耶把方向转向地面等候的汽车，并把飞机彻底停稳了，然后转动旋钮，切断油门使发动机熄火。现在，塞耶面前的一切都安静了下来：除了控制塔发出微弱的无线电余音和机身上正在冷却的金属在风中发出的尖啸，没有任何其他声音。那天傍晚很冷，发动机的余温传出阵阵暖意。此时，微风吹拂着机场的草丛，霎时间，传来一阵狂奔的脚步声。

欢庆试飞成功的人群正争先恐后地朝着飞机跑过来。13 年前，惠特尔提出了喷气式航空发动机的设想，并为实现这个设想进行了漫长而艰苦的努力，而卡特则设计了采用这种喷气式发动机的小型飞机，并使之飞上蓝天，将这项成果载入史册。人群径直穿过了机场的滑行道，冲上来握住塞耶的双手，向他致以热烈的祝贺和鼓励。那是 1941 年的春天，一个新时代已经到来了。

然而，这样值得载入史册的一刻却没有过多的新闻记录，唯一留下的是当时一名业余爱好者拍摄的一张模糊的照片，照片上惠特尔靠在驾驶舱旁边开怀大笑，向试飞成功的驾驶员表示祝贺和感激。英国的战时宣传部门没有派摄制组人员前来拍摄，当时没有记者在场，没有 BBC 的工作人员，也没有专门的摄影师前来记录这一幕。

直到整整 2 年零 8 个月后的 1944 年新年，英国公众才得知这项新发明。在信息管制下，他们迈向新时代的消息延缓了 2 年多才发布，几乎所有人都对此一无所知。《泰晤士报》将新年的第四版专栏标题定为《英国发明的成功——喷气式飞机》（*Set Propelled Aeroplane Success of British Invention*）："经过多年的试验，英国现在拥有了一种'革命性的动力装置'，这种装置可以为战斗机提供动力，它的完善是航空史上最伟大的进步之一。这种装置现在被称为喷气式推进系统，装上喷气式推进系统的飞机不再需要传统的发动机，也不再需要螺旋桨。"

报纸用了 4 段内容来介绍惠特尔，而英国战时的盟友美国在试飞成功后不久的 1941 年 7 月就得知了这个消息。然而，英国本国的民众却一直被蒙在鼓里。不过美国公众也差不多，美国的媒体在 1944 年 1 月 6 日才发布了这个消息。

惠特尔被国王乔治六世授予了爵士头衔，并在一定程度上成为受尊敬的人。但在第二次世界大战后的英国，惠特尔并没有像人们认为的那样，从此过上幸福安稳的生活。喷气式发动机的生产和技术被国有化，而实现这项技术的总工程师却被撂在了一旁。惠特尔依然过着旅行、讲学、写作的生活，后来被选为英国皇家学会的会员，并赢得了许多奖项，其中奖金最高的一项约为 50 万美元，惠特尔决定慷慨地与德国发明家汉斯·冯·奥海因分享这笔奖金。汉斯·冯·奥海因的亨克尔喷气飞机是第一架真正使用涡轮喷气式发动机飞行的飞机。惠特尔经常为制造超声速客机的重大意义而奔走游说，他提出超声速客机的想法远远早于协和式客机（Concorde）的立项，可是他的努力都白费了，没有人听他的。后来，在1976年，由于婚姻失败，他决定去美国发展，并在华盛顿特区的郊区度过了他人生的最后几年。

偶尔惠特尔也会应召回到祖国。1986年，伊丽莎白女王授予惠特尔勋章，惠特尔因此回去过一次；1987年，在惠特尔的发动机公司成立50周年纪念日前后，有人又一次小题大做，让他的儿子伊恩·惠特尔（Ian Whittle）亲自驾驶飞机，来到伦敦，接上惠特尔，并从伦敦乘坐国泰航空的747客机飞往中国香港。

这是一次令人难忘的飞行。因为，中国香港启德国际机场是当时少有的商业机场，大多数入境航班为了安全着陆，不得不在最后一刻做出惊人的航线调整。常设的进场指示要求飞机从西面进入香港空域，然后必须迅速下降，直接朝山坡上的一块巨大的红白棋盘格飞去，棋盘格被刻意画在山坡的岩石表面。当飞机离棋盘格只有1.6千米远，距离撞上岩石的航程还有不到20秒的时候，飞行员必须按要求向右舷急转37.5度，这一动作如果没有失误，就可以直接低空接近启德国际机场013号跑道。

任何事先没有经历过在这条跑道上降落的人，面对这样的飞行动作都会感到十分紧张。在飞机正常巡航期间，惠特尔一直平静地坐在他儿子身后的驾驶舱中，现在飞机正准备进行常规着陆。在后来的进场机动中，惠特尔确实有点儿担心，甚至有那么几秒钟，有种飞机难免要坠毁了的感觉。但是，靠着飞行员长期积累的经验，进场所需的一系列机动，终于在完美的时刻准确完成了。飞行员凭借这种最富有异国情调的东方手法（包括惠特尔的儿子此刻也熟练掌握了这种降落方式），成功地让飞机降落在这条颇具挑战性的跑道上，像往常一样准确无误。

机组人员与乘客的性命取决于叶片的加工程度

那天的波音 747 飞机由罗罗公司[①]生产的 4 个喷气式发动机驱动，在实施这一系列大幅度机动时，发动机都完美配合了这些动作。本章开头提到的 A380 飞机采用的也是罗罗公司生产的喷气式发动机，但 A380 飞机安装的发动机的动力要大得多，毕竟 A380 飞机是一架更大的飞机。大约在惠特尔乘坐飞机到达中国香港的 25 年后，A380 飞机在印度尼西亚上空发生了戏剧性的故障。在事故发生的 3 年后，澳大利亚公布的官方事故调查报告在一定程度上揭示了现代大功率、高性能喷气式发动机制造过程中存在的巨大技术问题和挑战。

尽管现代喷气式发动机是经过仔细设计、出厂后也要反复检查的复杂机械，但人们很容易被它的外表欺骗。它的外部整流罩无比干净和光滑；进气口的扇叶转动得十分缓慢而优雅；喷气式发动机发出的声音，即使是在全速运转时，也有着格外响亮的和谐感，这一切让人想当然地认为喷气式发动机的内部也是简单而纯粹的。但事实上，一旦发动机的盖子被取下，发动机的内部是一个极其混乱的迷宫，一个由风扇、管道、转子、风扇盘、电线和传感器组成的迷宫。可以想象，如果喷气式发动机里面的电线在组装时发生混乱，绕出一个土耳其结来，那就免不了出现金属物体之

---

①罗罗公司于 1915 年开始生产飞机发动机，这距离劳斯莱斯的汽车下线也不过是 10 年多一点。罗罗公司于 1946 年涉足喷气式发动机，20 世纪 50 年代初，埃汶（Avon）发动机装配在皇家空军的堪培拉轰炸机上，也安装在英国海外航空公司那款销路不顺的彗星客机上。罗罗公司尽管经历了许多挫折，包括破产、国有化改制（后来又私有化了），但这家航空发动机的百年老店仍然是喷气式发动机市场上一个强有力的玩家，到本书撰写时，罗罗公司已经制造了不下 5 万台航空发动机了。

间的撞击、切割，并连带着损坏其他零件的情况，毕竟这些金属零件在十分危险的工作环境下运转，而且还贴得很近。

然而，喷气式发动机的生产和运转却是最值得肯定的，发动机的每一个零件都融入了最精妙的设计，使得发动机在一次又一次最恶劣的工作环境下、最凶猛的气流之中保持稳定的运转。也许没有任何机械内部的环境比喷气式发动机的高压涡轮部分更加严酷，但是对于不了解飞机的人而言，涡轮所在的部位看起来是喷气式发动机外壳上最臃肿、最平滑，也是最没有存在感的部位，没有任何能从外面看得到的部件（比如风扇），也没有任何能被感觉到或被听到的特征（比如排出尾气）。

现代喷气式发动机中有许多不同尺寸的叶片，它们以各种方式旋转，发挥各种作用，合力把数百吨的飞机推上天空。其中，高压涡轮机中的叶片可以算得上是现代工程中真正的奇迹，之所以这样说，是因为高压涡轮中的叶片以难以置信的速度旋转。在发动机以最大功率运行期间产生的功率，平均到每一片叶片上，都能与一级方程式赛车的功率一较高下，而在高压涡轮中，气流的温度远高于叶片金属材料的熔点。那么是什么阻止了这些叶片熔化？是什么让喷气式发动机不解体？又如何避免出现叶片损毁，并摧毁发动机从而导致机毁人亡的事故呢？从前文的描述来看，让精密的叶片在熔点之上运转简直违反直觉，毕竟金属是不可能在违背物理基本定律的温度下继续工作的，一旦叶片熔化，一切都会失败。因此，如何避免叶片熔化就是保障现代喷气式发动机成功运行的关键。

但是，在实践中，通过在叶片的生产过程中采用精确度极其惊人的制造技术，生产能在熔化之前冷却自身的叶片是可行的。通过冷却叶片，人们可以使飞机在飞行过程中，在发动机全速运转的情况下，经受住数小时的严酷工况。这在微观层面上，就需要人们在叶片的生产加工过程中，在每个叶片上钻数百个小孔，并在每个叶片内部编织出一个微小的冷却通道。另外，还需要对所有这些冷却通道的加工尺寸的公差进行严苛的要求。高压涡轮叶片（见图 6-3）这样精密的加工，从始至终采用的都是那个时代最精密、最尖端的生产技术。而这些技术在仅仅几年前，都还是难以想象的黑科技。

图 6-3　高压涡轮叶片

注：喷气式发动机中的五级串联高压涡轮叶片由单晶钛合金制成，叶片里布满小孔，使得散热的冷空气在其中流动，这可以防止叶片在高温气流中熔化。

不可避免的是，尽管商业促进了喷气式发动机的发展，但在很大程度上，**喷气式发动机的研究更多来源于“阴暗面”的秘密研发。研究人员在为制造出尖端的轰炸机和隐形战斗机等武器装备做相关研究时，也对喷气式发动机的发展做出了很大的贡献**，只是大部分人无从知晓，而飞机制造商也无法对外披露这些研究。实际上，致力于提升涡轮叶片效率的研究，早在 20 世纪 50 年代就开始了，当时由活塞发动机推动的飞机开始逐步淡出世界上主要的空中航线，而最初为军事用途研发的喷气式发动机正在针对民用的使用场景来进行优化，使喷气式飞机在长途高速客运和货运方面具有经济性。

子爵客机、彗星客机、图波列夫的 Tu-104 客机、康维尔 880、卡拉维尔客机、道格拉斯 DC-8，以及从 1958 年上市的窄体喷气式客机中最成功的产品——波音 707，他们装备的发动机都是当时最先进的高精确度机器（包括德哈维兰公司生产的幽灵发动机，普拉特·惠特尼公司的 JT3C 和 JT3D 型发动机，罗罗公司的埃汶、斯比和康威发动机以及由苏联政府生产的 200 架 Tu-104 所使用的鲜为人知的米库林 AM-3 涡轮喷气式发动机）。

以今天人们对于航空发动机的标准来看，这些 20 世纪 60 年代的老式喷气式发动机相对原始，它们噪声大、耗油量大、动力不足、燃料效率低下。然而，这一切在20世纪70年代再次发生变化，因为市场的需求扩大，需要生产越来越多飞行速度更快、飞行距离更长的飞机，这些飞机要运输越来越多的乘客，还要同时兼顾审计压力巨大的航空公司所期望的那种更大、更经济的宽体喷气式客机的需求，也就是动力更加充足、工作时更加安静、做工时更加高效，并在某种程度上能满足 20 世纪后半叶日益严格的环保标准。新的喷气式发动机必须拥有强劲的动力，它们必须吸入巨量的空气（每秒吸入多达 1 吨的空气），把这些空气压缩到不可思议的程度，并在难以想象的温度下点燃这些燃料，这就好比要在发动机内部引发一场火山爆发，一场烈焰风暴，并保障在检测时，在发动机内部旋转的扇叶上的每一个分子都能承受这种工作环境。

面对这样的困难，罗罗公司于 20 世纪 70 年代初在公司内部成立了叶片冷却研究小组，并创造了精密制造历史上新的奇迹。该小组的任务很简单：想方设法阻止高压涡轮叶片熔化，然后制造出能满足所有喷气式客机动力需求的发动机。这是因为提升涡轮效率的原理很简单：发动机运行温度越高、储配压力越大，气流喷射速度就越高。换言之，发动机内温度越高，飞机飞行速度就越快。

但与此同时，发动机内的温度越高，涡轮叶片面临熔化的压力也就越大。虽然有人可能会认为涡轮叶片的首要任务是推动发动机前部的压缩机运转，但事实并非如此。这只是涡轮叶片的次要任务。涡轮叶片的首要任务是保障自身在高温条件下安然无恙。

惠特尔的喷气式发动机以及后来很快投入战场的喷气式战斗机都在一定程度上获得了成功（维克斯子爵喷气式客机和彗星喷气式战斗机，其中维克斯子爵客机是有史以来第一架商用喷气式飞机），在喷气式飞机发展的最初阶段，涡轮叶片的熔化问题并不显著。

当然，即使对于早期的喷气式发动机而言，涡轮叶片也是至关重要的组成部分。惠特尔制造的第一批叶片是钢制的，这在一定程度上限制了惠特尔早期实验原型机的性能，因为钢在约高于 500 摄氏度的温度下会逐渐丧失结构强度。但工程师很快就发现一些合金的耐热性能要好得多，此后，叶片开始使用这些新的金属化合物，以满足早期喷气式发动机产生的热量。涡轮叶片的作用，就是从剧烈燃烧产生的特殊高温漩涡气流中获取能量，从而带动压缩机旋转。涡轮叶片被固定在承载它们的圆盘上，这样便可以承受来自燃烧的高温与每分钟成百上千转的离心力。通过精心设计的叶片形状，涡轮能以惊人的效率从高温的压缩空气和燃料[①]之间的化学反应中提取能量。

不过，此时改进的叶片暂时没有熔化的风险，因为这个时期的喷气式发动机内部运行的温度在 1 000 摄氏度左右，而制成叶片的材料——特殊镍铬合金（也被称为尼孟合金）在 1 400 摄氏度以下仍可以保持牢固和硬

①惠特尔最初在实验室中使用汽油，后来改用煤油。

度。这时在气体温度和叶片熔点之间有足够的余地。不过，到了 20 世纪 60 年代和 70 年代，情况发生了变化。在追求更高性能的要求下，原本足够的安全温差随着时间的推移逐渐缩小，很快就完全消失了。

因为到这时，下一代发动机需要把燃烧室中呼啸而出的混合气体加热到 1 600 摄氏度，而当时可以采用的最先进的合金也会在 1 455 摄氏度左右熔化，即环境温度还没有达到熔点，金属就会开始失去强度，变得柔软，从而导致喷气式发动机受到各种因叶片形变以及膨胀产生的影响。事实上，早前的研究已经表明，在 1 300 摄氏度以上的工作环境下，让叶片长时间承受热气流的冲击，会产生复杂的后果和隐患，唯一的解决方案就是，设法让叶片保持低温状态。

罗罗公司组织了一支由十几名工程师构成的团队来解决这一难题，很快这一团队就实现了技术上的突破。工程师们发现，通过极其精密的加工技术和计算机强大的数学计算能力，应该有可能在发动机高压涡轮叶片的外围制造出一层相对较冷的超薄空气薄膜，当叶片在发动机内旋转时，用空气包裹住叶片，从而使叶片被低温空气保护起来，不受外部地狱般高热气流的影响。冷空气构成的薄膜的厚度需要控制在 1 毫米以内，如果薄膜能够在叶片旋转时保持其完整，那么被保护的叶片也能安然无恙。

但是在炽热的喷气式发动机内部，哪里可以获得冷空气呢？事实证明，答案就隐藏在显而易见的地方。经过研究和实验，人们意识到，较冷的空气可以直接取材于发动机前部，源自风扇吸入的成吨的外部空气。大部分空气会绕过发动机（具体原因本章的内容暂不涉及），但其中相当一部分空气会通过一个极其复杂的、由各种叶片组成的迷宫，有些叶片是旋转的，有些叶片是固定不动的，这些结构组成了喷气式发动机前端相对较冷的部分，在这里，空气将被压缩高达 50 倍。风扇每秒吸入 1 吨的空气，正常情况下，这么多空气可以填满一个壁球场那么大的空间，而现在这些空气要被压缩到一个行李箱那么小。可想而知，压缩后的空气是密集且高温的，以准备迎接进入燃烧室的高能时刻。

几乎所有的压缩空气都被送进了燃烧室，而在燃烧室中，这些被压缩的空气将与喷射而来的煤油混合，由一系列电子打火装置引燃。发生爆燃后，高温的燃气将进入高压涡轮飞速旋转的叶片之中。现代喷气式发动机中的高压涡轮盘上有 90 多个叶片，它们被安装在高速旋转的叶盘外缘，是空气通过涡轮其余部分之前的一道关卡，这些空气与从风扇通过的冷空气一起，从发动机后部喷出，推动飞机向前。

“几乎所有”就是突破的关键。罗罗公司的工程师们意识到，其中一些冷空气实际上可以在进入燃烧室之前被分流出来，并被送入叶片与叶盘连接处的管道中。在这里，空气可以被引入一个分支气流管网中，这些微小的管网在叶片本身加工成型的时候就已经预留好了。现在，叶片中充满了冷空气，当然这里的冷只是相对而言。发动机前端吸入空气时，对空气进行了压缩并使空气升温，温度将达到约 650 摄氏度，但即使如此，仍然比燃烧室喷射出的高温燃气温度低 1 000 摄氏度。为了利用好这股冷空气，工程师们在叶片表面钻了几十个小到不可思议的微孔，每个孔都设计得非常精密，其细节参数都经过计算机的大量计算。这些孔从合金叶片的表面深入叶片内侧，直到全部接入了充满冷空气的管网，从而使来自叶盘内部的冷空气逸出，在离心力的作用下向外涌动，并在叶片闪闪发光的表面形成一层空气薄膜。

如果数学运算没有出现纰漏，那么冷空气薄膜就会发挥作用。**自 20 世纪 60 年代末开始，令人惊叹的算力开始影响科技的进步，**所有小孔都在计算机算力的指导下精心排布，一些排在叶片的前缘，一些排在叶片相对厚实的地方，一些沿着后缘排布。如果所有小孔都能发挥其应有的作用，那么这股冷空气就会形成一层不可思议的薄膜，使叶片周围的温度相应降低，如同在叶片上包裹了一件银色的绝缘外套一样。这样一来，叶片就能够经受住燃烧室排出的高温燃气了。[①]

所有见过这种喷气式发动机涡轮叶片以及对涡轮叶片的制造加工有所了解的人，都会意识到**这样的叶片本身就是精密工程自身的史诗，就像罗罗公司制造的精致的汽车一样**。有人可能会说，100 多年前的劳斯莱斯银魅老爷车就具有许多优秀的品质，而现在这些优秀的品质被运用在了飞机发动机的制造上。每一片罗罗公司生产的镍合金叶片都是在英国北部罗瑟勒姆镇附近的一家绝密工厂制造的。其重量不到 1 磅，一片叶片内部大部分是空心的，可以轻而易举地放在手中，但叶片本身非常坚固，而且与罗罗公司制造的汽车一样，其制造的喷气式发动机叶片目前也基本上是手工制作的，除了数百个微小的冷气孔与复杂管网结构外，发动机叶片最具专利价值的商业秘密是，叶片是由金属镍合金单晶生长而成的，这简直令人

---

① 20 世纪 60 年代末，罗罗公司第一台采用这种气膜技术的发动机是 RB211，但事实证明，RB211 开发成本太高，最终导致公司资不抵债，并被英国政府实行国有化长达 7 年。造成这种困境的其中一个问题，源自外层风扇使用的碳纤维叶片。但根据规定，发动机必须进行鸟击测试。测试的形式就是用一门大炮向旋转的发动机叶片发射一只 5 磅重的鸡，令所有人惊讶的是，发动机外层风扇的叶片迅速被撞得粉碎。这些叶片最终被钛合金制成的叶片所取代，但重新设计叶片需要时间和金钱，这在一段时间内使公司难以为继。然而，RB211 发动机最终还是比它的美国竞品普拉特・惠特尼 JT9D 表现得更好，并用于早期大型喷气式飞机。美国国家航空航天局的统计数据显示，在 20 世纪 70 年代，普惠 JT9D 平均每跨大西洋飞行 1 次就因故障关闭 1 台发动机，而罗罗公司的 RB211 每 10 次跨洋才因故障关闭 1 台发动机。幸运的是，大型喷气式客机有 4 台发动机，因而乘客们也从不知道他们经历了发动机故障。

难以置信。单晶结构使得叶片非常坚固，在高温旋转时，叶片受到的离心力相当于一辆双层伦敦巴士的重量，大约 18 吨重。

然而，有一点很有趣。正如大家所知，尽管制造这种叶片需要使用精密的制造技术与复杂的计算能力，但这些高精尖的东西正与另一种最古老的制造手段相结合。早在古希腊时期，工匠就已熟练运用“失蜡法”（lost-wax method），但对古希腊人而言，现代工程意义上的精确却是一个完全陌生的概念。[①] 在当代用失蜡法铸造涡轮叶片的情形下，人们用失蜡法制作叶片内的冷却管网，然后使叶片模具中的蜡熔化，就像古希腊时期的工匠一样，在熔化的合金被倒入陶瓷模具时，采用失蜡法，并凭借这种古老的方法，制成了有冷却管网的发动机叶片。

在漫长而烦琐的制造过程中，单晶结构叶片的生产是受到激励的，这项制造工艺也是该公司最高的商业机密。基本上，熔融金属[②]被倒入一个底部有 3 段扭曲的小型模具中，让人想起在 P. G. 沃德豪斯（P. G. Wodehouse）的小说《布兰丁斯城堡》（*Empress of Blandings*）中，主人公埃姆沃斯伯爵的获奖名猪——布兰丁斯皇后弯弯的猪尾巴。这根“猪尾巴”与一块水冷板相连，一旦模具充满液态金属，这根“猪尾巴”就会被慢慢地从熔炉中取出了，从而使金属缓慢凝固。

①也许第 1 章提到的安提基特拉装置的制造者是个例外，他可能的确在努力追求精确，可惜的是，虽然安提基特拉装置看起来像一个高度精确的仪器，但实际上却完全缺乏准确度。然而，安提基特拉装置毕竟是 2 000 多年前制造的，所以它的制造者没能实现真正的精确也是可以理解的。

②一种由镍、铝、铬、钽、钛和其他 5 种稀土元素构成的合金，对于构成叶片的具体成分，罗罗公司委婉地拒绝了讨论。

金属首先在“猪尾巴”低温的一端开始凝固，但因为这个模具非常扭曲，只有保障晶体尽快生长，并确保金属分子以所谓的“面心立方晶格”结构生长，才能使叶片凝固成单个晶体。具体的原因十分复杂，只有了解了冶金学奥秘的学生才能理解其中的道理。掌握了这种神奇的冶金学原理就能知道，整个叶片由 1 个晶体构成，并使其分子沿着“猪尾巴”的方向排列，最终使所有分子均匀排列。换言之，整个叶片已经变成了 1 个金属单晶，因此，它能有效应对所有通常困扰金属的物理问题。涡轮叶片在整个工作过程中都要承受巨大的离心力，这就不难理解为什么工程师会如此极致地追求坚固的叶片了。

当单晶叶片生长好之后，人们只需要溶解叶片内部的物质，疏通叶片里面的管网，并让叶片冷却下来，然后使用一种被称为电火花加工的技术，在叶片表面打数百个小孔，并将小孔与叶片内部细小的冷却管网相连。电火花加工这种技术只需使用一根导线和一个火花，两者都很小，整个加工过程由计算机控制，并由人使用高倍数的显微镜进行检测。这个加工过程几乎是无声的，而且这种方式比传统的钻孔工艺更容易促使叶片熔化。

然而，除了技术之外，在叶片制造的过程中，人的因素也值得一提。长期以来，**高压涡轮叶片的制造需要一批工匠以绝对集中的精神状态进行加工，这些工匠已经在实践中锻炼了数十年手眼协调能力，因此练就了极其熟练的手工技巧，这些“叶片工匠”在过去的几年中已经掌握了打孔设备复杂的冷却和偏心规律**。现在，喷气式发动机越复杂，需要在单个叶片上钻的孔就越多。罗罗公司的瑞达 XWB 发动机（见图 6-4）的高压涡轮叶片上就排布着大约 600 个孔，这些孔以令人眼花缭乱的几何形状排列，以维持气膜的稳定，并确保叶片保持坚固和相对低温的状态。

图 6-4　瑞达 XWB 发动机

注：尽管现代喷气式发动机复杂得惊人，以罗罗公司的瑞达发动机为例，它是巨大的空客A380双层喷气式客机所配备的发动机，飞机上一共挂了4台该型发动机，但实际上，整个发动机里只有1个工作零件——转子，从进气风扇到排气风扇，1个转子贯穿了整个发动机。

因此，如果机载的高压涡轮叶片在高空中焚毁，那么整架飞机的机组人员和乘客都将有生命危险。这类事故发生的次数极少，很大程度上是由于这些发动机叶片在绝大多数时候都能保持完好的状态。高压涡轮叶片的重要性毋庸置疑，但值得注意的是，当前的高压涡轮叶片之所以能保持完好，在很大程度上要归功于叶片表面的气膜孔的几何形状和排布方式。这些气膜孔由熟练的工作人员进行测量、计算和检验。任何制造过程中的潜在失误都是不可忽视的，因为一旦高压涡轮出现故障，就很可能会迅速演变成一场灾难。

“机组人员和乘客的性命取决于叶片的加工程度”这一残酷的认知，将精密制造的故事带到了一个关键时刻。这是一个关键的发展阶段。回顾本书的第一个故事，精密制造的初始阶段，无论是对于约翰·威尔金森、约瑟夫·布拉马、亨利·莫兹利或约瑟夫·惠特沃思等早期追求精确的工程师，还是罗罗公司的创始人亨利·罗伊斯本人来说，这种程度的精密制造都是难以想象的。从航空这一领域开始，精密制造工程现在似乎已经达到了成熟的程度，这种对于精密程度的严格要求第一次超过了人力所能达到的程度。

到目前为止，无论是制造气缸、门锁、步枪或汽车的工序，还是钻孔、铣削、研磨或锉削的作业，抑或是操作车床、拧紧螺丝，检测平整度、圆度或平滑度，都不可避免地会涉及某种人为因素。然而，**从航空领域开始，以及后来出现的更多领域中，随着公差进一步缩小，甚至达到最熟练的工匠也无法企及的程度，自动化必须接管工作**。现在，先进的自动化叶片铸造设施可以执行所有上述工序（从注蜡到培植单晶合金，再到钻气膜孔），需要雇用的熟练工人没有几个。整个设施一年可以生产 10 万个叶片，而且不会有任何失误。

代价高昂的教训

曾经，用精密机器替代人工造成的负面后果是非必要岗位的工人被解雇，这令下岗工人十分不满，这是可以理解的。而如今，正是在这种人命关天的工程领域，缺乏人的监督可能会慢慢变成一个新的棘手问题。“我们的员工技术高超，”新工厂主管制造的经理说，“但他们是人，没有人能在快下班的时候生产出与刚上班时质量相同的产品。”精密制造工程，尤其是在航空领域，似乎已经达到了人们能力的极限。对澳航 A380 客机发动机故障的调查充分说明，人参与发动机生产加工过程曾经是保障飞机部件精密，确保飞机正常飞行的必要条件，但到了今天，人的存在可能会弊大于利。

事故发生后，澳航立即停飞了其机队中的全部 6 架空客 A380，并愤怒地威胁要对罗罗公司发起诉讼，因为事故会对澳航带来极其负面的商业影响。然而，愤怒的情绪在飞机事故调查中是起不到任何作用的，澳大利亚交通安全局随后着手调查事故发生的原因，并寻找责任方。在事故发生了近 3 年后，即 2013 年 6 月，官方发布了一份报告，报告的结论揭示了大部分人对航空工业存在的错觉，这些人理所当然地认为，作为现代高精尖的飞机，飞机上的每一个部件都是在追求绝对精确度的情况下制造的。

正如报告所展示的那样，事实证明，一台发动机的命运、一架飞机的命运、所载乘客和机组人员的命运、一家航空公司和发动机制造商的声誉，都系于一根小小的金属管。这根金属管长度不超过 5 厘米、直径不到 0.75 厘米，由英国中部的一家工厂生产，生产这根管子的工人需要在金属坯中钻出一个小孔来，然而这次加工却钻偏了。

发动机里的这根管子被称为润滑油输送短管（见图 6-5），尽管有许多细小的钢管在发动机中蜿蜒盘绕，但这根稍微宽一点的特殊短管位于较长又较窄的蛇形管末端，被安装在高压和中压涡轮盘之间的高温气室之间。设计这根管子的目的是将润滑油输送到承载快速旋转叶盘的转子的轴承上。由于这根管子需要内置一个过滤器，所以管子的末端必须单独接出来，因为只有更粗的管子才能够容纳这个环状的过滤器。

这根管子及其周围的配件是在 2009 年春天被生产出来的，生产该配件的工厂是罗罗公司旗下的一家名为“哈克纳尔内外组件加工厂”的单位。正常情况下，这家工厂负责对管子和过滤器配件进行机械加工，并按照发动机设计时制定的严格标准进行生产，这并不是一件复杂的工作。但是，由于这根管子所安装的位置是发动机中一个特别复杂的地方，安装工需要确定与这根管子相关联的其他配件的位置。这根管子正好处于从发动机的中压区向高压区过渡的地方，因此只能在其他的管道安装到位后，才可以按照设计规范对管道的内径进行加工。这样的加工其实是异常困难的，原因在于其他零件安装完毕后，工程师无法直接看到管道的各个部分，因为组装及焊接其他部件时产生的蒸汽阻碍了工程师的视线。

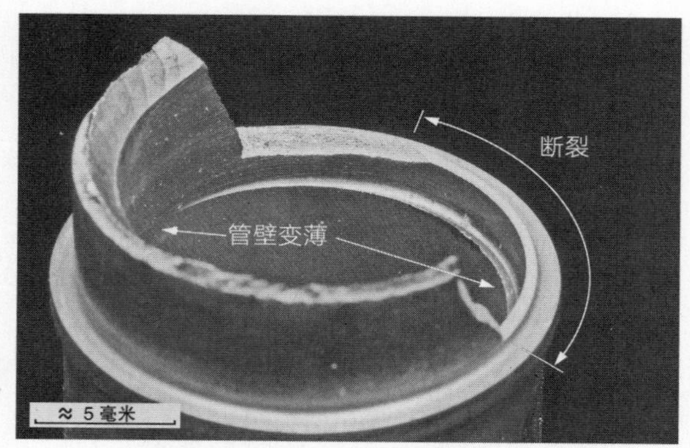

图 6-5　润滑油输送短管

注：供油短管由于金属疲劳发生断裂，而导致短管出现金属疲劳并断裂的原因是轻微的加工误差，这一误差使短管一侧的管壁变薄。变薄的管壁因金属疲劳而出现裂纹。实际上，裂纹可能从飞机在洛杉矶起飞时就出现了，从伦敦起飞后短管的状况继续恶化，而从新加坡起飞1分钟后，管道破裂，将高温的润滑油喷洒到飞速旋转的转子上。

这些工程师尽了最大的努力，但最终，还是有一个加工不当的润滑油管被装进了悬挂在澳航 A380 左舷机翼内侧的发动机里。这根油管在加工的过程中，由于镗削刀头切削的方位错了，导致其部分管壁太薄，只有大约 0.5 毫米那么厚。

真实发生的情况很有可能是这样的：在镗削加工润滑油管道时，已加工的零件以某种方式被轻微挪动了，进而导致镗刀对一侧管壁切削过多，从而使管壁被打薄到了脆弱的程度，继而引发了后续的风险。更可怕的是，哈克纳尔加工厂的质检部门以及由计算机驱动的检测系统在对该飞机发动机里的关键零件进行质量验收时，这些关键零件都通过了测试，而这根存在严重问题的输油管就这样被放行了。这件加工失误的零件在检测时本应该被亮起红灯，然后扔进垃圾堆！然而，现实的情况是，这一幕并没有发生，所以一个对发动机正常运转和对机组人员生命安全至关重要的零件，就以这种残次的状态被送进了发动机，在发动机中断裂并最终导致高压涡轮叶片被过速旋转的离心力撕扯开来，击穿了机翼，让飞机上的所有乘客经历了惊魂一刻。这一切都是因为那根不起眼的润滑油管道加工时发生的小小失误。

然而，出现这样的问题，委婉地说，与罗罗公司旗下的哈克纳尔加工厂的“企业文化”有很大关系，这根输送润滑油的短管通过了各种检查，在整个供应链中也没被拦截下来，直到它被放入发动机中，最后不可避免地破裂，进而损坏整个发动机。这根短管本应该在检查中就被拦截下来，但这一幕并没有出现。这样，悲剧必然会发生。

这根管子的破裂是由金属疲劳造成的。这架飞机出事前在高空飞行了 8 500 小时，执行了 1 800 次起飞和着陆的循环，而每次飞机的升降都会对飞机上的机械部件造成一定的损耗，这些部件包括：起落架、襟翼、刹车以及喷气式发动机的内部零件。因为每一次迅猛的起飞，或每一次沉重的着陆，这些部件都会在短时间内承受大量的应力，尤其是喷气式发动机内部的零件，它们在承受应力的同时，还要承受温度和气流带来的影响。

从后续的情况来看，我们能推测出管道壁的薄弱处逐渐在应力的作用下产生轻微的裂痕。调查人员认为，飞机在事发两天前，从洛杉矶的一条比较短的跑道上起飞时，裂痕就已经出现；当飞机在伦敦降落时，裂痕开始扩大，并产生真正的裂缝；当飞机从伦敦希思罗机场起飞，飞往新加坡并降落在樟宜机场时，裂痕变得更加严重了。

事发当天上午，当起飞 90 秒后，发动机以最大功率的 86% 运转，产生了 65 000 多磅的推力，在推力的作用下，飞机急速爬升，但推力也导致裂缝最终完全爆开，管道彻底破裂。一股润滑油喷入高压涡轮和中压涡轮之间的空隙中，这个位置的温度已经达到 400 摄氏度左右，而润滑油的自燃温度为 286 摄氏度，喷射出润滑油的短管瞬时变成了一个大功率火焰喷射器，向庞大、沉重却在飞速旋转的涡轮叶盘喷出熊熊烈火。

经过几秒钟如此猛烈的加热后，叶盘受热膨胀，发生形变，转动变得不再稳定，叶盘剧烈摇摆，最终被飞速旋转带来的离心力撕碎，被甩出来的叶盘碎片以每小时数百千米的速度飞出发动机，击穿了发动机外壳，然后贯穿飞机左翼，还击穿了机身的底部。左侧机翼被击穿时产生的火星导致机翼内的电路失火，但幸好没有蔓延开来。碎片还损坏了液压系统和电气系统，导致了飞机众多系统一起报警。正如澳大利亚政府的报告所指出的那样，最终结果有惊无险，在很大程度上要归功于机组人员的高水平发挥。

然而，报告也指出了罗罗公司内部存在的问题：该公司未能正确加工关键部件，未能合理保存产品报告，未能正确检测产品，以及未能有效剔除有问题的零件，上述问题均可能造成致命的后果。空客公司向澳航交付的问题发动机绝不是孤立事件。事故发生后不久的突击检查显示，哈克纳尔加工厂生产的几十个管壁厚度不足 0.5 毫米的输油管已经投入使用，新加坡航空公司和汉莎航空公司使用的该型发动机不少于 40 个，而澳航其余 5 架 A380 飞机都需要停飞并进行检修。

这次由管线断裂引发的风波，给了罗罗公司一个代价高昂的教训。罗罗公司不仅需要直面公司内部存在的问题、负担昂贵的维修成本、进行人事方面的变动、改革生产流程并艰难地挽回公司形象，还需要向澳航支付约 8 000 万美元的赔偿金。事件发生一年后，罗罗公司的资产负债表显示，该公司净亏损达 7 000 万美元。事后，罗罗公司坚称，此类错误不可能再次发生，并且也在哈克纳尔和其他加工厂部署了必要的预防措施。

精密制造的技术极限

在澳大利亚政府发布的关于澳航 32 号航班事故的报告中，有一段话似乎对越发精密的现代机械所带来的问题进行了专门阐述。与 284 页报告中的其他内容一样，这一段话也官腔十足，但它所要表达的含义却是十分明确的：

> 大型航空航天公司是由组织起来的人构成的，是复杂的社会性技术体系，为复杂系统（如现代飞机）生产应用高端技术的产品。基于这些复杂的社会性技术体系的固有特性，如果不经常进行监管，甚至有时加大监管力度，它们在执行标准方面，依旧会表现出逐步退化的趋势。这种趋势可能是由全球经济的压力、公司发展的需求、利润的驱动和抢占市场份额的需求导致的。

与其说大型航空航天公司是“为复杂系统生产应用高端技术的产品”，不如更确切地说，它们是在官僚体系的监管下生产超精密的机器，如瑞达 900 系列喷气式发动机。也许，这次澳航的事故一定程度上说明，**一些现代机器生产所需的精确度太高、工艺太复杂，这导致人类参与这些机器的制造是不明智的**。如果上述假设是正确的，那么这个假设便会合理引发下一个问题：我们是否可以把人类在航空领域的探索，视为人类开始逼近自己所能掌控的精确度的极限呢?

或者，精确度本身也达到了某种极限，达到了这种极限之后，尺寸既无法确定也无法测量，之所以会出现这种情况，与其说是人类的能力有限，不如说是随着精密制造不断向着更小的尺度推进，物质的固有属性开始变得不可思议地模糊起来。德国理论物理学家维尔纳·海森堡（Werner Heisenberg）在 20 世纪 20 年代创立了量子力学的概念，他的研究和计算首次印证了以下观点：在处理最微小的粒子、最微小的公差时，精密测量通常的规则已不再适用。在接近原子和亚原子水平上，精密测量化为泡影。物质被描绘成波或粒子，它们本身既无法区分也无法测量，即使是最优秀的人才也只能模糊地理解量子世界的奥秘[①]。

在为今天的大型喷气式发动机制造最小部件的过程中，我们还远远没有达到挑战量子力学专家思维极限的程度。然而，在故事中，我们已经到了一个临界点，我们开始注意到人类自身可能存在的局限。而通过延伸思考与逻辑推断，我们也注意到，我们所追求的完美可能也有其终点，可能真的存在一个精密制造的技术极限。如果真的是这样，那么世界各地的喷气式发动机制造商正在进行的研发和设计，都将在很大程度上依赖这个精确度水平，这个精确度水平将成为未来设计各种参数时的一个参照物，也是一个警告，即未来的工业产品可能真的会达到精密制造理论上的极限。

就制造直接适用于人类活动所需的机器和设备而言，对这种技术上的理论极限有所顾虑，或许是有道理的。然后，当人们尝试把视野投向天空之外，进入其他星球，观测宇宙中的其他角落时，或许挑战人类能力极限的机会还有很多，而且可能会把这个极限推得越来越高。也许，在这些其他的世界里，精确度可以无限追求下去，永无止境。

譬如，在太空中，一切便大不相同。

①这句话出自理查德·费曼（Richard Feynman）的一句名言："我想我可以很有把握地说，没有人懂量子力学。"费曼是 20 世纪广受欢迎的物理学家，曾于 1965 年获得诺贝尔物理学奖。

The Perfectionists

第 7 章

透过清晰的望远镜望向远方

公差 0.000 000 000 000 1 (10^{-13})

人类文明的命运将取决于明日腾空而起的火箭上，搭载的是天文学家的望远镜，还是灭世的氢弹。

——天文学家洛维尔（Bernard Lovell）

《个人与宇宙》（*The Individual and the Universe*）

那是一个安静的夏日傍晚，在伦敦南部一个绿树成荫的公园里，发生了一场谋杀案，但是在案发时没有人察觉。在这之后不久，一位时尚摄影师在暗室里安静地工作，当他把不久前在公园里拍摄的一幅平淡无奇的黑白照片不断放大时，他发现了，或者说至少他认为自己模糊地看到了，这张照片中的树林里有一只握着手枪的手，而在旁边的草地上有一具尸体。

摄影师拍摄的底片很粗糙，而且在那个时代，放大了的照片都是模糊的，然而这些被记录下的瞬间却推进了案件的侦破。上文描述的情景取材于米凯兰杰洛·安东尼奥尼（Michelangelo Antonioni）的奥斯卡提名电影《放大》（*Blow-Up*），这个电影反映的社会现象，时至今日仍在影响着我们的生活。虽然这部电影讲述的远不止是一场谋杀案，但它提醒了我们相机所蕴含的那种不可撼动的力量。相机可以将随机的瞬间，哪怕只是不经意的时刻，凝固成为永久的历史事实，而这种力量，在我接触到相机很久之后才察觉到。

我平时在一个旧式的木结构简易房中工作，这个简易房的前身是一个建于 19 世纪 20 年代的谷仓，地处纽约州的北部。当我买下这座建筑的时候，它已经是一个倾颓的废墟了，所以我只好用卡车把这座建筑的柱子和横梁运到我日常生活的地方，那是在马萨诸塞州西部山区的一个偏僻的小村庄，并于 2002 年的夏天在这里重建了这座简陋的木房。它谷仓式的内部布局，使人们可以从 4.5 米高的走廊上，向下俯瞰我那张堆满各种杂乱稿件的办公桌。

虽然谷仓相当老旧，但是人们认为，翻新的过程不但可以给老旧腐朽的农场建筑注入新的生命，还可以将这样的老式建筑转化为当下新英格兰地区风景的一部分，这样做不但令人享受翻新旧物的乐趣，而且也很有意义。一天下午，有一位摄影师找上门来，说他正在写一本关于修复旧谷仓的书，想在我这里拍摄一些图片。得知了他的想法后，我开心地配合了他的工作。我允许他在我的房子里随意参观取景，随后他花了几个小时的时间在建筑物上层的走廊里俯拍我那张堆满纸稿的桌子。

不久以后，这本插入了许多修建谷仓的图片的书出现在了一些咖啡馆精致的桌面上。摄影师出于礼貌和感谢，给我寄了一本样书。我花了一晚上的时间来欣赏这本样书的内容（事实上，在阅读这本书的大部分时间里，我都在歆羡那些别人所拥有的、比我自己那个简陋的谷仓更宏伟的翻修作品），随后我把这本书放到了书架上，就把它遗忘了。

不过，神奇的事情发生了，一个远方的陌生人也买了这本书，而且他声称，他喜欢这本书第 61 页刊载的那个由谷仓改建而成的小小书房。我不知道他是不是《放大》这部电影的影迷，但他做了一件跟《放大》剧情类似的事情，他认为也许通过“放大”图片，他就能找到在书中刊载的那个谷仓里工作和生活的那个人。

线索源自图片中呈现的书桌，在那张书桌上放着一本《纽约书评》。虽然这本杂志几乎被各种废纸和其他书籍报刊给盖住了一半，但是这位好奇的读者还是发现《纽约书评》的右下角有一个地址标签，虽然很小，小到大多数人几乎看不见，但对这个决定刨根问底的家伙来说，只要拍摄图片的镜头足够好，当图片放大到足够大时，标签上的文字就可以被识别出来，那么这些文字就成为一个潜在的信息来源。

于是他把《纽约书评》封面中带有地址的部分从书上剪下来，把图片中的这一部分和桌上其他乱七八糟的东西分隔开，并把地址部分不断地放大。这样一来，又小又模糊的字母也一同被放大，直到放大的印刷图像变成了一堆混乱的马赛克。最终，经过四五次的反复扩展，我的姓名和地址逐渐变得可以被识别。就这样，这个神秘人成功调查出了这张图片上谷仓的主人，获知了我的个人信息并与我取得了联系。

尽管这个过程听起来有点儿像偷窥，甚至有点儿邪恶，但实际上并没有这么糟糕。与这个神秘人的会面和沟通是非常轻松和愉快的，他对于他的追求十分坚决，甚至在一定程度上有些强迫症。这个神秘人是一位已经退休、专注于血管方面的神经外科医生。他也是个热心的摄影师，有人可能会说，他是一个永远充满好奇心的人，一个生活上的多面手。他感兴趣的是借助精密光学仪器进行法医检测，这方面的知识满足了他的求知欲。

对于无论是在英国还是在世界各地的小学生来说，我敢说镜片在他们的生活中起到了不可忽视的作用。我人生中的第一个放大镜是双凸面放大镜[①]，我最开始使用它是为了学习和恶作剧，比如说用来在自然科学课上

① 20 世纪 40 年代，放大镜是由传统的玻璃制成的，当时塑料的透光性还不够好，而聚碳酸酯玻璃还几乎不为人所知。

观察蝌蚪，放大杂志上不够清晰的图片细节，点燃篝火，或是弄醒一个在阳光下打瞌睡的同学，即使他睡得再熟，只要把放大镜的聚焦光斑放在他外露的胳膊上，不一会儿，他就会被烫醒。

在我十几岁的时候，我迷上了竹节虫。从此，我就更加需要质量好的放大镜了。我在母亲的旧瓦罐里饲养竹节虫，并把它们养大。我把家里花园篱笆上生长的女贞叶摘下来喂给竹节虫吃，然后把长大了的竹节虫卖给我的同学，每只三便士。但是这些竹节虫经常会在各个生长阶段出现奇怪的小问题，比如它们有时没法把腿从卵壳中抽出来（它们有 6 条腿）。这个时候我就会亲自操刀，进行一场显微外科手术，用上一根针、一把细镊子，还有我可靠的 10 倍放大镜，来帮助我饲养的竹节虫摆脱困境。我的尝试通常都能成功。

随着年龄的增长，我开始收集邮票，同时我也准备了几个专业的放大镜：一个是正方形放大镜，专门用来放大小型邮票；一个是珠宝放大镜，我把它挂在眼前，用来观察邮票齿孔以及邮戳上的问题；还有一个是很厚重的玻璃放大镜，就像一个玻璃镇纸一样，非常适合贴在集邮册上，然后在集邮册上扫过，把邮票适当放大，这样就可以跟别人展示和分享集邮册里的藏品。

我在大约 14 岁的时候，迷上了精密光学设备（精密光学设备通常意味着价格很高，因此我免不了向父母要钱），比如显微镜。买不起是常态，但通过经常光顾二手商店，向街上推着手推车的小贩打听情况，我最终也买到了一系列物美价廉的品牌货，包括内格雷蒂和赞布拉公司（Negretti and Zambra）、博士伦公司、卡尔蔡司公司等厂家生产的光学仪器，我将这些设备装在漂亮的木箱里，设备上还有可更换的目镜插槽和用来放置放大镜的插孔。

记得小时候，我们也经历过 20 世纪 50 年代版本的“像素攀比”，那时候我们这些年轻人都在攀比谁的光学镜片可以放大更多的倍数。不过，我们当年只是用放大镜观察池塘水样中的水蚤，或者在海水中寻找文昌鱼露出的银色尾巴。那时的我们既没有知识也没有设备去涉猎伽利略带给我们的天文世界，也没有涉猎列文虎克留给我们的细胞生物世界，因此对当时的我们而言，放大到 300 倍以上的镜片并没有什么更多的价值。在大家攀比显微镜放大倍数的时候，我宁愿吹嘘我的一些镜头可以放大 1 000 倍，但实际上，这对我这个笨手笨脚的门外汉而言是没有用的。因为在这样的放大倍数下，无论我怎么调试，我尝试观察的物体都会瞬间晃过我的视野，就像火箭一般在我的眼前划过。学校显微镜俱乐部的一些青年成员声称在显微镜下看到了自己的精子，这在当时让我觉得既可疑又有点恶心，毕竟要看到精子这么小的东西，需要的是一个放大倍数大到难以置信的镜片。

然后我买了一台相机——布朗尼 127，这台相机配备了塑料外壳的 Dakon 镜头，固定光圈 f/14，焦距 65 毫米，固定快门速度 1/50 秒。[①] 我会把拍好的胶卷带到寄宿学校所在的多塞特集镇上的一家小药店里，药剂师

①我已故的父亲完全支持我购买这台相机，因为约翰・福伦达（Johann Voigtländer）的公司虽然最初在维也纳创立，但在 1848 年的政治动荡期间搬到了德国下萨克森州的不伦瑞克（Braunschweig）。我父亲对这座城市有着很深的感情，尽管（也许是因为）他与那里的缘分是始于战俘的身份——他在第二次世界大战的最后几个月被关在了这座城市的战俘营里。“那些该死的撒克逊人，倒是一群做工程师的料。”他恼火地嘟囔了一顿，随后递给我 10 英镑，我记得就是去买这台让我后来一直忠于 35 毫米制式胶片的相机。在 19 世纪后期生产的福伦达相机的镜头，都达到了那个时代的工业制造所能实现的最高精确度，并且由当时最新的数学算法作为理论支持。虽然福伦达的相机响应迅速且高度精确，但依然没能改变这个德国相机公司的悲剧命运，这家开创性的公司在 1972 年宣告停产。后来福伦达的相机和镜头仍然以福伦达自身的名义生产和销售，但很多产品来源于一家日本公司的授权。

用化学试剂冲印并放大这些黑白照片。每当我去洗照片的时候，药剂师都会鼓励我坚持自己的爱好，他认为我的作品还是有些亮点的，更有可能是想借此向我推销他店里新进的其他款式的小相机。我最终被他的奉承给成功说动了，从他那里买了一台适配 35 毫米胶卷的福伦达相机，这一决定让我多年来一直使用适配 35 毫米胶卷的相机，其中大多数都是由宾得、美能达、雅西卡、奥林巴斯、索尼、尼康和佳能这几家日本公司生产的。

后来，当我 1989 年在香港出差时，有一天，一位操着广东话的年轻推销员说服了我，他让我意识到，我真正需要的是一台低噪声、结构紧凑、坚固耐用、使用 35 毫米胶片的相机。这样的相机才适合我，因为它能适应我这种在异国他乡流浪的记者生活，并能应对难以预测的风险和挑战。这款产品就是徕卡 M6。那个推销员说，这台相机配备了一款了不起的镜头（虽然当时我在这一领域孤陋寡闻，但是这款产品作为业界传奇，已经广为人知）。徕卡 M6 小黑匣功能强大，做工精致，机体非常轻盈，而且机芯响应迅速，这台相机的镜头更是一款由玻璃和铝合金结合而成的精致之作，它有个属于自己的名字，35 毫米 f/1.4 Summilux 镜头。

那个小镜头陪伴了我 20 多年，与我一起从事报刊的撰稿工作。后来，我将这个镜头装在一个新的徕卡相机上，继续使用了一段时间。最后，我按照上司的建议，购买了那款镜头产品同系列的后继者——35 毫米 f/1.4 Summilux 非球面镜头。这款新镜头采用了新的非球面镜头工艺，直到我撰写本书时，采用这项工艺的徕卡镜头依旧被认为是世界上最好的通用广角相机镜头，可以说是精密光学器材的典范。

徕卡，精密光学器材的典范

在光学超精密的世界里，有一些受到广泛认同的共识，其中一条就是，徕卡相机是当之无愧的摄影器材发展的里程碑。它长达一个世纪的发展始于 1913 年的那一刻。据说当时德国照相机设计家奥斯卡·巴纳克（Oskar Barnack）身患哮喘，为了适应自己的身体状况，他必须使用一台更轻便的相机，因此史上第一卷 35 毫米胶片横空出世，与之相伴而生的是有史以来第一部徕卡相机。这款最早的产品被称为乌尔徕卡（Ur-Leica）（见图 7-1 和图 7-2），它创造性地配备了当时最优秀的透镜。这里不禁要说，光学技术发展的轨迹，在很大程度上与精密制造的进步之路相互重合，不过光学领域所研究的材料与大部分其他领域的精密制造不同，毕竟光学研究的材料大多数是透明的。

图 7-1　徕卡系列的原型机——乌尔徕卡

注：这台原型机于1913年由恩斯特·莱茨（Ernst Leitz）公司的雇员奥斯卡·巴纳克打造。这台相机很轻便，视窗离快门很近，使用24×36毫米的胶片。

光学技术的突破早在一个世纪以前就开始了，而人类对光学的探索更可以回溯到上古时代。如果说人类对光明和黑暗的感知始于有意识地睁眼、眨眼或者闭眼，那么人类对光学现象的第一次探究可能就在人类文明诞生之后不久。人类对光学的探索始于研究阴影的性质、倒影的特性、彩虹的色彩、棍子在水潭中弯曲的异象，以及颜色的深浅和色调的性质；后来人类开始研究镜子的光学特性；再后来，人类开始烧制玻璃，观察闪烁的系外恒星和太阳系内行星反射出来的更稳定的星光；在此之后又有了对于肉眼的解剖学研究……这些对光学的探究早在 3 000 年前的古文著作[①]中就有了记载。公元前 300 年，欧几里得在其著作《光学》(*Optics*)一书中记载了很多相关内容。虽然在今天看来，《光学》这本书主要是一篇关于几何透视数学的论文，但是在书中，欧几里得提出了眼睛之所以能看见周遭的事物，是因为光在进入眼睛后会产生一种类似于以太的物质，这种物质被叫作“视觉火”。虽然欧几里得对于眼睛成像的理论有些荒谬，但是他的研究的确为 5 个世纪后托勒密的光学探索奠定了基础。这些都给天文学研究带来了一些客观且深刻的洞见，而当时通过观察折射和反射得出的先进理论，时至今日依然没有太大的变化。

图 7-2　士兵脖子上挂了两台徕卡 III 型相机

注：恩斯特·莱茨在纳粹统治时期曾想方设法地帮助他的大批犹太裔雇员离开德国。希特勒的军队曾大量使用他的公司生产的相机，照片里的士兵是第二次世界大战时期的德意志第三帝国海军士兵。

①它们由希腊语、苏美尔语、古埃及语和中文写成。

当时医生在对眼球实施手术的过程中，已经发现眼球中有一种类似透镜的结构，这是一种透光镜（perspicillum），它就固定在虹膜的旁边，可以放大眼前成的像。一位瑞士医生首先分离出了人眼中的晶状体，并用罗马人几个世纪以来常用的一个词 perspicillum 来命名它。perspicillum 通常指的是罗马人给视力不佳的人使用的小玻璃片，用于改善视力。在后来的岁月里，perspicillum 通常指的是用来近距离观察远处事物的望远镜，或者那种粗糙的特制小型玻璃片，主要用来调整肉眼观察近距离物体的焦距，以帮助人看清细小的文字，起到放大镜的作用。

据多个来源的记载，罗马皇帝尼禄是一个近视眼。据说尼禄在观看角斗比赛时，会通过一个弯曲到合适角度的翡翠来提升自己的观赛体验。而第一副真正的眼镜大约出现在 13 世纪的意大利，那一时期的绘画记载了这个形象。虽然当时的人们可能只是掌握了简单的镜片制造技术，但是对于那些需要镜片的人，以及对于希望观察遥远的未知世界的人来说，制造镜片的技术的确改变了他们的生活。

接着伽利略、开普勒和牛顿走上了历史的舞台，在能工巧匠的帮助下，光学理论变得越来越复杂，几何光学的精密计算取代了“视觉火”这一模糊的概念。随后在实践中，人们制造了单筒望远镜、双筒望远镜和显微镜。据说，本杰明·富兰克林在 18 世纪 80 年代早期发明了双焦镜片，这种镜片在眼镜的下半部更加凸出，便于看清近距离的物体，从而帮助阅读，而在金属隔片的上方则曲度相对较低，因此可以观察远距离的物体。当然，根据最新研究，人类可能在那半个世纪之前，就已经发明了双焦镜片。最后，随着人类逐步掌握了各种化学物质的知识，人们逐渐认识到部分化学物质的光敏特性，随后科学家、发明家尼塞福尔·涅普斯（Nicéphore Niépce）拍下了人类历史上的第一张照片，并为后世保留了一张适度曝光的照片。尽管在今天看来，这张照片跟它的名字一样平庸，照片名为《从勒格拉斯的窗户看到的风景》(*A View from the Window at Le Gras*)。

当年，拍照这件事可不是“咔嚓”一声这么简单。涅普斯使用了一个暗箱，在暗箱的背面安装了一块涂有薄薄沥青的白蜡板，他发现这种沥青在光照下会变硬，在镜头指向光线较少的地方时会变硬得比较慢，而在光线强烈的地方会变硬得比较快。另外，这种沥青还具有选择性可溶的特质，用薰衣草油和白汽油的混合物可以将其中较软的部分冲走。涅普斯意识到，坚硬的部分可能更耐洗涤，而较软的部分则很容易被冲走。所以，利用沥青这种对光和暗的化学反应，涅普斯拍摄了人类历史上第一张照片。

这是一张简陋的照片，上面是一片由石头砌成的屋顶露台，照片中央是一片树林，稍微向右一点，远处的地平线上有尖塔和模糊的山峦轮廓。这些远处的景物几乎无法辨认，但不可否认的是，这张简陋的照片呈现了一个模糊的图像，这也是由他那台原始的小相机真实呈现的影像。

这张照片拍摄于 1826 年的夏天，在法国中东部的一个名叫圣卢普·德·瓦雷讷(Saint-Loup-de-Varennes)的村庄(现在是全世界摄影师朝圣的地方)，拍摄这张照片所需的曝光时间长达数小时，甚至数天。尽管这张照片有着一种奇异的虚幻美感，但它没有什么精确或准确可言。现在这张照片的原件存放在得克萨斯大学奥斯汀分校的一个保护严密的金库里，被供奉在一个巨大的玻璃容器中。

我们已经难以猜测在 1826 年那个闷热的夏日里，涅普斯在拍摄的时候到底使用了哪种镜头，这个镜头是由粗糙或精致的玻璃构成，还是由磨砂水晶加工而成，或者是由河床上偶然发现的一块抛光的琥珀加工而成的？所用镜头的具体材质我们只能假设，无法确定。但这个镜头肯定是牢牢固定在相机盒子里的，肯定是由一个单一结构构成的，而且肯定是一个完整而独立的透明实体，这块透镜很有可能是柠檬形的一块凸透镜。通过仔细检查这张照片我们就能发现，这张照片在拍摄过程中遭遇了早期摄影中所有的典型问题：难以聚焦，无法获得足够的曝光，而在边缘处以及其他光线更加充足的位置又出现了扭曲。这样的摄影技术当然谈不上精确，然而这件摄影作品确实是一件精心创作的作品，而摄影这种与现实带有鬼魅般相似的表现手法的诞生，预示着一种全新艺术形式的到来。

自从涅普斯的开创性工作以来，透镜设计师已经发现了一系列可能损坏摄影图像质量的技术问题，这些问题大部分时候都会叠加在一起，包括：色差、球差、渐晕、彗差、像散、场曲、焦外成像（bokeh）[①]以及模糊圈这一最为人所知的问题。因此，专注于改进摄影技术的专家们前赴后继地进行试验和改良，生产出非常复杂的复合镜头，这些镜头逐步克服了上述所有的问题，同时又具有响应快速、手感轻盈、画面纯净、图像保真等优点，后世的相机镜头在制造的过程中力求让拍摄者尽可能拍摄出接近完美的图像。从 1826 年涅普斯拍摄出最早的摄影作品，到 1960 年徕卡第一个 35 毫米 Summilux 镜头的横空出世，摄影技术的先驱和工匠们经历了长达 134 年的历程，为光学技术的发展画下了一条光辉的轨迹：从简单记录影像到高精确度画面的雕琢；从历史上所有的照片都不可避免地有些模糊，到最近的一段时间，只要拍摄技术得当，拍摄设备正常，拍摄出来的

①焦外成像这个词的英文源自日语中的“模糊”一词 boke，或“模糊的质量”一词 boke aji，现在成为一个备受追捧的评价镜头品质的参考因素。它指的是镜头处理聚焦之外的虚化部分的质量，至于虚化是为了营造一种引人入胜的质感，还是由于拍摄时手法不佳导致的失误，并不重要。现代摄影师对焦外成像的质量如此上心，说明镜头清晰度未必是一个镜头最有价值的品质。如今，在追求摄影艺术当中衍生出来的需求如镜头透光度、多功能性、曝光速度和焦外成像等，比制作一张充满细节的照片的基本功能更重要。模糊圈是一个与艺术及摄影相关的术语，涉及在摄影当中精确把握景深的一些技术。

照片都能详尽地记录当时的影像，即使这样的照片不一定有美感，但它们至少在法庭鉴定上是有用的。由于现在拍摄的照片的准确度，只要照片上体现了对应内容，那它们就能成为呈堂的图片证据，虽然其中关于案件的细节可能需要放大很多倍才能看清，但在优秀的像素保证下，这些照片仍然可成为法庭上有效力的呈堂证据。

这些影响摄影的因素的提升有赖于数学和材料科学的进步，并且这些因素有着同等重要性。例如，角度等数学概念就是影响摄影质量的重要因素，如折射角或色散角等，两者在很大程度上由镜头所使用的玻璃种类决定。镜头折射角反映了镜头折射光线的程度，而色散角则反映了镜头散射不同波长（即不同颜色）光线的角度和变化的程度。19 世纪 30 年代末，早期的透镜设计师通过将两个不同材质的透镜打磨至完全吻合的方式，尽最大努力减少球差和色差（折射过多和色散过大，导致了很多常见的摄影问题），从而在改良的过程中创造了第一种多元件镜头。①

在多元件镜头试制成功之后，其制作技术一直是制造精密镜头的主流工艺，这种工艺一开始非常原始，只是将两个镜头压在一起而已。在这些早期实例中，一个镜头由具有特定折射特性的玻璃制成，例如具有非常低折射率的“冕牌玻璃”；另一个镜头则由“火石玻璃”制成，火石玻璃的化学性质与冕牌玻璃不同，它的折射率很高，色散很低。把这两个镜头磨

①涅普斯和他的团队坚持只使用一种材料来制作镜头，这种材料在今天看来很可能就是玻璃，最初涅普斯使用的玻璃就是简单的双面凸透镜。然而，在他第一次用沥青和薰衣草油进行摄影实验的两年后，他对弯月形透镜的使用也充满了热情，弯月形镜片的凹面朝外，凸面更靠近胶片。涅普斯还努力使他的暗箱相机的开孔尽量小，并且确保开孔的圆心与镜头的圆心重合，这样一来，图像便能够沿着镜头轴线中心的沿线顺利投射到光敏材料上，从而形成照片。

成相互嵌合的互补形状，然后把它们压住并固定在一起，你就得到了这种双合透镜。

漫反射的光线穿过双合透镜，此时更加明亮和清晰的像将会聚到相机后面的胶卷上，在这种聚焦方式下所成的像比以往单透镜镜头提供的那种整体模糊、边缘暗淡且画面上充满随机畸变的图像更清晰、更聚焦也更逼真。冕牌玻璃透镜滤掉了一部分成像问题，火石玻璃又滤掉了另一部分成像问题，只要两个透镜嵌合地非常完美，那么在光学意义上，这两个透镜就像一个整体一样，对光有一个统一的物理效应，并且两个部分会各自发挥作用，修补成像的质量。

从那以后，对各式各样的相机镜头进行改进便一直是高品质相机镜头设计和制造的努力方向。如今，光学工程的设计师们就像管弦乐队的指挥，将几小片形状精巧、具有不同化学成分和光学特性的玻璃拼接成各种组合，按照镜头预设的功能，来配置最和谐、最适宜的光学成像效果。镜头中透镜的几何结构有无数种排列组合，而在透镜的材料中添加稀土元素，更能提升透明材料的色散、吸收和折射能力。同时某些非玻璃材料（如锗、硒化锌、熔融石英等）针对某些特定种类、特定波长和特定强度的光，会展现出特别优异的性能。

镜头的作用是捕捉光线，并将其呈现给相机、摄影胶卷或它所携带的其他传感器。随着相机、胶卷和传感器的性能越来越高（能够支持更高的快门速度和更高的颗粒度，或者用数码相机的说法，相机能支持更高的像素），为了匹配更高性能的设备，相机对镜头的要求变得越来越苛刻，镜头内部的排列也变得越来越复杂。例如，用于拍摄人像的镜头采取一种特殊的镜头配置：早期的人像镜头采用的是一种由 4 个透镜元件组成的镜头，4 个透镜原件两两组合在一起，而 2 个透镜元件的组合体之间依然夹着一些空气。对于拍摄风景的镜头来说，镜头当中透镜元件的组合就更加丰富了，镜头的种类更是多种多样、各显神通，例如广角镜头、特写镜头、远摄镜头、微距镜头、鱼眼镜头和变焦镜头等。事实上，在一些变焦镜头中，内置了多达 16 个透镜元件，其中一些透镜元件之间的距离是可调整的，另一些透镜元件的间距则是固定的，也有一些透镜元件是牢固地粘在一起的，甚至还有一些透镜原件之间的距离非常大。这些距离是经过精密测算的，配备了这样的透镜元件的镜头长度惊人，装上这种镜头的相机，操作起来困难重重，通常连镜头本体都需要额外的三脚架来支撑，而相机机身在庞大的镜头面前，宛如在镜头一端装的一个小挂件。

“徕卡”这个名字源于公司创始人恩斯特·莱茨的姓氏，1924 年，该公司出产的相机打入了精密光学器材市场。1913 年，第一台 35 毫米胶片相机的发明者奥斯卡·巴纳克打造了乌尔徕卡相机，其 0 系列相机于 1925 年公开上市销售（之所以中间会间隔 12 年，是因为第一次世界大战），但是巴纳克对早期镜头的质量并没有什么信心。0 系列相机配备了一个镜头，这个镜头是由一位早已被当代人遗忘的光学天才麦克斯·别雷克（Max Berek）设计的。0 系列相机的镜头由 5 个透镜元件组成（3 个胶合在一起的元件和 2 个相对独立的元件），当有人把一堆 8 × 10 英寸的照片邮寄给巴纳克时，他吃惊地把这些照片扔在了地上，因为他不相信这些高质量的照片像别雷克对外宣传的那样，是从 35 毫米的底片当中扩出来的。

然而，这些照片确实是从底片中扩出来的，并在放大 10 倍后没有变得模糊。拍下这些照片的镜头就是 50 毫米的 Elmar Anastigmat 镜头，这款镜头至今依然在收藏品市场上流通。历经几代，这款镜头一直被视为经典，而在今天，它更是藏家手中的无价之宝。

经过多年的加工和改进，众多广受欢迎的镜头产品系列都与徕卡品牌联系在了一起：Elmax 系列、Angulon 系列、Noctilux 系列、Summarex 系列，以及数不清的 Summicron 和 bijoux 系列，还有 3 种镜头聚焦极快的（35 毫米、50 毫米和 75 毫米）Summilux 系列。所有这些镜头，即使把光圈开到最大的 f/1.4，依然可以保持清晰的成像。

对于徕卡公司生产的所有系列产品，即使是普通的徕卡相机及镜头，其品质标准都是无与伦比的。如今大多数相机制造商加工时的公差标准是 1/1 000 英寸，佳能和尼康加工时的公差标准能达到 1/1 500 英寸。徕卡的机身公差标准则可以控制在 1/100 毫米，即 1/2 500 英寸，而对于镜头的公差管理则更为严格。经过计算，徕卡光学镜片的折射率公差为 ±0.0 002%；分散系数（通常称为阿贝数[①]）的测量值的公差为 ±0.2%，而行业公认的国际标准公差高达 ±0.8%。

通过对透镜进行机械抛光和研磨，使其加工公差控制在 1/4 λ 点，即约控制到可见光波长的 1/4，也就是说，透镜表面的加工公差要达到 500 纳米，即 0.000 5 毫米。由于非球面透镜可以显著降低宽孔径出现球面像差的可能性，因此对玻璃表面的加工只需要达到 0.03 微米，即 0.000 03 毫米即可。

我现在恰好又拥有了徕卡镜头的后续产品——经典的 35 毫米 f/1.4 Summilux。这款体积并不算大的镜头功能强大，具备了上述所有优点，而且我最新的镜头现在配备了一个非球面镜头组件。要知道在最近的一次非

①阿贝数就是用以表示透明介质色散能力的指数。一般来说，介质的折射率越大，色散越严重，阿贝数越小，反之，阿贝数越大。——译者注

球面 FLE 的产品迭代中，新版本镜头中的 9 个透镜元件里，有 4 个固定元件是可以一起进行微调的，它们是最接近相机本体的元件。通过在镜头中调节这 4 个透镜元件，这个镜头为我拍摄出了令人难忘的佳作。它可能是有史以来最好的广角光学玻璃仪器，使用它的人都交口称赞。

一个这样的镜头（它只有 10 盎司重，因为构成镜头的成分不过是铝、玻璃和空气），基本就是现代最精密的耐用型消费品了，但还有一个比它更精密的产品，那就是智能手机。智能手机这个特殊的手持设备（我将在后面的章节中讲述）是一个依靠精密机械加工把各个组件拼合在一起的坚实组合体，组成智能手机的部分元件在生产过程中遵循最严格的公差标准。然而从本质上讲，智能手机也是由大量的精密电子元件组成的，而且智能手机中并没有任何干扰手机运行的活动元件存在。使智能手机飞速运转的集成电路，以及使其他大大小小的电子设备运转起来的电路的加工和生产，深刻地影响着当下人们的生活。这些加工和生产技术将精密加工和精密制造的概念带入了一个全新的领域，相关内容将在后续章节进行详述。

哈勃望远镜的噩梦

当机械加工所需的精确度达到如此高的水平后，有时就会出现一些小纰漏，但即使是很小的纰漏也可能会导致严重的后果。这些小的纰漏会累积、叠加并结合在一起，成为重大的隐患，最终可能演变成设计师从未设想过的问题。

例如在 2009 年，诺丁汉郡哈克纳尔的工人们在加工用于润滑喷气式发动机涡轮部分的微小金属管时，出现了严重的失误。他们从未想到，一年后，他们的一次失误会引发高空客机上的火灾，发动机在火灾中自燃，而这台发动机所在的客机，那时正飞行在印度尼西亚上空 1.6 千米的高空中，这让大约 470 名乘客的生命危在旦夕。

现代精密设备在制造中基本上不允许有任何误差，但只要人类仍然在参与精密设备的制造，人类的失误就免不了会蔓延到这个过程中去。最近一个典型的例子就是，由于人类活动导致了不精确的问题，这个问题进而导致了整个组件出现偏差，而悲剧的是，这个组件恰好又是一个为精确而生，且部署在无人之境的复杂系统的一部分。这个例子就是哈勃望远镜（见图 7-3），虽然一开始的确出现了很多问题，但是哈勃望远镜最后依旧取得了巨大的成果。

图 7-3　哈勃望远镜

注：哈勃望远镜于1990年4月24日发射升空，并被送入距地球表面约611千米高的轨道。在发现其反射镜有缺陷后，宇航员于1993年12月在太空中对其进行了维修。此后，哈勃望远镜的表现几近完美，发回了无数张迷人的星际空间图像。

NASA 天体物理学家、望远镜项目资深科学家马里奥·利维奥（Mario Livio）这样说道：“如果你让任何人说出一个剧作家的名字，那么大多数人都会说莎士比亚；如果让这个人说出一个科学家的名字，那么他大概率

会说爱因斯坦；如果你让他说出一台望远镜的名字，那么他一定会说哈勃望远镜。”

不可否认，如果让欧洲的一些人说出一台望远镜的名字，那么他们可能说出的名字是赫歇尔天文望远镜。今天几乎没有人能否认赫歇尔家族对天文学所做出的贡献，尤其是这个家族对天文望远镜的发展与使用做出的突出贡献。这个家族往上三代是军乐团的双簧管演奏家，祖上是来自德国的园丁，而在天文学领域取得重大成就的那一代人，他们因为政治变故从德国来到英国定居，而赫歇尔大部分的成就是在抵达英国之后取得的。

赫歇尔家族中，威廉·赫歇尔（William Herschel）和卡罗琳·赫歇尔（Caroline Herschel）这对兄妹在家族中最先取得成就。威廉于 1781 年发现了天王星；卡罗琳是西方近代史上第一位女性天文学家，而直到取得成就的时候，她都是一个没受过太多系统教育的家政工作者。然而，她帮助哥哥发现了 20 多颗彗星和大约 2 500 个星云。这对兄妹曾经通宵达旦地打磨、抛光透镜和反光镜，并努力使这些光学观测仪器达到 18 世纪中期天文望远镜可以达到的最高精确度。这个故事至今仍在天文学的编年史中占据了令人印象深刻的一页。威廉的儿子约翰·赫歇尔（John Herschel）也是一位备受尊崇的科学家，他不仅精通数学，而且在天文探索方面更是独占鳌头。他去世时被安葬在威斯敏斯特大教堂，与牛顿爵士享受一样的礼遇（普通人至今可能依然会得益于当年约翰·赫歇尔对照相机产生的兴趣，因为正是约翰创造了“正片”“底片”“快照”“摄影师”等术语）。约翰的第五个孩子（一共 12 个），也是他的第二个儿子，名叫亚历山大，也是一名出众的天文学家，后来成为一名教授，同时也是英国皇家学会的成员，是陨石研究方面的权威人物。

哈勃望远镜之所以在公众之中具有很大的影响力，部分原因是近年来哈勃望远镜将众多宏伟壮丽的宇宙图景传回了地球。不过，对于我们这些参与其中的人来说，是因为哈勃望远镜时常出现各种故障，但恰巧是这个原因形成了“**哈勃望远镜虽然有个糟糕的开端，但最终成就了诸多辉煌**”的故事，而正是这样的故事，带给世人一种类似于凤凰于灰烬中浴火重生的印象，哈勃望远镜的故事也因此越发脍炙人口了。

1990 年 4 月 24 日，哈勃望远镜被轻轻地送入了距地球表面约 611 千米的轨道。哈勃望远镜得名于美国伟大的天文学家埃德温·哈勃（Edwin Hubble），他是第一个提出宇宙可能正在膨胀的天文学家，他的研究对象是银河系之外的宇宙，因此世人以他的名字命名了这台望远镜。当哈勃望远镜入轨时，哈勃已经逝世了近 40 年。从开始计划和筹备建设这台太空望远镜，再到发射，期间经历了 20 多年的时间。哈勃望远镜本质上是为了进一步研究遥远的恒星、星系、星云和黑洞。[①] 因此这个装置与其说是对哈勃的纪念，不如说是对他工作的延续。

现在，“发现号”航天飞船把哈勃望远镜送上了太空，并顺利地把它放在了远离强烈的地磁场和重力拖拽的地方，一个不受地球大气层的折射和污染干扰的地方。这次任务是发现号航天飞船的第七次飞行，它只

① NASA 现在几乎制成了一个比哈勃望远镜更强大、更昂贵（耗资 80 亿美元）的装置——詹姆斯·韦伯太空望远镜，它于 2021 年 12 月从位于法属圭亚那的欧洲太空港发射升空。该望远镜将漂浮在距离地球近 160 万千米的地方，远远超出任何航天飞船吊装或维修的范围。因此，韦伯望远镜从制造开始，到进行第一次在轨观测之前，就必须按计划完成深空机动的测试。有关韦伯望远镜的一切细节都在进行反复的演练，以确保望远镜的所有系统都能正常运转，哪怕是最细小的环节都不能出现任何差错。

是一个短期的任务，为期 5 天，主要任务就是把哈勃望远镜送到轨道上，然后返回。这次任务被命名为 STS-31，尽管编号是 31，但实际上这是 NASA 的 5 个可重复使用的空间运输系统（航天飞船）的第 35 次飞行任务，只是到了这次发射时，美国可用的航天飞船数量已经减少到了 4 个。

正是因为这个可怕的“5−1=4”，在佛罗里达州发射场里观看航天飞船发射的人纵使沐浴着令人倍感惬意的春日暖阳，也依旧比平日更加紧张。4 年前，发现号的姊妹飞船“挑战者号”在起飞 74 秒后发生爆炸，飞船上的所有成员顷刻间化为灰烬。经过三年的纪念、调查、反思和改进，NASA 决定让发现号作为挑战者号事故后首次飞行的航天飞船。发现号在 1988 年 9 月执行了一次任务，在任务过程中它进行了一系列重大的科学实验，而这次任务的目的就是重塑民众对航天飞船的信心。当航天飞船在佛罗里达州发射成功时，美国举国上下都松了一口气，随后的 4 天里，发现号围绕着地球翱翔，然后在加利福尼亚州完美着陆，这次太空飞行一切顺利。

1989 年 3 月和 11 月，发现号又进行了两次飞行任务，那之后 NASA 基本确信，导致挑战者号坠毁的问题（在冬天发射时，橡胶密封圈在冰点以下的环境中变得僵硬，导致密封不充分，因而发生固体火箭助推燃料泄漏，引发飞船爆炸）已经解决。尽管如此，STS-31 依旧是一项成本极高的任务：洛克希德・马丁公司制造的望远镜及旗下的珀金埃尔默公司生产的光学系统，正安全地停在货舱里，哈勃望远镜的项目到此时已经花费了大约 18 亿美元。在发射前夕，令人焦虑的情绪随之而来，而即使在成功发射后，这种焦虑也几乎没有减轻。事实上，直到第二天，机组人员使用发现号上背负的、由加拿大制造的机械臂，将公交车大小的望远镜抬出货舱时，相关人员的压力也一直没有减轻。随后望远镜展开太阳能电池板、部署遥测系统和无线电天线，然后让各个系统按计划启动，才终于让

NASA 发射的第一个太空天文台在轨道空间中顺利运转起来。[①]

哈勃望远镜在建造过程中占地巨大，其占据的空间相当于一座 5 层小楼，但在浩瀚的空间中漂浮时，哈勃望远镜却显得格外渺小。也许哈勃望远镜本身并不好看，其外表看着有些呆板，就像是因为懵懂而显得呆头呆脑的青少年，如同一个曾经胖乎乎的、穿着银色夹克的男孩，突然间长高了很多，然后一下子飘了起来，而他的母亲又买不起新衣服给他穿，只能让他穿着浑身是褶的、不合身的旧衣服，而他自己也对新造型感到不适。此外，望远镜需要先打开一端的顶盖，才能将光线引入其主镜筒，而哈勃望远镜主镜筒的顶盖看起来也很别扭，就像厨房垃圾桶的桶盖，以至于你会期待底部有个脚踏式开关，通过踩着踏板，垃圾桶的盖子能一直保持打开的状态。然而哈勃望远镜上并没有脚踏板，只有太阳能电池板，这些方形的太阳能电池板能够随着温度的变化展开或收起，而温度则取决于望远镜的姿态和位置。

也许哈勃望远镜在外形上有些欠缺，但它的建造者和服务对象——NASA 知道它是一个非常强大的工具。从另一个角度讲，哈勃望远镜又是

① 4 个太空天文台如果协调行动，那么它们可观测的频谱就能覆盖整个频谱中相当大的一部分。其中最有名的是哈勃望远镜，其观测范围覆盖了整个可见光波段，主要是从紫外到近红外光谱。而康普顿是伽马射线望远镜，在 1991 年被航天飞船送入轨道，主要目的是观察太空中剧烈的宇宙现象和高能天文事件，即发生伽马射线爆发的事件。1999 年，钱德拉 X 射线望远镜也由一架航天飞船运送到目标轨道，用于研究黑洞和类星体发射的 X 射线。最后，2003 年，一枚德尔塔火箭将斯皮策太空望远镜送入与地球同步运行、绕太阳公转的轨道上，在那里斯皮策太空望远镜可以观测到热红外射线，由于被观测的目标射线波长很短（低至 3 微米），无法穿透地球大气层，因此在地球上看不到热红外射线。康普顿伽马射线天文台现在已经在大气层中烧毁，不复存在了，剩下的 3 个太空天文台仍然在预定轨道上高效地运转着。

一个非常简单的望远镜，采用的是“卡塞格林式反射望远镜”结构，任何在自家后院里研究天文的业余爱好者都知道这个结构，它有一对相互面对的反射镜，主镜收集光线，反射到较小的次镜上，然后再反射回来，光线穿过主反射镜的中心孔后，在各种观测设备上成像。这些设备包括从紫外线波段到可见光波段，再到近红外线波段的各种对应波长的照相机、分光计和探测器。观测设备装在电话亭大小的盒子里，这些盒子紧紧地排列在主镜后面，把收集到的数据作为遥测信号传回地球。

卡塞格林式反射望远镜，采用了一种特殊的设计。该设计使用了特殊的镜面形状，即双曲线反射器，这种反射器专门用于降低图像中出现两种像差的概率，一种是类似于彗星轨迹的像差，被称为彗差；另一种是透镜边缘产生的误差，被称为球差①。在哈勃望远镜于 1990 年 4 月进入太空后，发现号启动了制动推进器，脱离了哈勃望远镜的轨道，通过盘旋轨道返回地球，只留下哈勃望远镜安静而孤独地停留在深空之中。工作人员在设计哈勃望远镜时，连同它所有的光学扭曲和像差都准确地考虑到了，进而可能有效地预测和避免了这些问题，它似乎充满了带来天文大发现的潜力。

只不过 6 周后，一场始料未及的噩梦开始了。哈勃望远镜遇到的噩梦，并不是类似于挑战者号遭遇的那种，当时挑战者号在天寒地冻的环境下准备发射，而心急如焚的工程师们知道此时发射存在风险，拼命地试图取消这次飞行，但是在政治因素的影响下，悲剧还是发生了。然而哈勃望远镜遇到的情况则是，一切都是如此顺利，几乎每个人都进入了一种沾沾

①同一物点发出的不同孔径的光线，经过折射后具有不同的像方截距值。同心光束经折射后，出射光束不再是同心光束，此即球差。——译者注

自喜的状态，而这种气氛又滋生出了狂妄自大。

一切都在按照计划进行。5 月 20 日，望远镜抵达轨道 3 周后，所有人都确信它已经逐步适应了太空环境的温度，随后任务控制中心发出了一个指令，要求哈勃望远镜打开光学系统的顶盖。

哈勃望远镜现在正式开工了，此时来自百万颗恒星的光线涌入了哈勃望远镜的镜头之中，后人就拿“第一束光”这个名字来纪念这一时刻。光线先是涌入望远镜的筒中，从那里，光线先到达主镜，再反射一个来回，最终这些光学信号进入探测器，经过处理后，被传往地球上位于巴尔的摩的约翰斯·霍普金斯大学太空望远镜科学研究所，此时研究所里的天文研究人员正焦急地等待着数据。传输非常完美，数据像预期的那样源源不断地从深空传递回来。一位名叫埃里克·蔡森（Eric Chaisson）的天文学家仔细观察了这些图像，然后突然间，他有了一种很不好的感觉，用他自己的话说：“吓得我肠子都哆嗦了。”

哈勃望远镜一定出现了非常可怕的问题，它发回来的图片都很模糊。两周后，在约翰斯·霍普金斯大学 48 千米外的 NASA 戈达德太空飞行中心担任哈勃计划首席科学家的爱德华·韦勒（Edward Weiler）正沉浸在之前发射成功的喜悦中。但随后，韦勒接到了一个电话，在电话里，位于巴尔的摩科学研究所的同事告诉了他这个骇人听闻的消息。“尽管他们可能会试图解决这个问题，”这位听起来惊慌失措的科学家告诉韦勒，“但是从哈勃传回来的每一张照片都完全失焦了。”只有一个例外，就是第一张照片确实看起来非常清晰，这真是命运开了一个残酷的玩笑。

研究所的人连日来一直在努力解决这个问题，而且不敢对外通报这一信息，他们通过对副镜进行非常细微的移动来微调图像，艰难地尝试从主镜生成的画面中挑选出一幅清晰明快的图片。尽管控制室里的大多数天文学家都认为他们获得的图像质量与地面望远镜的图像质量类似甚至更胜一筹，但事实上这些图片确实没有达到哈勃望远镜应有的水平。残酷的事实是，没有一张照片配得上“有价值”这一评价。最终研究所里的每个人都感到非常失望，这些传回来的照片毫无价值，毫无用处。据说，人们将这次哈勃望远镜的任务认定为“重大失败”。

1990 年 6 月 27 日，也就是发射哈勃望远镜两个月后，媒体才获知了这个可怕的消息。NASA 的官员们身着工作服，满脸愁容（韦勒虽然是个乐观的人，但在那些日子里，他和其他人一样愁眉苦脸），坐成一排，尴尬地面对一群对哈勃望远镜的性能表示难以置信的记者。每一个在台下飞速地做着笔记的记者，手里都拿着一张模糊到堪称灾难的深空照片，这张照片给所有参加这场记者会的人留下了心理阴影。此次记者会的负责人反复强调，这些模糊的照片，确定都是哈勃望远镜拍摄出来的，这使很多人惊讶得几乎说不出话来。哈勃望远镜直径 8 英尺的主镜，虽然已经是当时能制造出的最精密的光学反射镜，但这个反射镜的边缘似乎磨得太平了。

虽然主镜的误差小得微乎其微，只有人类头发直径的 1/50 那么多，但这样微小的差距，也足以对光学成像效果造成破坏。这个小小的误差所造成的彗差和球差，使得哈勃望远镜几乎所有的观测都变成了毫无价值的“糨糊”，遥远的星系看起来异常厚实，边际是模糊的，就像是小型的棉花糖；远方的星辰在一片模糊之中，像是被粉扑印上去的；而远方的星云，就像微小的随机变色光斑。这样普通的天文照片，像极了在俄亥俄州某个烟雾弥漫的后院里，一个天文爱好者用 8 英寸天文望远镜拍摄出来的水平。要知道，这一项目是欧洲航天局和 NASA 的一次联合风险投资，而事实上，为了这样的天文影像，似乎没有必要让美国和欧洲以及其他参与方投入近 20 亿美元，消耗无数工作人员 20 年宝贵的青春来换取。

新闻发布后，新闻界的反响极不友好。许多人一致认为哈勃望远镜是一款堪比埃德塞尔轿车的产品（这款产品让福特公司亏损严重），也有人讽刺哈勃望远镜是由近视卡通人物马固先生设计的。许多报纸上的漫画家都调侃哈勃望远镜在太空中看到了柠檬，电视转播的节目里，主播讽刺 NASA 依靠哈勃望远镜似乎只发现了雪……哈勃望远镜的各种发现没有超过已知的宇宙知识，并不具有特别的意义。一位愤怒的马里兰州参议员说，NASA 似乎在以“技术问题”的名义给一群不称职的技术官员骗预算。虽然哈勃望远镜出现的光学问题并不会杀死任何人，但这件事情给国家带来了难以想象的尴尬和羞辱，一些激进的政客们认为其带来的政治影响甚至堪比兴登堡号飞艇空难和西塔尼亚号的沉没。

事实上，对于国会中那些愤怒的议员而言（毕竟他们才是掌握着 NASA 钱袋子的人），这颗史上造价最高的民用卫星的性能真的非常糟糕，而且这颗卫星又出现了其他问题：太阳能电池板的故障使整个望远镜晃动和摆振，更加降低了哈勃望远镜获得重大科学发现的可能性，这样糟糕的预期使整个 NASA 处于危险之中。就在 4 年前，挑战者号因为 NASA 的无能而爆炸了，现在哈勃望远镜的问题更是雪上加霜。25 000 名 NASA 的雇员，以及成千上万家承包商和供应商的未来变得岌岌可危。

其实，这一切都归结于一家当时叫作珀金埃尔默的公司，该公司总部设在康涅狄格州丹伯里市，距纽约市有 90 分钟的车程。自 20 世纪 60 年代末以来，这家公司一直为一系列高度机密的间谍卫星提供地面反射镜和摄像头。这是科技“阴暗面”的一个经验丰富的主要玩家，它作为军工复合体的一部分，在神秘的阴影之中为满足美国军队的需求进行研究和制造。这家公司在其专注的领域里，各项工作都以精确著称，但对于具体细节很少披露。公司的驻地在丹伯里市郊外的一座小山上，在一座没有窗户的水泥建筑里，有许多抛光和研磨的机器。多年来，这些机器使陆军、海军和各种间谍机构能够从高处俯瞰世界各地的森林、田野、基地和建筑，而且在整个情报收集的过程中，地面上的任何人都感觉不到自己正在被人观察。

1975 年，珀金埃尔默公司赢得了一份价值 7 000 万美元的新合同，这其实是一个经过深思熟虑的低价竞标，这个竞标的项目是打造和抛光一个新望远镜的巨型主镜。① 珀金埃尔默公司即将加工的巨大的玻璃坯是 1978 年秋天从康宁玻璃厂运来的，从加工一开始，就厄运不断。一个质量控制检查员差点儿掉到玻璃上，幸亏一个机警的同事抓住了他的衬衫，才避免出现更大的麻烦。

后来，组成镜坯“夹心饼”的 3 个光学元件，在相互固定时出现了严重的纰漏：在加热过程中，3 600 摄氏度的炉温熔化了元件的内部结构，这可能会导致内部结构在抛光过程中开裂，因此，康宁的工人在三个月的时

①对于资金问题的讨论已经超出了这个故事的范围。只是直到今天，珀金埃尔默公司的员工仍然坚持认为，由于缺钱而偷工减料是导致哈勃望远镜出现问题的主要原因。NASA 不确定该公司能否以 7 000 万美元的价格完成这项工作，但同意该公司以低于柯达 3 500 万美元的价格进行投标，这一不合逻辑的行为，在 NASA 看来并没有任何不妥，而且它还向珀金埃尔默公司表示，他们可以稍后从国会获得一些额外的资金。然而，国会却对是否拨付额外的资金犹豫不决，珀金埃尔默公司不得不尝试用他们已拿到手的那点经费来制作反射镜。起初，珀金埃尔默公司仅为了赢得竞标并提高声誉，出了很低的价格。但事与愿违，正如我们现在所知道的，随着哈勃望远镜拍出模糊到无可救药的图片，该公司的声誉一落千丈，珀金埃尔默公司不得不为自己的无能向 NASA 支付巨额赔偿金。现在珀金埃尔默公司已经两次变更了公司的所有权，成为美国联合技术公司的一部分。

间里，不得不用酸性腐蚀剂和牙科工具将其中熔化的部分一点点地处理掉。

康宁公司从来没有做过这么具有挑战性的玻璃，珀金埃尔默公司也从来没有承接过如此苛刻的项目。NASA 的合同要求由该公司打磨和抛光完成的熔融石英玻璃反光镜，需要在打磨和抛光的过程中磨掉至少 200 磅的材料，并将巨大的玻璃塑造成精确的凸面，其表面的光滑度是以前的产品从未达到过的。任何细节的偏差都不能超过百万分之一英寸。表面光滑的程度是如此的极致，如果反射镜有大西洋那么大，那么镜子上的任何一点都不会高于海平面 3~4 英寸，如果反射镜有美国那么大，那么它表面上的任何山丘或山谷都不会超过 2.5 英寸。

康宁公司一交付玻璃板，康涅狄格州威尔顿的珀金埃尔默公司的工厂就开始对其进行粗磨，然而，即使在镜面打磨的这段时间里，也发生了各种各样的延误，特别是所谓的“茶杯事件”。当时在玻璃内部发现了一处茶杯大小的一系列复杂裂纹，为了去除这些裂纹，工人们必须将对应的玻璃部分切除、扩孔，再熔化，这一复杂的过程堪比开颅手术。最后，在 1980 年 5 月工厂才终于完成这一工序，而完成这一工序本身，已经导致交付日期比预期晚了 9 个月。随着镜子的形状基本实现了定型，工人们将这个巨大的玻璃物体小心地用卡车运到丹伯里市郊外的一个秘密地点，而用来对其加工的设施时至今日仍是保密的，在这里，工厂开始对反射镜进行抛光。

后来，工人们将这件反光镜小心地放在一个由 134 枚钛钉组成的钉床上，以粗略模拟哈勃望远镜（见图 7–4）最终运行的无重力环境，然后一个由计算机控制的旋转机械臂移到了反光镜上需要抛光的位置。机械臂上安装了一块抛光布垫，并在抛光时一点一点地在玻璃表面上涂抹研磨剂。在计算机的控制下，机械臂对其表面进行稳定的打磨、清洗、抛光和平整，每次抛光的时间大致在 3 天左右，日夜不停。执行抛光工序的操作员经常连续工作10个小时。经过3天的抛光之后，工人们会将镜面搬到实验室里去。然后，工人们会根据测试人员的测量结果，给计算机和机械臂下达新的抛光修正指令，类似于“在什么压力下，用什么研磨剂，打磨哪一部分，并打磨多长时间”，然后再在完全不同的压力下，用完全不同的研磨剂，打磨另一部分……每次的打磨时间大致相同，一般会在3天内完成，然后再进行测量，最后给计算机下达新的抛光指令，以此程序循环往复，周而复始。测试通常在夜间进行，以尽量降低白天卡车车队路过附近的7号公路时产生的振动对测量仪器的影响。同样，为了减少震动的影响，经理们甚至连空调都关闭了。在整个珀金埃尔默公司，所有人都非常谨慎地维护着本公司注重细节的商业形象。

图 7-4　哈勃望远镜的主反射镜

注：哈勃望远镜上直径8英尺的主反射镜在珀金埃尔默公司的绝密设施里进行抛光。然而，主反射镜上有一个被忽视的极微小的测量误差，足以使哈勃望远镜传回地球的大部分图像变得模糊，变得几乎毫无用处。

然而，这些小心翼翼的测试人员偶尔也会犯错误，或者更确切地说，他们给机器下达了错误的指令，然后机器按照指令把这些错误变成了更大的问题。一个熟练的镜面加工技师仅仅靠着拇指沿着镜面转动，就能测出镜面平整程度的时代早已一去不复返了，现在这种测量都是由机器来完成的。一天，丹伯里市操作加工设施的一位工程师原本应在系统中录入 0.1，结果却把数字 1.0 输入了终端，接到指令的机器毫不犹豫地凿了下去，而工程师只得惊恐地看着磨具开始在玻璃侧面凿出一个沟槽来。幸运的是，有一个检查技师站在旁边，手里握着一个紧急终止开关。他在第一时间注意到了刚刚出现的凿痕，并立即停止了打磨加工，但是玻璃上凿下的缺损从未被完全修复。这个缺损已经被打磨到了一定的程度，并留下了适度的标识，只要让天文学家知晓这个缺损，那么操作望远镜的天文学家便可以针对性地采取应对措施。

最致命的错误是在实验室里犯下的，而且这并不是一个微不足道的错误。即使镜面的平整程度和表面的弧度是严格按照要求一丝不苟地打磨出来的，可对镜面进行测量的参照物却是错误的。丹伯里市操作加工设施的工作人员居然没有意识到：他们使用的测量工具的长度，并不是他们以为的那个长度。他们使用的测量工具是一种类似于直尺的仪器，据说，每个使用这个工具的工作人员都以为它只有 1 英尺（12 英寸）长，但实际上它有 13 英寸长，却从来没有人发现。被蒙在鼓里的工程师，拿着错误的工具尽心尽力地对其测量和校准，然后努力追求完美的质量，结果只能事与愿违，最终导致了哈勃望远镜的反射镜极度失焦。

工程师用来测量反射镜镜面的工具是一种业内人士熟知的设备，叫作“零校正器”（见图 7–5）。那是一个啤酒桶大小的金属筒状仪器，里面装着一对镜子和一个镜头。激光会先后投射到仪器内的两个反射镜上，然后透过仪器到达反射镜的抛光表面上，最后传回校正器内的透镜之中再发射给检测器。如果光线最终以正确的方式到达，则说明抛光是完美的，这时入射光和回射光将匹配，波长也不会发生变化，并在检测器中产生成平行直线的图样。如果镜子不是理想的形状，或者平滑度不足，那么光波就会相互干扰，检测器就会展现出受到干扰时的结果。“零校正器”是一种造价上百万美元的专业测量装置，本质上是一种干涉仪，如果设置得当，这种装置将能够协助镜面进行精确的测量，测量时能检测出回射光线微弱的差异。

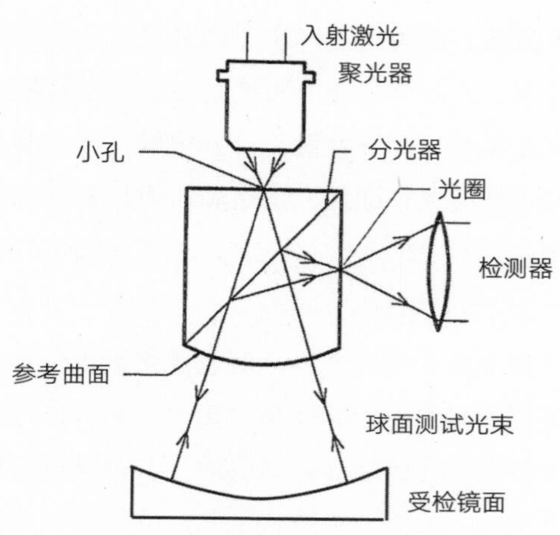

图 7-5　零校正器

注：谁也想不到一块磨损的油漆和三个小小的垫圈，竟是导致哈勃望远镜主反射镜失准的罪魁祸首。这些细节问题导致零校正器输出参数失准，进而导致哈勃望远镜的主反射镜的形状也产生了错误。

具体来说，零校正器内的两个反射镜中，靠下的那个反射镜与其底部透镜之间的距离是需要进行精确测量的，这是保证零校正器自身精确的关键，但在丹伯里市的那台校正器中，这段距离却恰恰不精确，而这个问题的发生，却源于一个最简单、最寻常甚至是最显而易见的错误。

为了设置零校正器下反射镜和底部透镜之间的距离，需要 1 根长度精确的金属棒，因此要先制作、测量并切割 3 根这样的金属棒（2 根作为备件），这些金属棒由热膨胀系数非常低的殷瓦合金制成。将其中一根金属棒安装在零校正器内，并且用激光来校验距离。然后，一名技术人员使用特制的显微镜和激光干涉仪，把透镜调整到合适的距离上，使之最终可以正常地发挥功效。这是一项棘手的工作，但并不是不可能完成的。为了让这项工作更具有可操作性，技术人员在金属棒的顶部安装了一个特殊的导向盖，盖上有一个与激光束大小相同的孔，便于指示激光器应该瞄准的位置，辅助技术人员用激光准确命中金属棒的一端。

关键的一点是，为了避免误导技术人员，导向盖上覆盖了一层阻止激光反射聚焦的涂层，以确保激光无法聚焦在导向盖上，而只要激光能够聚焦，那就一定是精确地从导向盖上的小孔中命中了金属棒的一端。结果，导向盖上的涂层已经磨损了，虽然只是一小部分，但还是成功导致了激光聚焦，并反射了回来，所以技术人员测量的长度就不仅仅是金属棒的长度，而是涵盖了导向盖这一部分的长度，而导向盖的表面，正好比金属棒的顶端高出 1.3 毫米，所以激光干涉仪测量出来的距离也就毫无准确度可言了。

激光干涉仪测出的错误数据也给技术人员带来了麻烦，原本技术人员应把透镜安装在与激光器相对应的位置上，而现在固定镜头用的支架突然因为这个错误莫名地多出了 1.3 毫米，因此，为了让干涉仪正常工作，技术人员就需要想方设法把这个支架降低 1.3 毫米，然而因为工期的缘故，已经没有时间再定制一个新的支架了。

不过“足智多谋”的技术人员很快就有了解决问题的办法。他们把 3 个家用垫圈放入零校正器中，这样就把透镜相对降低了 1.3 毫米。他们之所以这样操作，就是因为都知道激光的读数不可能出错，激光非常精确，毋庸置疑。激光测量的结果便是绝对的权威，激光仪器铁面无情但准确可靠。于是，技术人员找了 3 个垫圈，用锤子把它们砸平，做成一个 1.3 毫米高的小夹层，垫在镜头的上方，就这样，这些组件之间的相对位置就恢复了正常。

虽然哈勃望远镜的加工称得上是极度精密，工程师对待每个组件宛如镶嵌在皇冠上的宝石，但遗憾的是，正如前文所描述的那样，工程师参照的是一个有着严重缺陷的零校正器。看上去，技术人员把这台零校正器放在望远镜镜子上方的位置，并利用这台电子设备精密的特性，让工程师对反射镜进行了多次测量，最终使哈勃望远镜的主镜在尺寸、形状和配置上，完全符合了 NASA 的要求。

然而事实并非如此。虽然从这台零校正器的测量结果来看，反射镜是准确无误的，但不幸的是，零校正器本身是失准的。NASA 之所以能在调查中发现这个问题并查明原因，正是因为制造商珀金埃尔默公司把这台失准的零校正器原封不动地留在了实验室里，并且实验室也在后续的近 10 年中没有发生什么变化，保持了当年对镜子进行最终测量时的样子。①而这台失准了的校正器自然也导致了严重的后果：由于校准时金属杆顶部的微小误差，零校正器在后续使用中，在校准主反射镜形状的时候产生了误差，使得主反射镜的边缘部分比理想状态中更加平滑了一点，尽管这一点只有 2.2 微米那么多，这就是广为流传的“导致哈勃望远镜失准的，是一个只有人头发丝直径的 1/50 的误差”这个说法的来源。从字面意义上看，这确实是一个微小的错误，但它足以导致 1990 年夏天的时候，哈勃望远镜从太空传回来的大量图像，全部成了没有用的残次品，而哈勃望远镜本身也成了笑话。

“如果你在发射的前一天晚上，在肯尼迪航天中心的卡拉维尔角上，

①看到这里，读者们可能已经忘记了，在反射镜完成后的若干年后，又发生了挑战者号机毁人亡的重大事故，哈勃望远镜的其余部分在制造过程中也出现了若干次技术问题，导致该计划不断错过发射窗口期，发射日期也一推再推。在此期间，主反射镜系统始终存放在洛克希德·马丁公司的仓库里。

对所有工程师和科学家进行调查，统计他们认为哈勃望远镜在上天一段时间之后最有可能出现问题的十大组件，”爱德华·韦勒说，“我敢拿我的房子做赌注，工程师会指出这个或那个系统失灵，但是没有工程师会把‘反射镜的形状失准，因此反射镜会出现极大的球差’这种情况列在前 10 名的名单里。根本没有人会担心这一点，因为光学专家向我们保证，我们拥有人类有史以来最完美的反射镜。”

事实上，从校正器的角度来看，那的确是有史以来最完美的反射镜，但是校正器本身却是灾难性失准的。

最长的3秒钟

古谚有云：“因为少了一个铁钉……最终失去了一个国家。”[①]在这种情况下，仅仅是因为矫正用的金属棒的盖子上少了一块油漆，加上一群饱受精密加工折磨却又粗心大意的技术人员，再加上因预算拮据而想方设法省钱的管理人员……这一系列因素最终导致了恶果。当然，这些失误并没有导致亡国这样恶劣的后果，但随之而来的是一系列风波，以及为了挽救哈勃望远镜而进行的冒险，还有不可避免地为了维修望远镜而花费纳税人更多的钱。

①这句谚语在 17 世纪中期的选集《雅库拉·普罗森姆》（*Jacula Prudentum*）中首次为世人所知，该选集由乔治·赫伯特（George Herbert）编撰，他是一位圣洁（且富有）的牧师，生活在离大教堂城市索尔兹伯里几千米远的富格尔斯通地区的圣彼得教堂里。完整的谚语是：“为了找根钉子，把鞋子丢了；为了找一只鞋子，把马丢了；为了找那匹马，骑手迷路了；为了找那个骑手，战斗失败了；因为战斗失败了，王国沦陷了。”在这本选集中，还有一句教人如何跟脾气暴躁的人打交道的谚语：“吠得凶，但未必咬得凶。”迄今为止，这两组谚语都一样广为流传。

因为哈勃望远镜得到了及时的修理，并且修复得十分成功，所以到后来，哈勃望远镜成为一款硕果累累的科学仪器。可以说哈勃望远镜在观测中获得的成果之丰富，使得它成为有史以来在学术研究中被引用最多、最有价值的科学仪器之一。因为哈勃望远镜的存在，天文学家可探索的宇宙范围拓展到了前辈们做梦都想不到的程度。在众人的努力下，哈勃望远镜的问题终于解决了，它的缺陷得到了弥补。然而，从修复再到取得成果，这一切都顺利得令人难以置信，一如当初哈勃望远镜出了那么多不可思议的大问题一样。哈勃望远镜的修理工作必须在太空中进行，毕竟不可能再把它带回地球表面来修理。从理论上讲，通过加装起到矫正作用的附加光学系统，应该能解决哈勃望远镜所存在的主要问题。这个过程就像为一个严重近视的人戴上一副隐形眼镜，或者通过准分子激光手术把他的近视眼治好。然而，无论采用哪种技术手段，对哈勃望远镜这样的设备进行修复都是非常困难的。望远镜的内部十分狭窄，里面塞满了各种仪器和管线，要让一个宇航员穿着笨重的舱外航天服，吸着有限的氧气，拿着扳手和螺丝刀“游”到望远镜里面，把背在身上的一套新的光学矫正器装到望远镜上，无论如何都是一项非常困难和具有挑战性的工作。

后来，一名工程师解决了另一个核心问题。据说那个工程师在德国南部慕尼黑附近山区里的一家宾馆的浴室里洗澡时，突然想到了这个问题的解决方案。

这个工程师名叫吉姆·克罗克（Jim Grocker）（见图 7-6）。当时，他正好是哈勃望远镜项目中的一名高级光学工程师。当他得知哈勃望远镜出现严重问题时，他也和其他工作人员一样深受打击。克罗克像大多数赶赴德国，参加欧洲航天局主办的、为了应对危机的研讨会当中的每一名与会人员一样，都在努力寻求解决哈勃望远镜故障的方法。克罗克对维修哈勃望远镜这个课题十分痴迷。而此时，为了解决哈勃望远镜的问题，还需要一种能将矫正光学元件、矫正透镜及矫正反射镜插入对应位置的方法。在找到这种方法之前，是无法把校正装置放在主反射镜前面，抑或是主反射镜和副反射镜之间的，因为即使是 NASA 最苗条的宇航员也无法进入主反射镜的管道中。而且为了让计划可行，即使是安装最少校正装置的方案，也需要在至少 4 个不同的地方安装矫正装置，这些装置都安装在哈勃主反射镜后的太空探测器里。但是如何把矫正设备放进去呢？这似乎是个不可能完成的任务。

图 7-6　吉姆·克罗克

注：吉姆 · 克罗克在德国的酒店里洗澡时，意识到一种类似于德国淋浴的喷头架的装置，可以用来检测或者安装哈勃望远镜管内的光学元件，并对其进行维修或更换。NASA接受了这个方案，并把对应装置送上了天，从而使这台广受关注的望远镜得到了全面且及时的修复。

研讨会结束后，克罗克洗了个澡，一个人沐浴在温热的水流下沉思，漫不经心地盯着一个德国常见的淋浴器上的部件看，那个部件因为镀了铬，在热气升腾的浴室中闪闪发光。随后，他又洗了一次澡，而这次洗澡是专门为了观察这个部件的结构和原理。

淋浴喷头被固定在一根 1 英寸厚的垂直方向的金属杆上，金属杆上有一个可以滑动的夹钳，夹钳是用来固定喷头的，喷头本身可以随着夹钳升降并固定在特定位置上，以满足不同身高和需求的客人。此外，随着夹钳上下移动，淋浴头本身也可以上下左右进行旋转角度的调整，这样淋浴者就可以冲洗头部、肩膀以及身体其他地方。打扫卫生的时候，旅馆的女佣会把淋浴喷头拉到金属杆的底部，并把喷头往里推，使喷头与墙平行。而克罗克使用喷头的时候，不得不把喷头拉到滑杆的顶部，因为他个头很高，为了洗头必须这样调整，然后再把淋浴头喷头向外拉，这样水就可以从上往下喷到他的头发上。

“为什么我们不能在维修哈勃望远镜的时候也采用这样一个可以滑动和展开的支架呢？”克罗克一边洗澡一边沉思着，他设想把望远镜的校正光学元件装到这样一根杆子上，然后把这些元件折叠起来，当这些元件伸到正确的位置时，元件就会自动展开并发挥作用，就像淋浴头一样，从而完成修复工作。

哈勃望远镜携带了5个主要的仪器包，因此就一共需要5个维修装置，我们姑且用“淋浴头”这个词来称呼维修装置。事实上，制造5个“淋浴头”并不比制造1个困难。每一个“淋浴头”的功能都相同：远方的星光先入射到主反射镜上，然后反射到副反射镜上，此时光束将会穿过主反射镜的镜孔，并在主反射镜后面成像，但是由于主反射镜存在瑕疵，因此主反射镜后面承接星光的科学仪器的位置便不再理想，出现了类似于近视眼的情况，而此时矫正装置会干预从副反射镜反射回来的光线，使科学仪器承接的星光重新变得清晰，就像佩戴了一副隐形眼镜一样。经过这样的调整，再重新配置驱动程序、更新科学仪器算法，然后重新聚焦，这样一来，进入哈勃探测器的各种来自远方的星光成的像，就会像反射镜从来没有出过问题一样，完美而清晰。

克罗克的方案似乎是一个简单实用的方案，正在研究如何修理哈勃望远镜的工程师立刻同意了这个方案。大家都迅速投入“淋浴头”的设计制造工作之中，但这种装置将携带一系列微小的矫正镜进入太空。这些矫正镜只有 10 美分硬币到 25 美分硬币那么大，而不是真的像传统的“淋浴头”那么大。

事实上，他们确实这样做了。这个装置被命名为 COSTAR，全称“空间望远镜轴向光学矫偿套件”。之所以称之为“轴向”，是因为这个部件正好部署在主反射镜后面，作用于在望远镜轴线方向上传播的光束。从基本属性的角度来讲，这个光学套件只是一个电话亭大小的容器，其规格与哈勃望远镜上已经配备的部分仪器完全相同，因此，哈勃望远镜上配备的 4 个轴向探测器中最不重要的一个——高速光度计就必须被卸下来，给矫正套件腾位置。为了把内置折叠好的矫正光学设备的盒子部署到位，只能牺牲高速光度计，因此可以预见的是，光度计生产公司经理大呼小叫地抱怨。

当确定好解决方案后，工程师蜂拥而至，很多人都亲自参与了空间望远镜轴线光学矫偿套件的制作，这套补偿系统一共有 10 面矫正镜，这 10 面镜子都做得恰到好处，不过这 10 面镜子的展开方式不像克罗克设想的类似于淋浴头那样单向向外旋转。真正投入维修使用的支架是一个塔形的装置，而矫正镜就在“塔”尖上，然后从塔尖向外辐射，水平方向相对位置的误差必须控制到至少百万分之一米的程度，以便能够正确承接哈勃望远镜从现有的两个反射镜传导而来的光线。

还有一个关键的问题是，如何确保射向轴向科学仪器的反射光束不会影响到另一组射向另一个仪器的光束，同时又要确保这组光束最终都射向科学仪器里，而不是射向哈勃望远镜轴向的底部。哈勃望远镜起初携带的部分科学仪器被计划更新的设备取代，这些仪器要么是因为自身问题出现了故障，要么是被主反射镜相关的问题拖累了，比如这台在帕萨迪纳喷气推进实验室建造的耗资巨大的广域行星相机。它看起来像切下来的一小块蛋糕（虽然这个“蛋糕”有一台大钢琴那么大），在哈勃望远镜的弯曲面以开槽的方式插入哈勃望远镜主体之内。在计划用航天飞船进行 5 次哈勃望远镜的维修作业中，天文学家一直在考虑用一个新的改进过的广域相机来替换上一代的广域相机。随着执行任务时机的到来，哈勃望远镜的工程师团队可以借助这次任务同时执行两个至关重要的部件更换：用空间望远镜轴线光学矫偿套件替换高速光度计，并安装替换新的“Wiffpic”（这个是大家给喷气推进实验室制造的广域相机起的昵称），新的广域相机内置光学矫正装置，以补偿主镜中的误差。

为使哈勃望远镜这一航天传奇任务有一个圆满的结局，现在所需要做的一切，就是让宇航员到太空中对哈勃望远镜进行修理。哈勃望远镜届时将被完全修复，并最终像当初设计的那样，成为一件非常有价值的天文设备。如果维修任务按计划进行，那么一切问题都将迎刃而解，但是，如果维修期间有人不小心碰到了不该碰到的设备，哪怕只是轻轻地一触，无论是碰到了光学矫偿套件，还是替换后的广域相机上的光学镜片，都会使哈勃望远镜再次失焦。

“奋进号”航天飞船将会负责执行这次关键的维修任务，航天飞船小组将这次航天飞行任务命名为 STS-61，哈勃小组则将其命名为 HSM-1，这是哈勃望远镜第一次维护任务的缩写。1993 年 12 月 2 日，奋进号带着解决方案和专业设备（其中包括大约 200 个为这次任务特别定制的工具），在佛罗里达州黎明前温暖的黑夜中顺利升空。经过充足的准备，这次维修之旅注定要把这台“在太空的永夜中瑟瑟发抖的、两眼昏花的”望远镜从噩梦中拯救出来，为哈勃望远镜在地球附近的轨道上持续 44 个月的毫无意义的漂泊画上句号。广域相机和光学矫偿套件就在航天飞船的货舱里，为了进行必要的修复，维修计划把“太空行走”[①]的时间长度加到了极限。获准进行出舱维修的宇航员很清楚地知道，哈勃望远镜上安装了 31 个脚限位器和 60 米长的舱外扶手，航天员也带来了自己的固定锁扣，以及无数的系绳，以确保工作人员或是设备不至于落入无尽的太空之中。

在奋进号执行任务的第三天，船员们用性能强大的双筒望远镜发现了哈勃望远镜。然后，奋进号航天飞船以尽可能慢的速度小心翼翼地接近哈勃望远镜，在距离哈勃望远镜 18 米远的时候，伸出了由加拿大生产的机械臂，抓住了 13 吨重的哈勃望远镜（但在太空之中，哈勃望远镜几乎没有重量），然后慢慢地把哈勃望远镜拖进了航天飞船巨大的货舱之中。随后，7 名机组人员开始了一系列“太空行走”，以执行分配给每一名宇航员的具体维修任务。1 号舱外作业包括更换 3 个（总共 6 个）出现故障的陀螺仪，这次舱外作业也有助于让维修团队适应他们所维修物体的大小和规模。他们已经为此训练了 11 个月，在训练水池中执行各种各样的模拟任务，以适应太空中失重的工作环境。

2 号舱外作业的内容是让 2 名宇航员修复并更换望远镜中受损的太阳能电池板，据说损坏的太阳能电池板正是导致哈勃望远镜抖动的原因。不过这项简单迅速的修理作业对解决哈勃望远镜失焦的问题并没有什么帮助，与核心问题相比显得微不足道。第二天，事情开始变得非常有趣，团队要进行一项棘手的维修，先移除旧的广域行星相机，再换上新的广域行星相机，新的广域行星相机非常精密，而且可以从原有的广域行星相机的

---

① “太空行走”指的是太空舱外活动，NASA 至今仍用“太空行走”来称呼舱外活动。

嵌入口精确进出。2 号作业后，维修工作一切顺利，整个新的广域相机组件依靠精密加工，顺利地滑入位置，新的行星相机的每个部分都与它的前辈 4 年来一直运转的地方相匹配，连内部预留的一些弯弯绕绕的地方也都能做到严丝合缝 。

这次维修任务的高潮部分也没有出现任何重大问题：拆除了巨大的高速光度计，取而代之的是尺寸相同但用途完全不同的“空间望远镜轴向光学矫偿套件”。珀金埃尔默对自己的无能感到羞耻，这家公司没有参与建造这个新的矫正镜。来自科罗拉多州的一家名为波尔航空公司的全新公司（前身是一家制造果酱保鲜罐的著名公司）赢得了 NASA 的垂青和信任，并签署了合同。波尔公司做得很好，所有的测量都很精确，所有的适配都很有代表性，所有的公差也都符合要求。安装新的光学组件只花了不到 1 小时，在全流程中简直不值一提。最后，工作人员花了 1 天的时间对哈勃望远镜进行最后的微调和测试，并对其外壳进行修饰，这样哈勃望远镜就可以再次投入工作了。

在对哈勃望远镜进行最后一次调试之后，奋进号船员打开了望远镜前面的顶盖（就是前文调侃过的垃圾箱盖），然后将机械臂连接到哈勃望远镜上，非常小心地将哈勃望远镜从奋进号货舱中抬出来，轻轻地放在船体的外面。然后，正如风帆战舰时代的船长库克对船员们吆喝的那样：“打开锁簧，松开缆绳！”奋进号航天飞船的成员把将望远镜和航天飞船固定在一起的绳索解开。但是，库克船长做梦也想不到的是，航天飞船的星际船员们只靠着短暂启动了一下推进发动机，航天飞船便脱离了原有轨道，从天上顺利返回了地面。

现在，哈勃望远镜仍然以每小时约 2.7 千米的速度环绕在地球轨道上，但由于宇航员刻意对其轨道进行了轻微的调整，现在哈勃望远镜的运行更加稳定，在维护任务结束后，哈勃望远镜又回到了在太空中遗世独立、无人照看的状态，继续着近乎永无止境的旅程。

哈勃望远镜的修理进行得顺利吗？哈勃望远镜能正常工作吗？哈勃望远镜失灵的尴尬状况结束了吗？这一非凡的望远镜能否真正按预期实现科研价值呢？现在所有的目光都回到了地球表面 NASA 戈达德太空飞行中心的控制室里，在那里宇航局的工作人员将继续负责望远镜的相关工作。更关键的是，在位于巴尔的摩的约翰斯·霍普金斯大学的太空望远镜科学研究所操作中心，天文学家将下载并解析新的图像，并由此很快得知哈勃望远镜及他们自己团队所处的境遇。

很久以前，天文学家就有了在太空部署望远镜的灵感，而到了 20 世纪 40 年代，这一灵感有了具体的理论支持。但当哈勃望远镜把模糊的图像传回巴尔的摩的时候，可以说，我们遭遇了“大失望事件”（The Great Disappointment）[①]。其他人对这个事件的描述可能有所不同，但那一刻，同样也在巴尔的摩的埃里克·查森（Eric Chaisson）看到了这个模糊的图像后，用他自己话来说：他整个人都泄气了。

早在 1990 年，伴随着初夏的第一缕曙光，哈勃望远镜成功升空，为太空望远镜的远景带来了希望。到了 1993 年 12 月 18 日，距离哈勃望远镜发射升空已经过了大约 1 300 天，迎接第二道希望之光的却是冬日的夜晚。巴尔的摩的冬夜漆黑而安静，幽深而清冷。在太空望远镜科学研究所的操作中心，一位天文学家命令哈勃望远镜内部微小的机载电机以旋转的

①一个浸礼会的普通信徒声称耶稣基督将在 1844 年 10 月 22 日降临人世，于是超过 10 万信徒在当天集会等待“圣临”，结果在预测的那天，什么都没发生。作者用这个术语来描述人们看到哈勃望远镜传回来的模糊图像时的失望情绪。——译者注

方式让空间望远镜轴向光学矫偿套件内部的矫正镜伸展开来，并将这些矫正镜设置到精确预留的位置上，矫正镜随即开始修正哈勃望远镜内部的光束。天文学家还打开了广域相机的快门，而广域相机内部自带巧妙布置的光学校正器。此时，NASA 戈达德太空飞行中心控制室内的众人满怀希望地把巨大的望远镜指向深空中可能会拍到丰富影像的区域。每个人都在等待，此时，图像正慢慢地从显示器的顶部向底部展开。

爱德华·韦勒就在那里焦急地等待着，此时 NASA 的工程师打来了一个令他倍感紧张的电话。和房间里的其他人一样，他的眼睛紧盯着屏幕。接下来加载图像的 3 秒钟，是他一生中经历过的最漫长的 3 秒钟。

房间里突然爆发出热烈的掌声，在场的每个人都感到由衷的欣慰和喜悦。屏幕上的图像现在已经加载完成了，它在所有人面前展示了一个灿烂星海的生动场景，所有星星的聚焦都很合适，每一颗星星只占据了屏幕上的一个像素。一颗星，一个像素，这就说明它的清晰度已经达到了显示器的极限。

图像清晰、完美、精确，不再有棉花糖一般的絮状模糊，也没有羽化的边缘。一切都是精确的、和谐的、无可挑剔的，正如当初先辈们希望的那样，为人类带来在地球表面（甚至在夏威夷、智利、加那利群岛和其他空气最稀薄和最清澈的地方的大山山顶上）架设的任何其他光学望远镜都无法与之匹敌的精密影像。

这是因为在地表，即使是在空气最稀薄的地方，大气依旧厚重。地表气流扰动较多，而且大气中有不少污染物，大气中的分子与从太空中传来的光线相互影响，使得地表的天文望远镜的成像扭曲得很厉害。然而**哈勃望远镜所处的位置，是在距离地表约 640 千米的高空，远在对流层、平**

流层和中间层之上，这里是被称为外大气层的地方，只是偶尔有氢分子飘过，没有空气，也自然没有空气带来的图像畸变。现在，靠着一整套新部署的光学系统，以及系统背后工程师的聪明才智和纳税人支持的财务成本，焕然一新的哈勃望远镜终于使人类拥有了一个清晰的太空观测平台。无论如何，哈勃望远镜都算得上是前所未有的突破。

此时距世人构思太空望远镜已经过去了半个多世纪，哈勃望远镜的设计也已经完成了 20 年，距丹伯里市加工的主反射镜从康宁公司生产的反射镜坯开始抛光已经过去了 14 年，而距有故障的主反射镜第一次从深空之中汲取光线也已经过去了 1 300 多天。这台经过修理的望远镜，终于可以用新安装的精密光学元件清晰地望向远方，望向宇宙遥远的过去。

哈勃望远镜的故事时至今日依旧尚未完结。在第一次对哈勃望远镜进行维修工作之后，工程师们又对其进行了 4 次进一步的太空维修工作，每次任务都给哈勃望远镜带来了技术上的升级，为哈勃望远镜注入了新的活力。哈勃望远镜最终得以像先辈们很久以前计划的那样，执行一个又一个的任务。哈勃望远镜的公众形象逐步提升，成为大众心目中“勤恳工作的老黄牛”“NASA 最伟大的空间望远镜”。时过境迁，现在哈勃望远镜因其长期在轨的时间，成为太空中受人尊敬的长者，即使不再有新的太空维修，哈勃望远镜这只银色的大鸟依旧可以在太空中翱翔许久，而且有人预期它至少能飞到 2030 年，甚至能在 2030 年的基础上再续上 10 年。一些人认为哈勃望远镜是现代最成功的科学实验，甚至可能是人类有史以来最成功的科学实验。哈勃望远镜往地球发回了成千上万张图像，这些深空之中的景象令人着迷。诚然，这台 8 英尺高的望远镜算不上完美，但它捕捉到了无数的宇宙珍奇画面，将光年彼岸的美景生动地呈现在人们眼前，令科学家们和普通天文爱好者都啧啧称奇。

The Perfectionists

第 8 章

我在哪里，现在是何时

公差 0.000 000 000 000 000 01 (10^{-17})

牛津各处钟楼上的时钟相继报时，响声连绵如瀑。

——英国推理小说家多萝西·塞耶斯（Dorothy L.Sayers）
《俗丽之夜》（*Gaudy Night*）

时间是两地之间最长的距离。

——美国剧作家田纳西·威廉斯（Tennessee Williams）
《玻璃动物园》（*The Glass Menagerie*）

“猎户座号”（Orion）是一座笨重的铁制钻井平台，重达 9 000 吨，正由两艘拖船缓缓拖行，在北海中寻找可以停驻下来进行钻探的地方。而我就在领头拖船的舰桥上，领头拖船名为“开拓者号”（Trailblazer），是一艘异常强大的小型荷兰拖船。猎户座号刚刚在大约 8 千米外的地方成功地完成了一口天然气井的钻探工作。此时，它的 4 条桩腿向上翘起，高高地悬在井架上，随着涌起的海水晃来晃去，看上去十分危险。我们要把它拖到下一个钻探点，也是芝加哥的地球物理学家选择的地方，因为从海底地质状况来看，那里有希望钻出天然气。

那是 1967 年 3 月一个寒冷刺骨的早春之日，当天刮着凛冽的东北风。1 个月前，我才来到这座钻井平台工作。那时我还不到 23 岁，而这座钻井平台价值上千万美元，阿莫科石油公司（Amoco Petroleum）以每小时 8 000 美元的价格将其租了下来，现在却要靠我这样一个新人把它放到正确的位置上。

我要确保猎户座号能够妥善就位，而公司给我的相关指示和装备却少得可怜：一部对讲机，可以用来和平台上的钻井队长通话；一张英国皇家海军部 1408 号海图（从哈里奇到鹿特丹以及克罗默到泰尔斯海灵岛），涵盖了我们所在的这部分北海海域；一张大比例尺局部海底地球物理机密图，由美国海底勘测队制成，图上有一处标着一个大大的红色“X”，那是芝加哥的规划者为钻井平台指定的钻探点。在“X”旁边用铅笔写着钻井平台的停驻坐标，大约是北纬 53° 20'45"，东经 3° 30'45"，角秒数精确到小数点后一位或两位。

最重要的是，这艘拖船的船长也有一张特别的海图，上面印有以红、绿、紫三色表示的双曲线，显示当时已知最先进的无线电导航系统，即“台卡导航系统”（Decca）。与当时大多数近海行船的船长一样，我们的船长也将台卡海图与一台大型信号接收机结合使用。接收机是从台卡公司租来的，由旋转接头安装在一人高的位置，上面有 4 个刻度盘，其中 3 个刻度盘带有钟针似的指针，涂着夜光漆，以便晚上读数。

这台接收机用于接收海岸电台持续不断发送的强大无线电信号。台卡公司在英国和德国北海海岸的海岬及悬崖顶上建造了数座海岸电台，包括主台和副台。信号先由主台发出，无一例外都是短脉冲，片刻之后，各个副台也会重复发出与之相同的脉冲。接收机在接收主台脉冲和副台脉冲时会出现延时情况，而延时长度取决于接收机与相应副台之间的距离。因此，接收机中的原始计算机可以根据接收机到各个副台之间的距离进行定位，从而推算出接收机在海图上的位置。然后，接收机上的刻度盘会分别显示我们的小拖船在红、绿、紫三色位置线上的行进距离。根据接收机上的读数，我们可以从台卡海图中找出我们在这三条独立的相交线上的位置，从而确定我们在海图或地球物理图上的实际位置。台卡导航系统的制造者声称其导航精确度约为 600 英尺。

我得到的指示是这样的：当我确定钻井平台正好位于指定钻探点上方时，我要通过对讲机向钻井队长下达指令。此外，我们的荷兰船长告诉我，有一股表层流正在以大约 6 节的速度向西北方向流动。在就位过程中，钻井平台会随着这股表层流飘移几十英尺，所以我必须考虑到这一点。在我命令钻井队长“放下桩腿”时，他会立即下令松开 4 组螺栓。那耸立在我们上方的高大铁腿就会立即向下坠入海中，溅起 4 朵巨大的水花，势不可当地冲向 200 英尺以下的海床，插入海床上层的软土中。随后我们再加上一组锚，将钻井平台固定在合适的位置，为接下来持续数周的勘探工作做好准备。

我们缓缓靠近钻探点。测深仪每隔几秒钟就会响一次，显示我们下方的深度稳定地保持在 32 英寻[①]。我看着地球物理图上那个模糊的半内切图案，即芝加哥的专家们口中的二叠纪穹丘（Permian dome），从台卡海图来看，它离我们越来越近，有那么一会儿就位于钻井平台的正下方。我紧张地把手指放到对讲机的麦克风按钮上按了下去，同时抬头看着钻井平台，开始对着麦克风大声下令。我用一个二十几岁的人所能有的最严肃、最正式的语气命令道：“放下桩腿！”

片刻之后，我看到 4 小股发红的铁锈色烟雾。原本如高塔般耸立的巨大铁管桁架桩腿顿时塌了下去，很快就消失在视线中。一阵尖锐可怕的金属声随之响起，海水翻腾着，泛起一大片泡沫。我们命令钻井平台上的水手松开我们这艘拖船的拖缆，同时也令其松开后面那艘拖船的拖缆。两艘拖船掉头驶向大海，远离这片喧嚣。我们驶出约 2 千米，然后停下来，看着钻井队长下令开始顶升程序。嘈杂声再次响起，听起来就像建筑工地上

①海洋测量中的深度单位，1 英寻约等于 1.8 米。——编者注

的手提钻声。钻井平台开始自行顺着现已稳固的桩腿不断攀升，直到高出海浪40英尺，远离下方大部分风暴和浪潮的影响。这时，钻井平台上有人把机器停了下来，四周一片寂静，只听见越来越大的风发出低沉的呼啸声，还有海浪的撞击声。

对讲机里传来钻井队长的声音，他刚刚看了测深报告。“一切正常，”他说，“受表层流影响，可能略有偏差，偏离理想位置约200英尺。但对于新手来说，这已经很不错了。芝加哥那边应该不会有什么意见。你做得已经够好了，去睡觉吧。”

那天晚上，他们开始钻井，经过3周夜以继日的钻探，终于在6 000英尺深处发现了天然气。这股天然气喷流正常且强劲，在20世纪60年代堪称天赐的天然碳氢化合物。又过了1周，我们结束钻井工作，由后来的一群工人将这口天然气井与一块气田连接起来。“猎户座号”及其船员们则带着另外几艘重型拖船离开了，前往海上更远的“猎场”。

后来，我离开了钻井平台，离开了阿莫科石油公司，最终彻底转行，不再从事石油地质工作。但是，这段经历却让我铭记多年：我曾经于波涛汹涌的海洋中将一座重达9 000吨的钻井平台安放在一处二叠纪盐丘（Permian salt dome）上方，而且其就位的准确度足以钻出自喷天然气。

我们做到了把误差控制在200英尺以内，这在当时看来是非常不错的成绩。但是以今天的标准来看，偏离指定位置200英尺的精确度简直难以想象，甚至算是彻底的失败。因为地表定位现在可以精确到厘米，很快就会精确到毫米，而这要归功于一项技术的诞生。该技术最终将取代台卡、罗兰（Loran）、吉奥（Geo）、子午仪（Transit）、马赛克（Mosaic）等专有无线电导航系统以及六分仪、罗盘、天文钟等几个世纪以来海员们用于定位的各种导航设备。①

全球定位系统的诞生

毫无疑问，这项技术就是全球定位系统。它的基本原理是在另一项技术的发展中意外诞生的。那是 1957 年 10 月 7 日，周一，威廉·吉尔（William Guier）和乔治·韦芬巴赫（George Weiffenbach）这两位年轻科学家来到约翰斯·霍普金斯大学应用物理实验室，他们和所有美国科学家一样被这样一个事实所吸引：人类历史上第一次有一颗人造卫星正在绕地球运行。

那就是人造地球卫星"斯普特尼克号"（Sputnik）。令美国公众感到懊恼的是，苏联于 3 天前发射了这颗直径 20 英寸、重达 200 磅的抛光钛合金球形卫星，它正以 96 分钟一圈的速度绕地球运行。总共 360 页的《纽约时报》周日版曾在第 193 页报道，该卫星上搭载的微型发射机正在持续不断地发射无线电信号。吉尔和韦芬巴赫都是计算机专家，他们最近在做的工作分别是氢弹模拟和微波光谱研究。他们认为，或许可以通过记录并分析那些无线电信号，来确定斯普特尼克号的确切位置。

---

①在台卡和罗兰导航系统以及全球定位系统出现以前，技术熟练的海员能够通过结合使用六分仪和精密天文钟在海上进行准确度相当高的定位。1985 年，我乘坐一艘小型纵帆船在印度洋上航行。当时，我的航海技术还不太熟练。但是在一位经验丰富的澳大利亚船长的监督下，我只用了六分仪和天文钟，加上一套很好的海图和一个便于计算的拖板计程仪，就成功地从迪戈加西亚岛（Diego Garcia）航行了 2 080 千米到毛里求斯。虽然日航行误差高达几千米，但是在空旷的大海上航行了 10 日之后，我终于在那天深夜从船首左舷方向看到费信岛（Flat Island）上的信号灯闪了 4 下白光，从而意识到我们就在毛里求斯以北几千米处。这段成功的航海经历就像 20 年前的钻井平台一样，也在我心里留下了深刻的印记。

因此，他们将实验室里的专用无线电接收机调到斯普特尼克号卫星的频率上，专注地倾听并用高保真磁带录放机录制卫星信号有规律的振动声，那是一种高分贝的“哔哔”声，其发射频率略高于每秒 2 次。然后，他们分析了卫星无线电信号的频率，结果发现，正如他们所猜想的那样，随着斯普特尼克号卫星从地平线上升起，然后直接从巴尔的摩实验室上空经过，最后再次落到地平线下，信号的频率在这个过程中发生了轻微的变化。他们观察到的这种频率变化即为多普勒效应。关于多普勒效应，有一个典型的例子：随着鸣笛的火车由远而近再由近而远，观察者听到的鸣笛声的频率会发生变化。有史以来第一次，这两位物理学家证明了卫星信号的频率变化既可检测又可测量。

他们的应用物理实验室里有一台全新的雷明顿通用自动计算机（Remington UNIVAC），那是当时功能最强大的计算机。此后不久，两人便利用这台计算机将卫星信号数字化，然后根据现已转换成数字的不同频率相当精确地计算出斯普特尼克号在各条轨道上的位置。斯普特尼克号在他们正上方时的频率是信号的真实频率；由斯普特尼克号绕地球一圈所需的时间可知其运行时速约为 28 800 千米。因此，以真实的频率为基准，根据信号频率的相应变化可以计算出斯普特尼克号在靠近和远离他们的过程中所处的位置。

这一运算耗费了数周，并产生了深远的影响。后来在美国加入太空竞赛时，他们也成功地将其应用于“探险者 1 号”（Explorer I）的轨道预测。次年 3 月，应用物理实验室主任弗兰克·麦克卢尔（Frank McClure）意识到，他这两位年轻的同事无意中发现了一种可以在全球范围内使用的应用程序。

麦克卢尔把两人叫到他的办公室，让他们把门关上，告诉他们，如果地面上的观测者能够精确地确定卫星在太空中的位置，那么反过来，数值倒数也可能是正确的。根据卫星的位置，人们也可以计算出观测到这颗卫星的人或机器在地球上的确切位置。

这点在事后看来是显而易见的。不过，吉尔和韦芬巴赫之前并没有注意到，他们后来才意识到这样的推论：无论是船只、卡车、火车还是普通平民，无论是移动的还是静止的，基于这一简单多普勒原理设计的卫星导航系统都可以代替海员们在过去几个世纪里使用过的六分仪、罗盘、天文钟以及当下正在使用的罗兰、台卡、奇（Geo）等导航系统。它不仅可以确定他们所在的位置，还可以告诉他们要朝哪个方向走才能到达他们想去的地方。“我突然意识到，”麦克卢尔在一份为吉尔和韦芬巴赫申报奖项的著名备忘录中写道，“他们的工作为一种相对简单且有可能相当准确的导航系统奠定了基础。”

确实相当准确。巴尔的摩应用物理实验室的研究经费很多都是来自美国海军，后者进行了一些粗略的计算，然后提出了这样一个概念，即在拥有大量卫星的前提下，对人或物的定位或许可以精确到 0.5 英里以内，比如对船只或潜艇的定位。虽然台卡导航系统可以精确到 600 英尺以内，但与之相比，这样的卫星导航系统有一个显著的优势，而该优势在那个美苏冷战时期尤为重要。当时，船只以及“开拓者号”等钻井平台定位拖船所使用的台卡等无线电导航系统并不安全，因为它的发射台都在陆地上，很容易就被敌人切断服务，而太空中的卫星导航系统可以防止外界的干扰、监视和破坏，相对而言要安全得多。

当时，美国海军正在寻找一种安全可靠且准确的方法来定位装备“北极星”导弹的核潜艇舰队，因此，被称为“子午仪”的多普勒卫星导航系统就这样应运而生了（见图 8-1）。1960 年，一颗原型卫星被成功送入轨道。此时距离麦克卢尔书写那份著名的备忘录才不过 6 年（也就是斯普特尼克号发射 3 年后），美国海军的“子午仪号”卫星编队就开始绕地球运行，第一个真正的卫星导航系统开始全面投入使用。

图 8-1　多普勒卫星导航系统

注：该卫星于20世纪50年代和60年代由美国海军发射，通过多普勒卫星导航系统定位美国战略核潜艇，精确度为300英尺。子午仪系统被认为是世界上第一个实用的卫星导航系统，该系统最终促使了现代全球定位系统的诞生。

后来，由 15 颗卫星构成的系统建成了。这些卫星看起来很不雅观，就像昆虫一样。4 个太阳能电池板翅膀和长长的躯干连接在一台发射台上，形成一个吊杆，使天线始终指向地球。在 960 千米高的极地轨道上，至少有 3 颗卫星同时保持运行。当地球在下方转动时，这些卫星会扫过地球上的陆地和海洋，像太阳一样升起、落下，同时向地面上的接收机发射信号。随着它们向接收机靠近，到达接收机上方，继而远离接收机，信号会受到多普勒效应的影响。地面站配备了巨型计算机，这些计算机的磁带鼓来回旋转，可以预测每颗卫星在天空中出现时的真实轨道，并通过无线电将这些数据发送给需要知道自身所在位置的船只和潜艇。虽然该系统效率低下，在早期每隔几小时才可用一次，但它确实让美国海军船只在任何天气情况下都能随时随地进行比较准确的定位。

通过在 15 分钟内跟踪一颗经过的卫星，船只可以确定自身所在的位置，精确度为 300 英尺。据说，美国海军搭载“北极星”弹道导弹的战略核潜艇在进行定位时能够精确到 60 英尺以内，因为他们可以使用相关软件的高度机密增强版，即给出卫星正确轨道的信号接收软件。子午仪系统显然要比台卡、罗兰等无线电导航系统强大许多，而且经受了考验，直到 1996 年才停止使用，服役时间长达 30 多年。[①] 该系统于 1967 年对商船开放，在其鼎盛时期，多达 8 万艘非海军船只使用该系统。正如一位项目经理所说：“这是自船用天文钟问世以来在导航方面迈出的最大的一步。”

世界发展越来越快，核武器越来越危险，敌人越来越狡猾，关键基础设施的要求越来越高。600 英尺、300 英尺、200 英尺、60 英尺等误差先后被海军称为“高精确度”，现在显然已名不副实。此外，每小时只能进行一次定位，而且评估时间长达 15 分钟。评估过程由一小批海军人员在地面站通过成排的计算机完成，无论他们受过多么良好的训练，都难免出现人为误差。

新的世界秩序需要更好、更快、更可靠、更安全和更精确的导航系统。基于多普勒频移的导航系统也很好、很可靠。然而，大环境在更新提速，变得更具威胁性，面对这样的技术现实，多普勒导航系统显然无法

---

①无论这个系统多么强大，它并没有完全经受住美国政府姊妹机构原子能委员会（Atomic Energy Commission）糟糕的规划和决策。海军的子午仪 4B 卫星于 1961 年 6 月发射升空，正沿着计划轨道静静地飞行，十分规律地发出信号。然而，刚刚一年多后，原子能委员会就发射了一枚火箭，其鼻锥中装有一枚威力巨大的氢弹，该火箭在夏威夷附近的地球上空 400 千米处按计划爆炸。原子能委员会忘了检查，它把可怜的子午仪卫星从空中炸了出来，这是几个被损坏或摧毁的轨道天体之一。那个夏夜，它还破坏了檀香山的街灯。只有新西兰空军感到高兴，因为爆炸将南太平洋照亮了许久，久到足以让演习中的飞机找到目标潜艇。相关人员后来声称这是作弊。

应对。1973 年，美国佛蒙特州一位乡村医生的儿子罗杰 · 伊斯顿（Roger Easton）（见图 8-2）提出了一种很明显可以应对当前形势的系统。该系统涉及时间问题以及计时用的时钟问题，所涉及的物理原理实际只是被动测距（passive ranging），本质上非常简单。

图 8-2　罗杰·伊斯顿（左三）

注：多年来偶尔发生的党派之争最终导致出生于美国佛蒙特州的伊斯顿被公认为全球定位系统的发明者，当时他在华盛顿特区的美国海军研究实验室工作。

假设有两个十分可靠的时钟，它们显示的时间完全相同。再假设其中一个时钟在伦敦，另一个在底特律，两个时钟都通过视频流连接，都在 Skype、FaceTime 或 WhatsApp 等社交软件上显示。在这个场景中，我们完全相信两个计时器的精确度和准确度，而且十分确定它们设置的时间相同，因此显示的时间也是相同的。

如果两位观察者分别去观察各自所在房间里的时钟，他们看到的时间显然是相同的。但是，如果身在伦敦的观察者通过视频去观察底特律的时钟，就会发现细微的差别：与放在他旁边的时钟相比，底特律的时钟似乎慢了零点几秒，差不多正好是 0.02 秒。不过，他很确定实际上两个时钟显示的时间是一样的，同时也知道两者之间的信号速度即光速，是一个常量。因此，这种差异必然是由这个场景中的唯一未知的变量造成的，而这个未知的变量显然就是信号从底特律传到伦敦必须经过的距离。

伊斯顿当时在位于得克萨斯州南部里奥格兰德河谷（Rio Grande Valley）的美国海军太空应用部工作，创建了臭名昭著的“太空篱笆”（space fence），即一个庞大的探测器阵列，声称能够绘制任何经过美国领土上空的卫星。他发现，在伦敦观察到的两个时钟的时间存在差异。这一简单事实提供了一条宝贵的信息，即一个数字。根据该数字，他可以计算出伦敦和底特律这两个城市之间的距离。光速为恒定不变的绝对速度，即每秒 299 792.458 千米。而在前文的例子中，观测到的时间延迟为 0.02 秒，即光传播了 5 920 千米。因此，基于时间计算出的两地距离为 5 920 千米，而这基本上就是底特律与伦敦之间的实际距离。

伊斯顿立即设计了一个简单的实验，并邀请了几位高级海军军官同事前来观察。在这个实验中，他没有使用时钟。20 世纪 60 年代中期，人们已经发明了非常精确的原子钟，只是原子钟的体积太大，无法用于他设想的实验。因此，他使用了石英振荡器和氢微波激射器。后者昂贵而复杂，但体积较小，可以提供十分可靠的恒频标准。

伊斯顿制作了两个这样的装置。他把其中一个放在一辆敞篷车的后备箱里，那辆车的主人是他的一位工程师朋友，名叫马特·马卢夫（Matt Maloof）；另一个则放在得克萨斯州南部的海军基地，也就是他工作的地方。伊斯顿让观察者们看着他在实验室里连接好的示波器屏幕，同时让马卢夫以最快的速度沿着得克萨斯州 295 号公路开到最远的地方。这条公路当时还没有竣工，因此空无一人。在马卢夫迅速驶离的过程中，车上的发射机一直在不停地向外发送信号，而总部的办公室里有一个振荡器在接收这些信号。该振荡器的频率和发射机的频率完全一样。

随着汽车离办公室越来越远，两个数字之间的差值也越来越大，而这都是由距离的差异造成的，因为其他所有因素都是恒定的，这些因素包括两个设备的频率和信号传输的速度，即光速。海军军官们看得入了迷。随着计算结果出炉，他们几乎立刻就能知道马卢夫的车离办公室有多远、开得有多快以及何时改变了方向。当马卢夫在几十千米以外的地方换车道时，这一数字发生了明显的变化。见到这一幕，他们深感钦佩，惊讶之情溢于言表。这次演示取得了圆满成功，原则上证明了钟差导航系统是可行的，而且远比人们想象的简单。

美国海军立即拨款进行深入研究，只是这笔款项数额极小，无法支持发射卫星，也就无法在军方偏爱的真实环境中进行测试。与此同时，美国各地的实验室也在不断提出其他定位方法。军方技术、人员和部门矛盾纷争不断，从事后看来，俨然就是一场多普勒系统和钟差系统的生死对决。直到今天，伊斯顿的支持者和布拉德福德·帕金森（Bradford Parkinson）[①]（见图 8-3）的支持者之间还存在许多不友好的争论。伊斯顿隶属海军，而帕金森则是一位战斗经验丰富的空军上校，有些人认为帕金森才是全球定位系统之父。关于"全球定位系统黑手党"的负面言论依然存在，如今偶尔还能看到两人的支持者所写的恶语相向的文章。不过，钟差系统最终

①帕金森在其空军生涯中醉心于"自动化战场"，对装备精良的 AC-130 攻击机特别感兴趣。AC-130 攻击机被誉为"终结者"，是固定翼武装炮艇中的典范。帕金森与全球定位系统的联系主要源于一次传奇会议，即所谓的"孤独大厅会议"。1973 年劳动节的那个周末，在几乎空无一人的五角大楼里，一群精心挑选的空军军官讨论了全球定位系统架构的轮廓。帕金森认为全球定位系统的重要性在于它能让飞机"在同一个洞里投下 5 枚炸弹"，而伊斯顿的想法则比较富有诗意，尽管他通过现代技术将时间和空间联系了起来，但还是认为自己的研究延续了两个世纪前英国钟表匠约翰·哈里森对计时的痴迷。

胜出。1973 年，美国空军取得了部分胜利，从该计划的海军发起者手中夺取了运作控制权，开始了这个卫星系统的建设。该系统为导航星全球定位系统的核心，而导航星全球定位系统在后来被简化为了现在人们所熟悉的全球定位系统。伊斯顿则摘得了桂冠：他被授予美国国家技术奖章以及其他多项荣誉，包括以该系统的主要发明者的身份入选美国国家发明家名人堂。

图 8-3　布拉德福德·帕金森

注：帕金森曾与伊斯顿竞争全球定位系统的发明者这一身份，此外还以所谓的自动化战场研究而闻名。他对全球定位系统的设想在很大程度上倾向于军用，而伊斯顿则颇富诗意地认为该系统自然而然地继承了哈里森于18世纪对经度和高精确度时钟的研究。

这个提议中的系统存在大量的技术问题。为了解决这些问题，多颗卫星被分批发射，成组送入太空，形成覆盖全球的卫星组合。1978 年至 1985 年，01 组 10 颗卫星被成功送入轨道。全球定位系统于 1978 年 2 月正式启用，不过最初仅供美国军方使用。某些军事行动随后就使用了全球定位系统定位，比如针对利比亚领导人的军事行动。武器和炸弹中也安装了内置全球定位系统，后者被称为激光制导炸弹。后来，全球定位系统成了作战计划和战术的重要组成部分。可以说从 1991 年的海湾战争开始，所有战争都离不开全球定位系统，带领美军进入科威特的领头坦克全都配备了全球定位系统接收机。自那以后，已经有 70 颗全球定位系统卫星被送入了距离地表约 1.9 万千米的中地球轨道。其中有 31 颗留存至今，所以有些已经相当老旧。这 31 颗卫星都是由洛克希德·马丁公司或波音公司制造的，大部分是由美国空军用阿特拉斯 5 型运载火箭发射的，发射地点大多是在卡纳维拉尔角（Cape Canaveral），而且发射时间大多是 1997 年以后。这些卫星共同形成了全球定位系统的运作支柱，而这一系统对每个人来说都是必不可少的公益系统，由美国政府免费提供。

精确无极限

全球定位系统是一个真正的公益系统，原因很简单，虽然该系统由美国政府所有，现在却完全向平民开放，几乎没有任何限制。最初，它是最高机密，是核战略武器库的一个组成部分，旨在确保携带原子弹的飞机和配备核弹头导弹的潜艇始终能够对自身进行高度准确的定位，以及确保其携带的武器在对目标进行定位时能够精确到几米之内。后来，罗纳德·里根（Ronald Reagan）决定允许民用用户平等地使用全球定位系统技术，先是对航空公司开放，后来扩展到普通平民。尽管军方声称对全球定位系统保密可以为美国带来战略优势，但里根政府依然认为，故意隐瞒这种可以进行准确定位的技术属于不道德的行为。此外，苏联当时还在忙于建立自己的全球导航系统，而这一系统现已建成，被称为格洛纳斯（GLONASS）。

除此之外，欧洲的伽利略卫星导航系统，中国的北斗卫星导航系统也已经上线并开始运行，可能很快就会像全球定位系统一样普及。不过，目前全球定位系统的地位仍然很高，想必只要没有黑客恶意侵入美国的防御系统，其地位在未来几年依然处于领先水平。

在全球定位系统放开供民用后的许多年里，美国国防部依然忧心忡忡地认为，不应该让普通人知道总统办公室的确切位置，不应该让其享用精确度为一两米的定位。因此，他们要求美国空军略动手脚，故意在系统中引入误差，使普通用户在水平方向上的定位误差不低于 45 米，在垂直方向上的定位误差不低于 90 米。然而，克林顿总统于 2000 年下令取消了这种被称为“选择可用性”的限制。从那时起，世界各地的用户都能在各种设备上使用全球定位系统接收机，包括汽车、电话、手表以及狩猎探险和周末出海度假时所携带的手持设备，误差仅为几米。勘测队甚至声称其定位精确度可以达到几毫米。他们使用特殊的接收机，等待越来越多的卫星进入视野，至少要有 4 颗卫星在他们的视线范围内时，他们才能给出合适的读数，而有些测绘员甚至会等到可以与多达 12 颗卫星通信之时，才给出合适的读数。

整个系统目前由戒备森严的施里弗空军基地（见图 8-4）负责运行，该基地位于科罗拉多泉附近的落基山脉雨影区尘土飞扬的东倾平原上，靠近夏延山下著名的巨大掩体，即美国的防核基地。美国国防部的数百颗卫星几乎全部由施里弗空军基地负责管理，其中大部分是高度机密的情报搜集卫星。它们在空中飞行或盘旋，执行各种不确定的任务。第二太空行动中队深藏于美国空军官僚机构之中，同样也深藏在基地庞大且高度安全的综合设施的层层保护之下。他们在某种程度上不可避免地奉行着美国的“和平之路”箴言，致力于管理和维护构成美国全球定位系统的 31 颗卫星。这里的主控站负责检查每颗出现在地平线上的卫星的运行状况，而由遍布世界各地的 16 个监测站组成的网络则确保无论白天还是黑夜，至少有 3 双眼睛在成排的电子引擎和超高速计算能力的协助下时刻监控着每一颗卫星。

图 8-4 施里弗空军基地

注：该基地安全性非常高。美国国防部便在此对其所拥有的全球定位系统进行管理和控制。

其中 4 个监测站拥有复杂的天线，可以向卫星发送信息，最重要的是，可以向每颗卫星上携带的原子钟发送精确到百万分之一秒的校正信息。虽然每颗卫星可以发送其精确的位置信息很重要，但这些卫星也在发送极准确的时间信号，这点更是具有非同寻常的重要性。因为**全球定位系统的功能不仅仅是用于满足地球上的导航需求，可以说，现代的全球经济大部分都依靠全球定位系统时钟运行，其准时程度可以精确到极微小的几分之一毫秒内**（见图 8-5）。

图 8-5 美国空军的一名技术人员正在全球定位系统控制室内工作

注：第二太空行动中队负责管理31颗全球定位系统卫星，这些卫星向世界上大部分地区的接收机发送高度准确的导航和定位信息。

总而言之，全球定位系统卫星编队在地球上空盘旋或快速移动，其实用程序复杂，与时间有关。信号的所谓传输时间是已知数，将其与信号的“到达时间”进行比较，经计算便可立即得出两者之差，即“渡越时间”。用 4 个“渡越时间”分别除以光速，可以计算出 4 个距离。对这 4 个距离进行三角剖分，便可得出接收机的确切位置，一般来说，可以精确到 5 米之内。不过，随着时钟精确度越来越高，这些计算所依据的时间越来越精确，定位的准确度也会越来越高。就基本几何结构而言，美国的全球定位系统及其在俄罗斯、中国和欧洲的姐妹系统都是以十分简单的方式运行的。但是，就定位准确度而言，这些系统的核心都依靠极其复杂的设备。正因如此，当前在使用全球定位系统完成任务时才得以达到相当惊人的精确度。

上述任务远不止是引导船只安全入港或在高峰时刻于乌兰巴托的街道上驾车穿行。移动电话通信、农业、考古学、构造学、救灾、制图、机器人学、天文学等凡是需要知道时间和位置的人类活动，几乎会随着用作导航的信息越来越精确而得到改进。①

①人们将 19 世纪主要的制图成就与现代全球定位系统数据进行比对，结果发现前者中的图示许多都出奇地准确。乔治·埃佛勒斯（George Everest）于 1830 年开始对印度进行为期 13 年的大三角测量，雇用了数千人在冰川、丛林、沼泽和炎热的沙漠中用铁链和经纬仪以喜马拉雅山脉和科摩林角之间 2 240 米的“大弧”为基线进行测量。与 2003 年使用激光技术和卫星重新对“大弧”进行的一次测量相比，埃佛勒斯在维多利亚时期测得的结果仅误差 0.09%。此外，对印度境内山脉的垂直测量和水平测量同样准确，该团队计算出喜马拉雅山脉最高山峰第十五峰的高度约为 8 700 米，后续测量结果约为 8 708 米。该山峰后来被命名为珠穆朗玛峰。这座山峰有力地提醒着人们维多利亚时期的测量精确度有多高。

至少我们应该如此认为。**在哲学上、道德上、心理上、智力上，甚至可以说在精神上，人类越来越依赖于精确度不断提高的设备和技术**，这其中也有令人不安的地方。那些在 17 世纪破坏机器的人、在后来为手工艺的消逝而哀伤的人以及在今天对电子产品无形的魔力感到不知所措的人，都提出了同样的疑虑，这些疑虑一直存在。在后文中，我将讲述精确度的感知利益和实际利益这一问题。

然而，就我个人而言，有一点却是毋庸置疑的。半个世纪前，我把钻井平台放到了海底离目标 200 英尺的地方。半个世纪过去了，我依然对此耿耿于怀。当时确实钻出了天然气，算是取得了成功，但是每当想起那 200 英尺的差距，我都会感到心烦意乱，因为这一过程不准确，也不精确。如今，我经常对自己说，当时要是能使用全球定位系统就好了。当时，巴尔的摩的物理学家团队已经在讨论这项技术了，他们正在评估“斯普特尼克号”人造卫星发射后的影响。要是能使用全球定位系统的话，我在放置钻井平台时就可以将误差降到 10 英尺或更低，从而让所有人都感到满意。然而在当时，尽管巴尔的摩的物理学家团队早在 10 年前就已开始研究卫星导航，尽管建立卫星导航系统的第一步已经迈出，但是还要再等 20 年，可用来定位的卫星才能发射升空，我和成千上万像我一样的人才能获得更加准确的定位方法。

不过，在实际应用中，10 英尺真的比 200 英尺好很多吗？毕竟，那位钻井队长说 200 英尺“已经够好了”。

我有一个日本朋友在一艘深海研究船上当领航员，在西北太平洋极为遥远的水域工作。在舰桥上，他有一个全球定位系统信号器，可以与 12 颗全球定位系统卫星通信，而大多数苹果手机只能与三四颗卫星通信。因此，他可以在无迹可查的海面上知道自己的位置，误差仅为几厘米，不是几码，不是几米，而是几厘米，并且是在波涛汹涌而又孤寂的海洋中。

我清楚地记得，阿莫科石油公司的钻井队长认为在海上 60 米的误差已经够好了。当我向那位日本朋友讲述钻井队长的乐观态度时，他笑了。他说，那是 20 世纪 60 年代，当然已经够好了。但这并不是精确的意义所在，“已经够好了”恰恰代表了还不够好。

接着，他提高声音补充道，总有一天，当我们在海上的定位需要精确到几毫米以内时，精确到几厘米就会变得不够好。“精确无极限，对绝对精确的追求永无止境。”

他的话至今还在我耳边回响。

The Perfectionists

第 9 章

超越精确的极限

公差 0.000 000 000 000 000 000 000 000 000 000 000 01 (10^{-35})

最小粒子运动有两个要素，即位置和速度。我们永远都无法准确无误地测定这两个要素，无法同时准确地测定粒子的位置及其运动方向和速度。

——沃纳·海森堡（Werner Heisenberg）

《原子核物理学》（*Die Physik Der Atomkerne*）

从 2018 年夏天开始，每隔几周都有 3 架大型波音货机从阿姆斯特丹郊外的史基浦机场起飞，这些飞机通常是荷兰皇家航空公司的无窗改装 747 飞机，它们将一批批珍贵的货物运往位于亚利桑那州菲尼克斯西部沙漠郊区的钱德勒市（Chandler）。每批货物都是一样的，都是由每架飞机运载 9 个超过一人高的白色集装箱。要把这些沉重无比的集装箱从菲尼克斯的机场运到 32 千米外的目的地，需要一支由 10 多辆 18 轮卡车组成的车队。到达目的地后，人们将箱子里的零件取出来，组装成一台重达 160 吨的巨大机器，即机床。其前身为约瑟夫 · 布拉马、亨利 · 莫兹利、亨利 · 莱斯、亨利 · 福特等人于一个多世纪以前发明和使用的机床。

就像其前身一样，这台荷兰制造的庞然大物是用来制造机器的机器，共计有 15 台这样的机器被运往钱德勒市，每台都是在制造完成后便交付。不过，该巨型设备不是通过对金属进行精确切割来制造机械的设备，而是用来制造你能想象到的最微小的机器，这些微型机器都是电子装置，没有任何可见的活动部件。

在经过 250 年的发展历程后，精确度此时达到了顶峰。在此之前，几乎所有需要一定精确度的设备和产品都是由金属制成的，而且都通过某种物理运动来实现各自的功能：活塞起起落落；锁打开和关闭；步枪射击；缝纫机缝合布料，制作出卷边和镶边；自行车在车道上摇摆前行；汽车在公路上行驶；滚珠轴承旋转；火车呼啸着驶出隧道；飞机在空中飞行；望远镜展开；时钟嘀嗒或嗡嗡作响，指针不断向前移动，从不后退，每动一下正好一秒。

后来出现了计算机、笔记本电脑、智能手机等从前的人们想象不到的工具。技术迅速发展，平移时代随之而来。在这个时代，精密的前沿技术超越自身原有的极限，仿佛跨过了一扇看不见的大门，从纯粹的机械和物理世界进入了一个静止无声的宇宙。在这个宇宙中，电子、质子和中子取代了铁、燃油、轴承、润滑油、耳轴和改变范式的可互换零件理念。尽管机器部件可能会发出强光或热浪，但不会产生机械运动，也不会将测量精确度视为每个部件的基本属性。此时，精确度已经达到了只有在接近原子级别时才有意义和用途的程度。这种精确度所适用的设备都已普遍电子化，它们遵循不同的规则，能够执行人们以前无法想象的任务。

前文中提到的送往亚利桑那州的设备便用于执行此类任务，这台机器在完全组装好后有一间普通公寓那么大，正式名称为“NXE:3350B EUV 扫描仪”（见图 9–1）。其制造商为一家在荷兰注册的公司。这家公司一般人不熟悉，但非常重要，名为阿斯麦。订单中每台机器的价格约为 1 亿美元，总订单价格约为 15 亿美元。

购买方可以轻松支付这笔款项，其营业地位于钱德勒市，那里聚集着一模一样的庞大建筑，专业术语称为“晶圆厂”（fab）。按照新的世界秩序，制造金属产品的工厂都配有制造电子产品的晶圆厂[①]。英特尔公司是现代计算机行业中有 50 多年历史的支柱企业，目前的资产已超过上千亿美元，其核心业务为电子微处理器芯片制造，在世界各地拥有多家晶圆厂。其中，位于钱德勒市的工厂被称为 42 号晶圆厂。电子微处理器芯片几乎是世界上所有计算机的大脑。凭借着阿斯麦公司生产的巨大的设备，英特尔公司得以制造出这种芯片，并在芯片上大量放置晶体管，以达到几乎不真实的精确度和微小尺度，从而满足当今计算机行业对运行速度更快、功能更强大的计算机无止境的需求。

图 9-1　NXE：3350B EUV 扫描仪

注：像计算机芯片这样极其微小的零件要用巨大的机器才能制造出来。图中这台机器由荷兰阿斯麦公司制造，可以装满3架喷气货机。世界上最大的芯片制造商美国英特尔公司大量购买这种售价1亿美元的机器。

芯片制造和芯片机制造这两项任务的管理方式是近年来与精确度相关

---

①或者代工厂，这个词源于 17 世纪的炼铁工艺，用来描述 21 世纪被电子产品所包围的现象。

的两个比较令人难忘且相互交织的传奇故事。现在，将两家公司①联系在一起的技术达到了如此微小的尺度，其公差在几十年前看来还宛若天方夜谭，几乎无法实现，如今却将精确度推向了一个令人难以置信却又不得不信的世界。可以说，现代人类从中受益匪浅，这项技术的存在使人类世界变得更加美好。英特尔和阿斯麦应该会欣然同意这一说法。

摩尔定律的发现

电子世界走向超精确度的推动者很可能正是英特尔公司的创始人之一戈登·摩尔（见图 9-2）。他创造了一种方法，这种方法可以使晶体管的尺寸不断缩小，从而能够将数以百万计到数以十亿计的晶体管塞到一个微处理器芯片上，而微处理器芯片是现代所有计算机设备的核心和灵魂。通过这种方式，他赚了一大笔钱。不过，摩尔最出名的还是他在 1965 年所做的预测。当时，36 岁的摩尔显然已成为后来居上者。他预测，从那一刻起，关键电子元器件的尺寸会缩小一半，而计算速度和功率则会翻倍，这种变化每年都会定期发生，具有规律性。

不久，摩尔的一位同事便将其预测命名为“摩尔定律”。摩尔定律的一个修正版本自此成为行业内《圣经》般的存在，这不仅仅是因为其正确性得到了证明，还因为其预测惊人地准确。然而，正如摩尔本人所指出的那样，他提出的这条定律与其说是描述了计算机行业的发展，不如说是推动了计算机行业的发展。如今，制造计算机芯片的公司似乎都致力于追求

①这两家公司相互依赖。2012 年，英特尔斥资 40 亿美元收购了阿斯麦 15% 的股份，相信这家荷兰公司的研究人员会利用这笔资金制造出更加精密和经济的微处理器芯片生产设备。

极微小的公差，使公差越来越小，以便摩尔定律能够继续适用下去。

图 9-2　戈登·摩尔（左）

注：1965年，戈登·摩尔在经营仙童半导体公司（Fairchild Semiconductor）期间提出了一条定律，预测集成电路的性能每年会提高一倍，后来，他谨慎地将其修正为每两年提高一倍。现在大多数人都认为集成电路即将达到其性能极限，但就目前而言，该定律依然适用。

近年来，电子技术期刊上充满了各种文章，讲述这种新芯片、那种新处理器或新设计的主板来进一步表明，摩尔定律在首次提出 30 年、40 年、50 年后仍然有效。摩尔似乎已在不经意间成为某种睿智的“魔笛手”，引领这个行业以更快的速度发展，制造出尺寸更小、功能更强大的设备，从而实现他的预测。不过，很可能有许多消费者怀有不同的想法，他们反对新技术，认为没有必要这样做。他们可能更希望能够平心静气，获得片刻的满足感，而不是在未权衡需求的前提下去购买最新的苹果手机，或者在并不清楚微处理器是什么及其有什么功能的情况下去购买配备最新、最快微处理器的计算机。

下面来看几个令人难以置信的数字。现在，地球上正在运行的晶体管数量约为 15 000 000 000 000 000 000（15×10^{18}）个，比地球上所有树叶的数量还要多。2015 年，四大芯片制造商平均每秒制造 14 万亿个晶体管。此外，单个晶体管的尺寸已经缩小到原子水平。

从前文来看，基本物理常数可能自会终结此定律。虽然如此，但是我必须指出，传统电子产品即将达到某种物理极限的征兆似乎已开始显现，在过去令人眼花缭乱的 50 年间均预测准确的摩尔定律可能即将按下停止键。当然，这并不会阻止计算机行业提出全新的定律来取代它。毋庸置疑，新的技术即将出现，至于摩尔定律是否会继续适用于这项新技术，我们仍需拭目以待。

摩尔出生于 1929 年，是北加利福尼亚州圣马特奥县（San Mateo County）的一名治安官之子。一个与摩尔素未谋面的人为后来主宰摩尔职业生涯的晶体管的发明埋下了伏笔，这个人就是朱利叶斯·利伦菲尔德（Julius Lilienfeld）。利伦菲尔德于 20 世纪 20 年代从莱比锡来到马萨诸塞州。当时，他已经迟疑不决地制订了一系列杂乱的计划，试图设计一种全电子闸道器。该设备通过使用一种当时被称为半导体的物质，便可以使低压电流控制比它高很多的电流，你可以打开或关掉电流，也可以放大电流，而无须任何运动部件，也无须高昂的成本。

在此之前，电流控制工作先后由玻璃封装的二极管和三极管来完成，两者既昂贵又易碎，在工作时严重发热。利伦菲尔德梦想有一天能够制造出可以取而代之的固态半导体器件，从而使电子产品的温度降低、尺寸缩小、成本减少。1925 年，他在加拿大为自己的构思申请了专利，绘制了《电流控制方法和设备》（*A Method and Apparatus for Controlling Electric Currents*）图纸。然而，他的方案完全是概念性的，当时还没有能够制造出这种设备的技术和材料，存在的只是他的构思及他新近公布的原理。

随着时间的流逝，利伦菲尔德的构思留存了下来，直到 20 年后才从概念变成现实，人们终于制造出了可运行的晶体管。当年轻的摩尔作为圣何塞（San Jose）一名有能力但似乎不太有天赋的学生进入加州大学时，晶体管已经发展起来了。

1947 年圣诞节的两天前，贝尔实验室的物理学家约翰·巴丁（John Bardeen）、威廉·肖克利（William Shockley）和沃尔特·布拉顿（Walter Brattain）（见图 9-3）公开了最早可运行的晶体管（见图 9-4），因此获得了 1956 年诺贝尔物理学奖。肖克利是一个难以相处的人，后来因积极支持优生学而遭到痛斥。在演讲中谈到已经发明的装置时，肖克利称："将来可能会出现许多当下意想不到的发明。"但他只说对了一半。

图 9-3　巴丁、肖克利、布拉顿（从左到右）

注：1972年，巴丁因在半导体方面的研究再次获得诺贝尔奖，成为4位两次获得诺贝尔奖的人之一。

当时，这项发明还没有被称为"晶体管"，该术语在一年后才被写入词典。晶体管展示了一种混合的电气特性，即传输（transfer）与电阻（resistor），其英文名称 transistor 便由此而来。当时的晶体管尺寸远称不上小，其原型现在保存在贝尔实验室的钟形玻璃罩内，上面有金属丝和各种组件，以及由以前很少有人关注的银色轻金属元素锗制成的关键性半导体薄片，尺寸有小孩的手掌那么大。

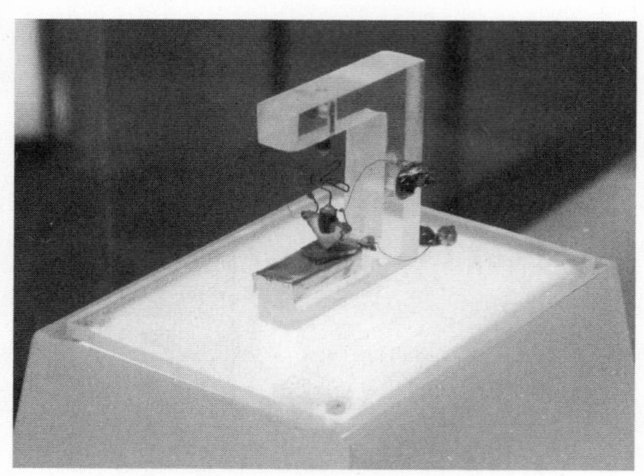

图 9-4　最早的晶体管

注：1947年圣诞节前夕，美国新泽西州贝尔实验室的科学家发明了第一个晶体管。可以说，20世纪的任何一项发明都不如该设备更有影响力。在精确度的历史上，其发明标志着运动的机械部件让位于静止的电子器件，牛顿将衣钵传给了爱因斯坦。

然而，短短几个月后，能够发挥所谓晶体管效应的设备开始变得非常小。到了 20 世纪 50 年代中期，第一批晶体管收音机面市。那个小小的玻璃顶针已经为人所熟知，其特征是有三根金属丝从底部伸出，其中一根将门极电压引入晶体管，另外两根为不起眼的源极和漏极，只有在通过门极施加电压时才有电。

这些由玻璃和金属丝组成的顶针可能很小，也有着神奇的能力，但它们还远远达不到微型的程度。在硅片晶体管于 1954 年问世之后，尤其是在第一批完全扁平的平面晶体管于 1959 年问世之后，“微型”在理论上才成为可能。此时，年轻的摩尔已经进入了这个领域。他在加州大学伯克利分校、加州理工学院和约翰斯·霍普金斯大学专注科研多年，现在已经离开学术界，进入了商业领域，开始探索刚刚起步的半导体产业商业化的可能性。他这样做是应肖克利的要求，后者于 1956 年离开贝尔实验室，前往西部的帕洛阿尔托（Palo Alto），在那里建立了自己的公司肖克利晶体管公司，开始探寻他所预测的“许多意想不到的发明”中的第一个。

从本质上说，肖克利的这一举动标志着后来硅谷的建成，当时尚未建成的硅谷在后来成为半导体行业的圣地。由于获得了诺贝尔奖，加上他原有的声誉，肖克利有足够的资金雇用任何他想雇用的人。他迅速聚集了一大批科学精英，其中包括他的首席化学家摩尔以及一群同样聪明的年轻物理学家和工程师。

这批精英很快就被肖克利逼疯了，在不到一年的时间里就有 8 人怒气冲冲地离开了公司。肖克利行事专横而又诡秘，公然地疑神疑鬼，而且莫名其妙地放弃了把硅作为公司半导体研究的核心元素的做法。8 人均对此表示不满，于 1957 年成立了一家在未来改变一切的新公司，后来被肖克利蔑称为“叛逆八人帮”（Traitorous Eight）。他们的初创企业名为仙童半导体公司[①]，公司先是创造了一系列基于硅的新产品，然后不断缩小这些产品的尺寸，并赋予它们此前只有占据整间空调房间的巨型计算机才能实现的计算能力。

众所周知，平面晶体管的发明是仙童半导体公司所取得的两项重要

①在离开肖克利的 8 人各出资 500 美元成立仙童半导体公司的时候，公司还不叫这个名字。新创办的小公司在 1970 年才开始被称为初创企业。1976 年在一间车库里成立的苹果电脑公司就是一个典型的例子。

的成就之一。这项技术使得晶体管微型化得以快速发展，进而促使摩尔写下了他那则著名的“摩尔定律”。而如今，几乎只有半导体业内人士才记得平面晶体管的发明者，那就是让·阿梅德·霍尔尼（Jean Amédée Hoerni），他是离开肖克利去创建仙童公司的 8 人之一，出生于瑞士的一个银行世家，是一名理论物理学家，32 岁加入仙童半导体公司时已成为一名攀岩、登山爱好者和思想家。

他这项巧妙的发明一举改变了晶体管的制造方式。在那之前，晶体管基本上是机械成形的。人们在硅片上蚀刻微小的凹槽，将铝导体放入蚀刻的凹槽中，然后将其封装在微小的金属外壳里，有 3 根导电金属丝从中伸出来。这样的硅片带有蚀刻形成的凹凸点，形状像西部沙漠中的台地。因此，仙童半导体公司生产的这种晶体管被称为台面晶体管。

这样的晶体管仍然有些大而笨拙。当时，斯普特尼克号人造卫星刚发射不久，美国航天业迫切需要小巧、可靠而又廉价的新型电子产品。此外，仙童半导体公司生产的台面晶体管也不太可靠，蚀刻过后经常会留下细小的树脂、焊料或灰尘，它们会在金属外壳中嘎嘎作响，导致晶体管运行不稳定，或者根本无法运行。因此，那时的人们需要制造一种尺寸小而运行完美的晶体管。

喜怒无常、惯于独处而又严厉的霍尔尼提出了这样一个想法：在纯硅晶体上面涂一层二氧化硅作为绝缘体，使之成为晶体管的一个组成部分，这样就不会有任何凹凸点或台面给晶体管增加不必要的体积。他坚持认为，他发明的晶体管将比台面晶体管小得多，而且比台面晶体管更加可靠。为了证明他的观点，他让一名技术人员制造了一个原型，其直径仅为 1 毫米，看上去不过就是一个圆点。然后，他戏剧性地朝上面吐口水，以表明人类的任何不当行为都不会影响其运行。该原型运行完美，尺寸微小，运转正常，而且看起来几乎坚不可摧，至少不会受口水影响，此外，成本也不高。几乎从那一刻起，这一晶体管就成了仙童半导体公司的标志性产品。

然而，这只是仙童半导体公司的两款改变行业面貌的产品之一。另一款产品的设计灵感来源于罗伯特·诺伊斯（Robert Noyce）在公司笔记本上涂鸦的 4 页构思。[①] 诺伊斯也是离开肖克利的 8 人之一。他是这样想的：既然平面晶体管即将成为现实，那么是否有可能把一个成熟电路的电阻、电容、振荡器、二极管等电子元件的平面版全都放在硅片的二氧化硅涂层上呢？换句话说，电路能否集成呢？如果电路能集成，如果现在每个元件都很小，而且都是平面的，那么能否利用照片放大机的工作原理把电路印在硅片上呢？

照片放大机的工作原理形成了该构思的基础。底片上的微小赛璐珞[②]图像，比如照相机上的 35 毫米胶片，可以通过放大机镜头放大或进行部分编辑，然后印在光敏纸上。诺伊斯在他的笔记本上注明，该原理当然也可以反过来用。设计师可以在透明介质上画出大的集成电路图，然后使用一种类似放大机的设备将画好的电路图印在硅片的二氧化硅涂层上。只不过，该设备的镜头经过重新设计，可以使图像缩小许多，而非放大。

---

①由于有太多的聪明人被困在办公室里，在笔记本上涂鸦构思，因此仙童半导体公司的律师要求找人在那些涂鸦页面上签字作证，以确保任何应申请专利的构思都归属于相应的构思者，这已成为一种惯例。例如，诺伊斯曾为霍尔尼笔记本上有关平面晶体管的内容签字作证。然而奇怪的是，诺伊斯在 1959 年 1 月所写的 4 页笔记从未找人签字作证，这导致集成电路概念的起源始终没有正式达成共识。虽然坊间传闻达成了共识，但在法律上并未正式达成共识。

②指塑料所用的旧有商标名称，是商业上最早生产的合成塑料，无色透明。——编者注

能够完成这一任务的机器，即光刻机，已经出现了。大约在同一时期，凸版印刷机开始转向使用聚合物印版，正是利用了这一理念。现在，印刷机不再使用手工组装的铅字模，而只需简单地输入一页内容，然后输入光刻机，就可以将内容复制在柔性聚合物印版上。所有字母和字符都在聚合物印版上高高凸起，随时可以用压印机压印到纸上，且呈现的外观和触感与老式手工凸版印刷品几乎相同。何不对这样的机器进行改造呢？使它不仅能将文字作品印到聚合物或纸张上，而且能将电路图像印到硅片上。

事实证明，这件事做起来很难。所有的图像都很小，所有的工作都必须达到最高的精确度和最小的公差，成品尺寸极小。刚开始的时候，几乎每次都无法做到完美。然而，在 20 世纪 60 年代初，经过几个月的努力，诺伊斯和摩尔以及摩尔在仙童半导体公司的团队最终成功地组装出了这种集成化设备，并使其平面化。他们把它弄平，从而减少了它的体积、功耗和散热量，并将它放在平面基板上作为集成电路进行销售。

这是真正的突破。20 世纪 20 年代，利伦菲尔德首先提出了相关构思；肖克利及其在贝尔实验室的诺贝尔奖得主团队迈出了摇摇晃晃的第一步；然后，霍尔尼发明了平面晶体管，其内部元件不再是分立的晶体，而是成薄层排列。突然之间，电路微型化成为可能，这将使电子产品的运行速度和功率不断提高，尺寸不断缩小。

只需施加微小的功率脉冲，集成电路中的晶体管就可以不停地迅速开关。这种微小的新型硅制品对计算机的制造至关重要，因为计算机会根据晶体管开或关的二进制状态进行所有的模拟计算以及后来的数字计算。如果晶体管数量足够多，执行这项任务的速度足够快，就可以使计算机变得非常强大、运行速度极快且价格低廉。因此，集成电路的制造不可避免地促进了个人计算机等众多设备制造业的发展。这些设备的核心都是尺寸越来越小而运行速度越来越快的电路块。这样的电路块最初是由仙童半导体公司的智囊团队构想和设计出来的。

但在经济上，仙童半导体公司表现不佳，其中一个重要原因是德州仪器（Texas Instruments）[①]等初创企业有充足的资金，或慷慨的母公司允许其向新兴市场扩张。正是由于对仙童半导体公司无力竞争的状况感到失望，公司最雄心勃勃的创始人们再次离开，重新建立了自己的公司，这家公司成立于 1968 年 7 月，只设计和制造半导体，名为英特尔公司。其创立者为有“仙童”之称的戈登·摩尔和罗伯特·诺伊斯。

英特尔公司成立不到三年，就正式发布了首款商用微处理器，即单芯片计算机。这就是著名的英特尔 4004。值得一提的是，这项新技术带来了新的精确度，在 1 英寸长的处理器中埋藏着一块 12 毫米宽的微小硅片，上面刻着一个印有不少于 2 300 个晶体管的集成电路奇迹。1947 年，晶体管有小孩的手掌那么大。而 24 年后，到了 1971 年，微处理器中的晶体管只有 10 微米宽，是人类头发直径的 1/10。从手掌到头发，从微小到极小，世界正在发生着深刻的变化。

最初，英特尔公司的 4004 芯片是专门为一家名为贝斯卡（Busicom）的日本计算器制造公司制造的。这家公司当时经济状况不佳，需要降低生

①德州仪器也制造出了集成电路，但使用的是体积更大的台面晶体管，而不是仙童半导体公司的平面晶体管。尽管如此，该公司的杰克·基尔比（Jack Kilby）还是因此项发明获得了 2000 年诺贝尔物理学奖。诺伊斯早在 10 年前就已去世，基尔比在获奖感言中很有风度地表示，竞争对手公司的诺伊斯也是集成电路的发明人，也应该获得这项荣誉。

产成本，因此想把计算机芯片引入其计算器中，于是便联系了英特尔公司。据英特尔公司说，在日本古城奈良的一家酒店举行的头脑风暴会议上，一位不知名的女士设计了计算器的基本内部结构，积极要求英特尔公司凭借其独特的微型化能力制造必要的小型处理单元。

英特尔公司最终制造出了这款计算机，并于 1971 年 11 月发布，广告中称之为“世界首款使用集成电路的台式计算机”。其处理芯片的核心功率相当于一台房间大小的传奇 ENIAC 计算机。当时芯片的价格约为每片 25 美元，一年后，贝斯卡公司要求英特尔降低芯片的价格。英特尔同意了，但条件是它要收回在自由市场上销售其发明的产品的权利，贝斯卡公司勉强同意了这一条件。4004 芯片后来被整合到一款巴利（Bally）计算机增强型弹球机中，还被误传为放到了 NASA 的先锋 10 号太空探测器上。事实上，NASA 确实曾考虑使用 4004 芯片，但后来因其太新而放弃。由此产生的无芯片航天器于 1972 年发射，然后在太阳系中漫游了 31 年，其电量最终于 2003 年在距离地球 112 亿千米的地方耗尽。

4004 芯片的名声传开了，英特尔决定，从那时起公司的核心业务将是制造微处理器。摩尔坚称，这些芯片的尺寸每年都会减半，而其运行速度和功率则会翻倍。换言之，极小的会变成微观的，微观的会变成亚微观的，亚微观的可能会变成原子级的。摩尔于 1965 年首次发表该预测，具有一定的先见之明，其公司在 6 年后才制造出首批 4004 芯片。在看到了 4004 芯片的运行情况和设计难度后，他修正了自己的预测，声称这种变化的发生频率为每两年，而非每一年。自 1971 年以来，该预测都准确地应验了。

就这样，芯片变得越来越小，其精确度变得越来越高，其变化速度接近指数级。其中有两个明显的优势得到了所有芯片制造商的会计们的认可，英特尔当然也包括在内：芯片变得越小，制造成本就将变得越低。同时，效率也会随之提高；晶体管越小，所需的电力就越少，运行速度就越快。从这个层面来说，晶体管的运行成本也就会随之降低。

其他任何一个喜欢小尺寸的行业都不会把小等同于低成本，例如手表制造商，轻薄手表的制造成本可能要比厚重手表的成本高很多。但是，由于芯片制造中固有的指数性，在将硅片转换成芯片时，可以塞到一条硅片上的晶体管数量会自动以平方数递增，所以每个晶体管的制造成本就会降低。将 1 000 个晶体管放在一条硅片上，然后计算平方数，无须大量增加成本，就可以生产出一块具有 100 万个晶体管的芯片。该商业计划没有明显的缺点。

芯片的度量单位通常用令人困惑的过程节点来表示。简而言之，过程节点就是相邻的两个晶体管之间的距离，或者是电脉冲从一个晶体管移动到另一个晶体管所需的时间。这样的度量方法更有可能为半导体专家提供有关电路功率和速度的真实情况。对于行业外的观察者来说，硅片上的晶体管数量仍然更具有说明性，尽管有相当数量的晶体管是在发挥与芯片性能无关的功能。

几乎正如摩尔所预测的那样，节点也缩小了。1971 年，英特尔 4004 芯片上的晶体管间距为 10 微米，这块板上的 2 300 个晶体管之间的距离仅相当于雾滴大小。到 1985 年，英特尔 80386 芯片上的节点已经缩小到 1 微米，相当于一个典型细菌的直径，处理器上通常有超过 100 万个晶体管。**随着芯片不断更新迭代，晶体管数量越来越多，节点距离也越来越小。**

1995 年的克拉马斯（Klamath）、1999 年的科珀曼（Coppermine）以及 21 世纪前 15 年的狼谷（Wolfdale）、克拉克代尔（Clarkdale）、常春藤

桥（Ivy Bridge）、布罗德威尔（Broadwell）等芯片都参加了这场似乎永无止境的比赛。

对于最后提到的这些芯片，**以微米为单位测量其节点已经变得毫无价值，只有使用纳米才有意义。**纳米是微米的 1/1 000，等于十亿分之一米。当布罗德威尔系列芯片在 2016 年问世时，节点的大小降到了之前难以想象的一百四十亿分之几米，相当于最小病毒的大小，每块硅片上包含不少于 70 亿个晶体管。在本书撰写时，英特尔公司生产的天湖（Skylake）芯片所使用的晶体管是人眼可见的光波长的 1/60，因此是看不见的，而此前 4004 芯片的晶体管很容易能通过儿童显微镜看到。1971—2016 年集成电路芯片上的晶体管数量如图 9–5 所示。

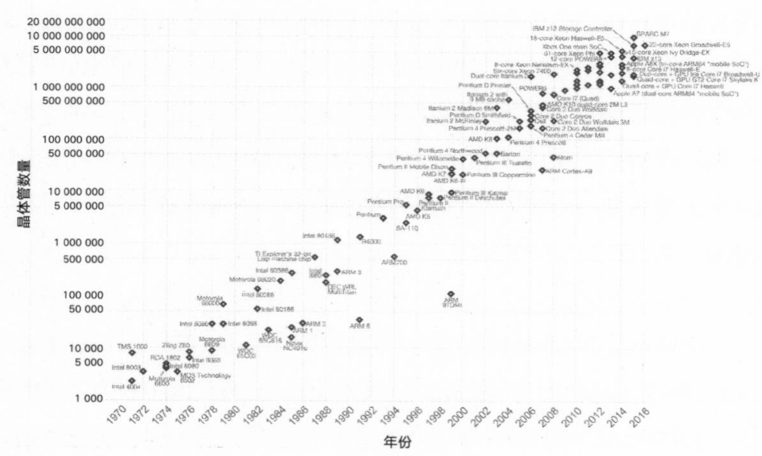

图 9–5 晶体管数量

注：如图所示，摩尔定律始终准确。最初的英特尔4004芯片集成电路在12毫米宽的硅片上塞了2 300个晶体管。发展至今，芯片尺寸比之前小了很多，却包含超过100亿个分立式晶体管。摩尔定律描述了一种经验规律，即集成电路上的晶体管数量约每两年翻一番。该发展与其他方面的技术进步同样重要，比如电子产品的处理速度和价格，均与摩尔定律密切相关。

将来还会出现越来越惊人的数字，晶体管的数量会越来越多，节点也会越来越小，而这些全都处在摩尔于 1965 年提出的参数范围内。该行业已有半个世纪的历史，在这一规律的效益经济的推动下，正尽其所能地维护摩尔定律，在可预见的未来年复一年地加以实现或改进。一位英特尔的高管曾自信地表示，2020 年生产的芯片上的晶体管数量可能会远远超过人类大脑中的神经元数量。这样的统计数据表明，摩尔定律的影响是不可估量的。

精密的芯片加工

2018 年从阿姆斯特丹运到英特尔钱德勒市晶圆厂的 15 台巨型芯片机便是用于实现这一目标的。芯片机制造商阿斯麦，原名先进半导体材料国际公司（Advanced Semiconductor Materials International），成立于 1984 年，是从最初以电动剃须刀和电灯泡而闻名的荷兰飞利浦公司分立出来的，目的就是为了制造芯片机床，其中，光是关键。在集成电路生产早期，芯片机是利用强烈的光束在芯片上的光敏化学品中蚀刻痕迹的。后来，随着芯片上晶体管的尺寸越来越小，又开始使用激光等高强度光源。

生产一块微处理器芯片需要 3 个月的时间。首先，将精炼出来的纯硅制成一根非常易碎的 400 磅重的圆柱形硅晶棒，用细线锯将其切割成餐盘大小的晶片，每个晶片的厚度恰好为 2/3 毫米；其次，利用相应的化学品和抛光剂把每个晶片的上表面打磨成镜面光洁度；最后，把经过抛光的晶片送入阿斯麦芯片机，进行漫长而烦琐的加工，最终成为可运行的计算机芯片。

在加工过程中，沿着网格线，每个晶片将被切割出 1 000 块芯片。每块芯片都是从晶片中精确切割而成的，最终将承载数以十亿计的晶体管，形成一颗颗不会跳动的“心脏”。如今，所有的计算机、手机、电子游戏、导航系统、计算器和地球上空的所有卫星，以及地外的所有航天器都拥有一颗这样的“心脏”。在切割出芯片之前，对晶片的处理要求几乎达到了人类无法想象的微型化程度。先是小心翼翼地把新设计的晶体管阵列图案画在透明的熔融二氧化硅掩模上，然后透过掩模发射激光，激光束穿过透镜阵列或经由长距离反射镜反射，最终将高度缩小的图案精确地刻印在已网格化的晶片的相应位置。这样，就可以不断地对晶体管阵列图案进行极其精确的复制。

在第一遍激光蚀刻完毕后，将晶片取下来仔细清洗，干燥后再放回芯片机上，用激光刻印另一个亚微观图案。该工序反复进行，层层叠加，直到刻印完三四十层乃至 60 层极薄的图案，每一层图案以及每层图案中的每一小块都是复杂的电路阵列。当最后一次蚀刻完成时，晶片虽已经过多次激光蚀刻、清洗和干燥，其厚度并未比 3 个月前未经加工时增加多少。芯片机对其所进行的加工就是如此精细。

其中，清洁是最重要的。如果在激光穿透时，一粒极微小的灰尘瞬间落在了要绘制图案的掩模上，结果会怎样？尽管尘埃粒子对人眼来说可能是不可见的，比可见光的波长还要小，但是一旦它的影子穿过所有的透镜，经由所有的反射镜反射，就会在晶片上形成一个“巨大”的黑点，毁掉数百块即将制成的芯片，进而造成价值数千美元的产品损失。鉴于此，阿斯麦公司集装箱里所装的芯片机都是在仓库大小的房间里运行，而这些房间比外面的世界清洁数千倍。

各种制造工艺都有众所周知的、国际公认的清洁标准。NASA 工程师曾于马里兰州戈达德航天中心（Goddard Space Center）的无尘室里组装詹姆斯・韦伯太空望远镜（见图 9-6）。有人可能会认为该无尘室是清洁的，但实际上，其清洁度等级仅为 ISO7，而该标准允许每立方米空气中含有 35.2 万个 0.5 微米大小的颗粒。与之相比，荷兰阿斯麦工厂内的房间清洁度等级要高很多，达到了 ISO1 标准中更为严格的限制要求，即每立方米空气中仅允许含有 10 个大小不超过 0.1 微米的颗粒。相比之下，生活在正常环境中的人类就像是游走在由空气和蒸汽构成的瘴气中，而这种瘴气的清洁度只是阿斯麦工厂内的房间清洁度的 1/5 000 000。这就是现代集成电路环境的要求，在这个环境中，精确度似乎正逐渐达到一种十分不真实、近乎不可思议的程度。

图 9-6　詹姆斯·韦伯太空望远镜的主镜

注：这一望远镜的直径超过7.2米，能从距离地球160万千米的位置进行观测，可以极大地提高我们窥探宇宙边缘以及宇宙形成过程的能力，原定于2019年发射，实际于2021年12月发射升空。

如今，借助最新的光刻设备，就能够制造出包含大量晶体管的芯片：一个电路中包含 70 亿个晶体管，1 平方毫米的芯片空间中包含 1 亿个晶体管。但这样的数字也给我们敲响了警钟，毫无疑问，我们正在渐渐接近极限。在经过近半个世纪的旅程后，这趟于 1971 年驶出的列车可能即将抵达宏伟的终点站。这一点似乎越来越有可能成为现实，尤其是**当晶体管之间的间距越来越小，迅速接近单个原子的直径时。由于间距如此之小，一个晶体管的电气特性、电子特性、原子特性、光子特性或与量子有关的特性很快就会泄漏到另一个晶体管的场中。简而言之，肯定会出现短路**。虽然这种短路没有火花，可能也并不起眼，但仍然会有失火的风险，对芯片及计算机等以芯片为核心的设备的效率和效用产生影响。

警钟就这样敲响了。然而，**对于一个真正的芯片狂或是真正相信严格遵循摩尔定律及其预测便可以使人类世界变得更加美好的人来说，有一句口头禅耳熟能详："再来一次，再试一次。"功率再增加一倍，尺寸再缩小一半，让"不可能"这个词在该行业变得无人提及、无人听闻、无人理睬**。分子现实可能会试图强加新的规则，但是，这些规则与过去发生的一切都背道而驰，遵守这些规则就会剥夺计算机世界为人们所带来的雄心壮志及其影响力，而在计算机世界存在的这些岁月中，其影响力已远远超出人们的掌控范围。

因此，**芯片机制造商现在正尽其所能去实现芯片制造商的愿望，帮助其达成在某些人看来似乎永远无法达成的技术梦想**。尤其是荷兰的芯片机制造商，他们已经在这个行业投资了数十亿美元，迫切希望并需要保住那些投资。**这些芯片机制造商研发的新一代设备似乎确实能够让芯片制造商将芯片尺寸变得更小，甚至达到看似不可能或不够审慎的程度，或许还会达到既看似不可能又不够审慎的程度。**

新机器不再使用可见光激光，而是使用所谓的极紫外辐射，其特定波长为一百三十五亿分之一米。从理论上讲，这将使晶体管的制造达到原子级，达到最前沿、最尖端的超亚显微精确度，同时也能保持某种商业优势。

使用极紫外辐射远非易事。极紫外辐射只能在真空中传播，不能通过透镜聚焦，也不适用于众所周知的反射镜，只能借助昂贵的多层设备，即布拉格反射器。此外，极紫外辐射最好由等离子体产生。等离子体是熔融金属的高温气态形式，最易通过向合适的金属发射传统的高功率激光来获得。

一家后来被阿斯麦收购的美国公司已经探索出一种独特的方法来生产这种特殊的极紫外辐射。有人称该公司的方法近乎疯狂，原因显而易见。

将极纯的金属锡加热至熔化，然后将高温溶液喷射到真空室中，形成微小的喷射流。这股喷射流看似是连续的，但实际上是由液滴组成，其喷射频率为每秒 5 万滴。在经过第一遍激光照射后，这些液滴会变成扁平的薄饼状，表面积增大，然后再用非常强大的二氧化碳激光进行第二遍照射，每个扁平的液滴就会立即变成超高温等离子体，释放出所需的极紫外辐射流。与此同时，液滴在受到轰击时也会产生废锡碎片。若没有一股位置合宜的氢气射流将其轻轻拂去，这些废锡碎片可能就会凝固。

在这种冥古宙环境中产生的极紫外辐射先是穿过绘制了晶体管阵列的复杂掩模，即新的超微型集成电路，然后沿着布拉格反射器的阶梯路径向下移动，其中每个反射器都达到了惊人的光学精确度，最后抵达硅晶片本身，开始进行刻印，其机械公差低至十亿分之七米，甚至可能是十亿分之五米。在本书撰写时，这种技术似乎都运作正常。如果持续正常下去，那么以这种怪异的方式制造的第一批超复杂芯片会在 2018 年开始上市。到那时，已有 53 年历史的摩尔定律将再次应验。

挑战精确度极限

然而，所有人都在问：摩尔定律还能存续多久？极紫外光刻机的使用就像缓冲器一样，可能会让摩尔定律继续存在一段时间，但随后该缓冲器肯定会遭到全速撞击，一切都将戛然而止。换句话说，好日子很快就要到头了。天湖晶体管只有大约 100 个原子那么厚。尽管产生计算命脉 1 和 0 的开关正常进行，但这种微小元件所包含的原子确实非常少，使得这些数字的存储和使用变得越来越困难，越来越难以实现。有人计划绕过这些限制，将芯片堆叠在芯片上，通过一排排超精密排列的、非常细小的导线将芯片连接起来，使芯片本身变得越来越立体，以便可以再多推出几种所谓的“传统”芯片。这样一来，在一段时间内，芯片中晶体管的数量便可继续增加，而无须缩小单个晶体管的尺寸。

除此之外，还有其他材料和其他架构。有传言称，可以使用奇特的单分子厚物质石墨烯来制作芯片，因为石墨烯是一种二维薄膜状纯碳。此外，二硫化钼、黑磷和磷硼化合物也被认为是硅的替代品，可以保持势不可当的微型化趋势不断前进，以实现所需的用途。量子计算利用海森堡在 1927 年描述的亚原子世界的怪异模糊性，把它作为其能力的基础，这个领域越来越有吸引力，可能是未来的发展方向。

然而，到了这个级别，测量会变得越来越不稳定，模糊性会超越准确度，**精确度徘徊在悖论的世界中，极限变得毫无意义，数字消失在量子化的迷雾中**，只有一些实数需要认真对待。也许最重要的是所谓的“普朗克长度”（Planck length），在这个由计算而得的固定尺度上，经典时空观逐渐消逝，物理尺寸的概念也变得毫无意义。

普朗克长度有一个实际值。至少，只要大家相信已知宇宙中的两个确定常数本身是永恒不变的，相信光速和牛顿引力常数是恒量，那么它就有一个值。普朗克长度已经计算出来：

1 普朗克 = 0.000 000 000 000 000 000 000 000 000 000 000 016 229（38）米

小数点后的位数比氢原子的直径多了约 20 位。换言之，只要相关常数也永恒不变，我们就可以根据这个距离计算出时间。因此，光子穿过一个普朗克长度所需的时间可以计算出来，而且已经计算出来了：对这一微小的时间范围的最佳估计值为 5.39×10^{-44} 秒。

至此，精确度的发展被打乱了，它完全不可能超越某个点。某些国家的计量中心以及世界上某些高水平的国家和大学实验室正在研究的技术可以在一定程度上突破原子极限。例如，光场压缩技术（light squeezing）可以在亚原子的尺度上进行一些实际测量，而非如前文给出的那两个非常小的数字般基于计算而得出。但是，**存在一个几乎普遍公认的极限，超过这个极限的东西是无法测量的，因此也就无法制造**。

精确度的发展在近原子级微小的世界中可能确实存在局限性，但在另一个极端还是有些潜力的。超精密设备和仪器的制造在这个被打乱的极端世界的另一端仍然有效，正如经过精密设计的詹姆斯·韦伯太空望远镜可以窥探宇宙边缘，这类制造在对遥远事物的探究中是有价值的。此外，在探究萦绕于我们现代人的想象中的重大宇宙学问题时，超精密设备和仪器的制造也有效用。

因此，美国正在挑战精密工程的最高精确度极限，于华盛顿州和路易斯安那州建造激光干涉引力波天文台巨型仪器，而这些仪器也将在印度西部的平原上建造（见图 9-7）。从各个角度来看，激光干涉引力波天文台都是巨大的，这点与集成电路可能恰恰相反。前者达数千米之巨，而后者却仅有几纳米。但是，两者的制造所达到的纯度和精确度几乎相同，这点在偏远的激光干涉引力波天文台基地可能更加显著。此类基地用于探究宇宙中一个持久而基本的问题。

图 9-7　激光干涉引力波天文台鸟瞰图

注：位于美国华盛顿州中部的沙漠里的即图中所示的天文台。

激光干涉引力波天文台观测实验

爱因斯坦曾预言，遥远的宇宙事件会在时空结构中引发涟漪，即引力波。如果这些引力波经过或穿过地球，就会改变地球的形状。激光干涉引力波天文台的建造就是为了观察地球形状的这种微小变化是否真的存在，以及它是否可以测量。

为了证明地球的形状发生了微小的变化，需要建造一台巨型的超灵敏的干涉仪。因此，1991 年，激光干涉引力波天文台诞生了，更准确地说，是政府批准拨款了。人们公认激光干涉引力波天文台的组件是人类制造的精确度最高的物体。这就说明，不但在研究或创造近原子级精确度的微小物体时需要达到最高精确度，在研究尺度巨大且距离接近无穷远的外层宇宙物体时也需要达到最高精确度。

典型的干涉仪使用的是一种已知颜色和波长的纯色强光。这种光通过透镜照射到一个设备上，该设备主要为半镀银镜，可以精确地将光束一分为二。接着，这两束管状纯红光由彼此成 90 度角的路径导向反射镜，然后由反射镜反射回分光镜上，最后在导向探测器的过程中进行复合与叠加。

如果两束光的长度完全相同，则复合红光的圆形图像就会被放大，其亮度与分光前相同。反之，如果两束光的长度不同，就会相互产生破坏性干扰，探测器将记录颜色环，观察和分析人员可从中看出差异有多大。

激光干涉引力波天文台观测基本上是一项实验，使用了两台设计相当简单的巨型干涉仪，且很快就会变成 3 台。乘飞机在华盛顿州中部沙漠或路易斯安那州中南部茂密的森林上空 8 千米的高空飞过时，使用过干涉仪的人很容易就能认出这两台激光干涉引力波天文台观测仪器：两条长臂正好成 90 度；两臂相交处有一栋建筑，里面必然放着分光镜；还有延伸建筑和较小的建筑，里面分别放着激光光源、探测器和分析设备；在美国北部的沙漠灌木丛或南部深处的山毛榉木兰林地中，一切都显得平和宁静，长而直的小路横贯其中，看起来就像纳斯卡（Nazca）线条，显得格格不入却又令人惊叹。

激光干涉引力波天文台观测实验的目的是，测定每个天文台的两条长臂相对于彼此的长度是否发生了变化。如果发生了，即便是极其微小的变化，也有可能是引力波在穿过地球时造成的。

在地面上，这些仪器是工业规模的庞然大物，其长臂主要是一眼望不到头的地铁大小的管子。两条长臂连接的地方聚集着嗡嗡作响的机器和复杂得令人眩晕的电子设备。使用机油的技术和使用硅的技术在这里完美共存：真空泵抽真空；激光发生器产生激光；伺服电机进行微观调整；控制室里的计算机昼夜不停地运转，解读光束以每秒数百次的速度在镜间来回传播时流入的数据。一切都是为了那个极其微弱的希望：有激光束沿之传播的两条管子相对于彼此的长度将偶尔发生变化。

2015 年 9 月 14 日，变化发生了。当时，观察者首次发现了爱因斯坦在几乎整整一个世纪前预测的现象。利文斯顿控制室里的计算机注意到了这一点：周四早上 5：51，路易斯安那州当地日出前半小时，河口鳄鱼还在睡觉，信号出现了异常。那里的观察者可能已经疲惫不堪，但是在激光干涉引力波天文台科学合作组织这个庞大的参与者网络中，世界上其他地区有些精神饱满的观察者也注意到了这一现象。当时，华盛顿州的汉福德本应是夜深人静的 3：51，莱布尼茨是 12：51，德里是 17：21，东京是 20：51，墨尔本的莫纳什大学（Monash University）是深夜 22：51。

世界各地的观察者都发现了这一变化。在利文斯顿发现一个信号突然上升，汉福德的探测器便准确地复制了这个信号。然而，并不是所有的探测器都打开了，当时，天文台正处于检修运行阶段，在长达数月的时间里，检修人员对各个部件都要认真地检查以确保其精确度和准确度。通常情况下，观察者只有在观测运行时才会进行观察，但在引力波的世界里并不存在什么通常情况。第一个基本的激光干涉引力波天文台建于 20 世纪 90 年代末，于 2002 年开始探测引力波。然而，在过去 13 年的所有运行期间都没有任何发现。花费了纳税人数亿美元的财产，却没有任何收获，这让观察者近乎绝望，他们早就盼着能有所发现了。

因此，当帕萨迪纳那位午夜观察者发出第一条标题为“第八次检修运行中发生非常有趣的事件”的消息时，整个组织的人都睁大了眼睛，同时也开始变得疑惑起来。

他们说这是不可能的，因为设备正处于调试阶段，肯定会时不时地抛出虚假数据。此外，系统中还有防止操之过急的设置，即由观察者和机器进行所谓的“注射”，将匿名的虚假结果注入系统中，以使所有的天体物理学家都保持警觉。

几天过去了，几周过去了，几个月过去了。在这段时间里，世界各地的观察者都接受了调查，都被问到了这样一个问题：你注入虚假结果了吗？他们纷纷表示否定。同时，技能、学识和智慧均日益提高的分析师和数学家反复对两个天文台和那些小观测站的观测结果进行了分析，逐渐打消了人们的疑虑。激光干涉引力波天文台的大师们意识到他们手上有了可公布的发现，于是在《物理评论快报》（*Physical Review Letters*）上发表了一篇科学论文，然后于 2016 年 2 月 11 日在华盛顿举行了一场人头攒动的新闻发布会，宣布了一项至少会使科学界以及许多非专业人士深受震撼的消息。

美国国家科学基金会在项目启动后的 40 年里投入了约 11 亿美元，承担着其历史上最大的一系列财政风险。在发布会上，该基金会主任彬彬有礼地进行了介绍，然后便在时任激光干涉引力波天文台负责人的加州理工学院教授戴维·瑞兹（David Reitze）及其同事天体物理学家基普·索恩（Kip Thorne）[①] 的陪同下正式宣布：现在已经通过使用有史以来最精密的

①全球顶尖理论物理学家，引力物理与天体物理学领域的集大成者，《星际穿越》是基普·索恩写给所有人的天文学通识读本，该书中文简体字版已由湛庐引进，由浙江人民出版社于 2015 年出版。——编者注

测量仪器发现了引力波，更准确地说，已经推断出了引力波的存在。

瑞兹说："我们做到了。"会场里立即爆发出了掌声。天文学迎来了一个新时代，发现了一种探索宇宙神奇的复杂之处的新方法，同时也迎来了一个和平的新时代。有人说，该发现堪比400年前伽利略第一次用望远镜进行观测。会场的人们流下了喜悦和骄傲的泪水。

凡是曾经近距离接触过阿斯麦芯片机和激光干涉引力波天文台机械装置的人都会发现一个显而易见的奇特之处：荷兰产的阿斯麦芯片机重达160吨，却可以将70亿个晶体管放置在一块尺寸不超过指甲盖大小的硅片上，而激光干涉引力波天文台机械装置像航空公司机库加火车站一样庞大，却被用来探测一位作者所说的"引力耳语"。

设计这两种机器都是为了处理微小的、微弱的、微观的、原子级的、宇宙级的东西，而两者在设计上都具有维多利亚时代的宏伟性，在规模上都是如此宏大，比过去那些大机器还要大得多。而在精密制造刚刚起步的时候，机器所处理的东西涉及蒸汽、铁、车床、螺丝、调速轮、飞轮、高温、连续不断的噪声和颤动。以前，**精密制造是用小机器来制造大的东西，现在则是用大机器来制造或探测微小的东西**。

此外，还有一点奇特之处。1776年，坎伯兰（Cumberland）的铁匠大师约翰·威尔金森从一块实心金属上钻出了一个空心圆柱体，这是有史以来第一个精密装置，专门用于瓦特蒸汽机，而当时正是工业革命初期。现在，激光干涉引力波天文台的负责人瑞兹口中"有史以来最精密的测量仪器"的核心部件也是一个圆柱体。与威尔金森的圆柱体不同，这是一个被称为"配重测试仪"的实心圆柱体（见图9-8），重40千克，由熔融石英制成，每330万个撞击它的光子中只有一个不会被反射。

图 9-8　配重测试仪

注："配重测试仪"基本上就是一个悬挂在复杂阻尼系统中的超精密反射镜，可以反射沿着4千米长的纯真空管道射过来的高强度激光束，探测出管道长度的微观变化，从而证明引力波的存在。在本书撰写时，激光干涉引力波天文台已经4次证明了这类引力波的存在。

熔融石英经过加工、研磨和抛光，达到完美的平整度，用一个由 400 微米粗的二氧化硅细丝构成的网悬挂在管子末端的吊篮中，还有一系列玻璃、金属、磁铁和线圈作为平衡配重，使之可以由每几分之一秒击中其 280 次的激光进行测试和测量，这样配重测试仪就可以测量出它所在的管子的长度，从而检测是否有引力波穿过。迄今为止已经检测到 4 次。

威尔金森设计的圆柱体汽缸可以精确地装进瓦特蒸汽机里，其误差仅相当于英国一先令硬币的厚度，约为 0.1 英寸。这样的精确度在之前从未达到过，但之后则一直被超越。

两个半世纪之后，激光干涉引力波天文台的工程师也把他们的配重测试仪做成了一个圆柱体。该圆柱体由熔融石英制成，而熔融石英实际上是一种纯粹的沙子，完全就像威尔金森使用的铁一样，是一种基本物质。

位于华盛顿州和路易斯安那州的激光干涉引力波天文台设备的配重测试仪制作十分精密，在测量其反射的光时甚至可以精确到质子直径的万分之一，还可以非常精确地计算出地球和邻近的半人马座阿尔法 A 星之间的距离，即 4.3 光年。

4.3 光年的距离相当于 41 万亿千米，即 41 000 000 000 000 千米。现在已经完全确定，激光干涉引力波天文台的圆柱体配重测试仪有助于将这一遥远距离的测量精确到人类头发的直径大小。

这就是精确。

第 10 章

均衡的必要性

检测一流智力的标准，就是在头脑中同时存在两种相反的想法，但仍保持行动能力。

——F. S. 菲茨杰拉德（F. S. Fitzgerald）
《崩溃》（*The Crack-Up*）

不断提高的精确度定义了我们周围的普通事物，这对当今科学真理的追求者来说应该是至关重要的，可是却引发了一连串的哲学问题。这种对完美的追求真的是现代人实现健康快乐的必要条件吗？它是我们存在的必要组成部分吗？它所带来的好处是否明显大于它近年来悄然进入人类生活所带来的弊端？当我们拥有它并在日常生活中加以运用时，我们会变得更加快乐和更加满足吗？威尔金森、布拉马、莫兹利、肖克利等历史人物赋予我们要不断提高精确度的观念，我们是否应该为此而崇敬和感谢他们？

此外，是否会有这样一群人呢？比如在世界上某个地方或某个国家，那里的人对精确的看法略有不同，质疑将不断提高精确度当作理想抱负这一观念；是否会有这样一个民族呢？他们对不精确的事物也表现出真正的喜爱。他们或许能同时珍视这两种想法，但还能在社会各个阶层都保持着敏锐的行动能力。

我认为，日本就是这样一个国家。

无论是在今天还是在古代，这个国家都以其对完美的追求而闻名。京都的古寺也许是最著名的完美建筑巨型宝库，每一根梁、每一个尖顶、每一扇木门都是由古人精心设计和雕刻而成的。对他们来说，**完美主义是一种永恒的本质**，其留下的建筑至今仍让那些有幸见证之人心生无言的敬畏。

古人如此，现代人也是如此。如今，大多数人认为日本在精确度极高的物品制造方面占据当今世界主导地位：镜头打磨和抛光完美无瑕；照相机的制造精确度是其他大多数制造商都无法企及的；发动机、测量设备、太空火箭和机械手表的质量为其他国家所艳羡（尤其是德国和瑞士），而且精确就是它们的代名词。在日本，所有事情都要做到精确，这可以说是一种民族信仰。尤其是日常的铁路服务，其准时程度堪称传奇。2017 年末，日本铁路公司因一辆特快列车提前 20 秒发车而致歉。

正如京都所充分展示的那样，这种尊崇并不是什么新鲜事。对于许多日本人来说，有着数百年历史的武士刀与尼康、佳能、精工、三丰和京瓷等公司生产的更为现代的产品一样，也是一种工程学上的杰作。在日本，人们是否有可能对今天的精密加工机械和古代手工制作的工艺品都给予最高的尊崇呢？

因此，我去了东京，去研究这种可能性。一到东京，我就前往日本北部的两个城镇去探索这个难题。我在东京站附近的一家旅馆投宿，然后坐两趟火车到了本州的乡村，第一件事就是参观位于盛冈市的精工制表公司，因为我觉得在那里可能会找到某种答案。

精工制表公司的故事

盛冈市是日本北部的一个城市，有 25 万人口，坐落在一座名为岩手山（Mount Iwate）的典型火山的山坡下。盛冈火车站有礼品商店，在那里可以买到该地区最受推崇的产品，那是一种被称为铁瓶的黑色球形铸铁茶壶。几个世纪以来，当地的铁匠一直在铸造这种茶壶，提醒着人们，美体现在平凡的日常生活中，至少在日本是这样的。

今天的日本有很多地方都沉浸在高精确度的现代化技术奇迹中。闪闪发光的高速子弹头列车就是一个熟悉的例子，其制造完美、运行平稳、安静、可靠、安全、快速，准时准点。然而，还是有相当一部分日本人仍然以对手工艺品的崇敬而自豪，对那些具有古典之美的物品的制造者、销售者、购买者、收藏者或拥有者表示诚挚的钦佩，无论这些物品的外表多么普通，也无论它们多么不完美。盛冈市手工铁瓶的质量和设计在这片土地上广为人知。但凡看到你新买的铁瓶，他们都会发出赞许的声音，而且很清楚你去过什么地方。

然而，铁瓶是古代遗留下来的产品。到了近现代，盛冈市因另一种更为现代的产品而闻名，这种产品与手工打造的茶壶和精密锻造的火车一样，也反映了日本在推崇质量稀有的制造品方面所表现出的奇特的二元性。自第二次世界大战以来，盛冈市一直是精工制表公司的制造总部。在精工主厂房二楼一面没有装饰的墙壁的相邻两侧，可以清晰地看到该公司对其产品所倾注的努力和态度。

这家公司的创立故事十分引人入胜。其创始人服部金太郎于 19 世纪 60 年代出生在东京市中心。当时，日本正经历着迅速而深刻的变化。因此，他在成长过程中也受到两套截然不同的风俗习惯的影响。1860 年，服部金太郎出生的时候，天皇睦仁[①]还作为一个影子人物隐居在几十千米外的京都，幕府仍然在当时被称为江户的日本首都统治着日本。然而，当服部金太郎 8 岁的时候，整个日本都发生了变化，正跌跌撞撞地走向现代化：最后一位幕府将军退位了，当时的天皇已经搬到了现在的东京，也就是东部的京都；日本正在进行全面改革和现代化，在许多方面至少是暂时地西方化了。

在这些改革中，少年服部金太郎发现有一个主题特别吸引人：时间的流逝。他对钟表产生了浓厚的兴趣，但钟表在当时的日本是非常复杂的，因为日本的计时标准很独特。钟表匠从来访的耶稣会士那里学到了机械钟表的基本原理，而后者却对捉摸不定的当地计时标准感到困惑。旧日本的计时长短不一。按照西方的标准，时钟的报时异常杂乱无章：日落时响 6 声，午夜时 9 声，黎明前 8 声，然后是 7 声。此外，计时长度还会随季节的变化而改变，所以每个时钟至少需要两套平衡机构和若干钟面。当西方计时标准开始渗透到日本的旧系统中，改革派希望使用统一的计时标准，而老一辈则要求使用他们的计时标准，这就需要更多的钟面，多达 6 个。从 1873 年起，13 岁的服部金太郎就在银座一位钟表匠的手下当学徒。因此，他被迫卷入了一场不同准确度和不同体系的混乱中，这对他以后的生活大有帮助，远远超乎他的想象。

到了 1881 年，服部金太郎利用自己的积蓄和家里给的一点钱作为押金租下了京桥区一家小钟表首饰店。1872 年，日本有了铁路，英国人在

①天皇这一姓氏在其死后不再使用，取而代之的是他在位时期的年号，所以睦仁现在被称为明治天皇，嘉仁被称为大正天皇，裕仁被称为昭和天皇，现任天皇明仁在去世或退位后将被称为平成天皇。

日本建了一条从东京到横滨的铁路线，每天 9 趟火车，而服部金太郎租下的这家店离全新的东京站不远。当时，日本也开始采用西方计时标准。几乎从开店的那天起，服部金太郎就很乐意接受顾客送来维修的老式和时计，但他更乐意出售显示西方 12 小时和 60 分钟计时单位的时钟和怀表。幸运的是，后者突然变得风靡起来。那时，人们可能还没有多少钱，但东京的中产阶级通常都买得起怀表。大多数有头有脸的人都开始穿西服，满足于反抗幕府将军的旧习俗。他们喜欢从背心口袋里掏出怀表，像西方人那样说出时间。

服部时计店（K. Hattori and Company）生意兴隆。还不到 4 年，服部金太郎就开始进口最精密的瑞士和德国生产的时钟与怀表。他创办了一家钟表制作公司，并将其命名为“精工舍”。凭借谨慎的投资、缓慢而稳定的扩张以及纵向一体化的经营理念，即企业拥有或控制大部分为其提供零件或原材料的公司，服部金太郎可以说是发达了。

服部金太郎的崛起故事简直令人目瞪口呆。他建立了一家美式工厂来大批量生产时钟，采用了两个世纪前在新英格兰诞生的可互换零件原理。到 1909 年，服部金太郎的纵向一体化理念得到了完善，每一块钟表的每一个部件都是由他所拥有的公司制造的，至今依然如此。到 20 世纪初，他的公司已成为日本最大的钟表批量生产商并开始出口，主要是向中国出口日本制造的挂钟。在时钟之后，精工舍又开始批量生产怀表，其中最著名的就是 1910 年生产的“帝国牌”怀表，现在有些人可能将这款怀表视为不祥之兆。然后，在 1913 年，精工舍推出了名字听起来比较单纯的“月桂树牌”手表。“月桂树牌”手表是该公司生产的第一款小巧而坚固的手表，可以戴在手腕上。

服部金太郎在东京商业区银座建起了大型总店展销厅，用于展示他的主要产品。其中还有钟楼，那可能是日本第一座钟楼。每当路人抬起头来查看时间的时候，都会看见上面的“服部时计店”字样。服部金太郎相信这样做会带来公关优势。

然而，就像东京的其他许多地方一样，这座宏伟的建筑在 1923 年的关东大地震以及随后的火灾中被彻底摧毁。根据今天的精工管理层的说法，服部金太郎决定不仅要重建大楼，还要将当时他的维修店里所有的 1 500 块怀表全部更换掉。在东京东北部的精工制表公司博物馆中有一个陈列柜，里面放着一团凝固的金属，据说是当时正在进行维修的手表的熔化残骸。据说，这些手表全部是免费为客户更换的。重建后的精工总部至今仍矗立在银座最繁忙的街角之一。这座大楼是当地的地标性建筑，有着醒目的照明时钟。虽然早已卖给了一家百货商店，但是在签订的永久合同中规定，大楼上要展示“精工”（Seiko）字样（见图 10-1）。“精工舍”这个名字只在上面出现了很短的时间，后来换成了“服部时计店”，最后换成了“精工”。从那时起，“精工”这两个字就足以代表该公司了。

日本铁路公司不久前选定了精工怀表，作为日本庞大而令人羡慕的守时交通网络的官方计时工具。此外，银座及其他地区的所有手表至今依然按照由古驰和御木本珠宝店左右相夹的、优雅的和光百货大楼上方的时钟进行核对。因此，可以说现在整个日本都在按照精工时间运行。许多日本人都认为该公司的名字意为“精确的工艺”，这并非毫无道理，因为肯定没有比日本更精确的国家了。

然而，二元性仍然存在。一方面是现代社会对完美的需求，另一方面是对不完美的执着喜爱。这似乎是一种深埋在日本人内心深处的未曾言说的冲突，以及对社会赋予每个方面多少权重的温和争论。有一个词便是用来形容对自然的、粗糙的和未加工的事物的喜爱：“禅寂”。在这种美感中，不对称、粗糙和无常被赋予与准确、完美和精确一样多的权重。而这正是我北上所要探索的问题：换一种视角来看，是否精确本身就是一种促进普遍获益的力量？第三种方式究竟是否存在？

图 10-1　精工制表公司于 20 世纪早期建造的大楼

注："精工"这个名字意思是"精湛的工艺"或"精确的工艺"。该公司在20世纪60年代发明了石英手表。图中的大楼现在成了东京市中心银座的地标性建筑。上面的时钟据说与原子钟相连，为从它下面经过的数百万通勤者和购物者提供准确的时间。

尤其是在精工制表公司内部，通过该公司的一项伟大发明，也可以说是 20 世纪世界上最伟大的发明之一，这种温和的争论完全暴露了出来。1969 年圣诞节，精工推出了一款名为"阿斯特朗"（Astron）的石英电子表，导致这种分歧彻底公开化。

石英是一种晶体，当置于包络电场中时会剧烈振荡，且其每秒钟的振荡次数是已知的，非常适用于高准确度计时。因此，自 20 世纪 20 年代末发现这一现象以来，石英便一直应用在计时器中。只是在最初的几年中，石英钟必须装在至少有电话亭那么大的箱子里。

然而，精工在 20 世纪 50 年代秘密进行了这项技术的微型化实验，代号为毫无创意的 59A。1958 年，精工成功为名古屋一家无线电台制作出了石英钟，而这台石英钟必须装在一个档案柜那么大的箱子里。到了 20 世纪 60 年代初，精工石英钟已经小到可以安装在第一代子弹头列车的驾驶室里。到 1964 年，精工赢得了当年奥运会的计时合同，人们越来越相信工程师迟早会制造出小到可以装在腕带上的机芯。结果，精工 5 年后就制造出来了。阿斯特朗手表有着好看的复古外观，其内部结构数字化，没有齿轮和发条，也几乎没有任何机轮，完全符合人们的期待。这款手表便宜、结实、抗震、耐热、防水，而且出奇地准确，一度成为有史以来最精确的计时器。

这款手表在机械意义上是抗震的，却给全球制表界带来了经济和社会方面的震动，问世后不超过 5 年就差点儿将瑞士手表工业拖垮。突然间，人们似乎都不愿意买又重又吵且每天都得上发条才能走得准的机械表了，因为用比机械表少很多的钱便可买到一款无须上发条的手表。这款手表的表盘上没有指针，而是一连串不断滚动的数字，可以将时间精确到几分之一秒，达到了此前只有在实验室里才能达到的精确度。1969 年，钟表界发生了石英革命，也被称为石英冲击或石英危机。在此之前，有 1 600 家瑞士钟表行，而到下一个 10 年结束时却只剩下了 600 家，从业人员的数量也减少到了原来的 1/4。

然而，精工却没能为该发明申请专利。精工的科学家也乐于承认，这种石英计时机芯是许多人的智慧结晶。精工也很愿意让他国遭受冲击的制表业追赶上来，而后者也确实追赶上来了。1983 年，斯沃琪（Swatch）手表的出现使瑞士手表工业重新焕发生机。但此时，精工已经站稳了脚跟，正以惊人的速度生产着石英表（见图 10-2），同时赚取了可观的利润。

图 10-2　石英表

注：在日本北部盛冈市的精工总厂，每天都有超过2.5万块石英表从机器人装配线上制造出来，这些手表因精确度和合理的价格而闻名。

精工在 20 世纪 80 年代已经上市，新一代的服部家族仍然参与管理，但只是担任受人尊敬的监督角色。可以说，精工的迅速发展导致管理层遭遇了一场良心危机，而这场危机源于精工对制表工艺的尊崇。

这就是矛盾所在。这种矛盾不仅在精工这一家制表公司有着明确体现，同时也在日本各地有着更为广泛的反映和折射。此外，探索这种矛盾也有助于解决我在激光干涉引力波天文台到西雅图机场的漫长沙漠之旅中开始思考的那个更具哲学意义的问题。

在更广阔的世界里，人们是不是过于看重精确度了？如今一味追求机械精确度的行为是否会给人类生存状况中一个与众不同的重要组成部分蒙上阴影，进而导致其逐渐消失？

沉默的制表工匠

初秋的一天，我去盛冈市参观了精工制表公司总厂。当时正下着雨，低低的云层遮住了平日相当壮观的岩手山景色。一位高管陪我从南部乘火车来到这里，为天气不好向我道歉。我告诉他，在东京就像蒸桑拿一样，这样的雨天我感觉挺好的。精工总厂位于城西不远处的一个竹园内，树木在凉爽的细雨中缓缓滴着水，小路蜿蜒，隐入薄雾中。

这座工厂现代、简朴而又宁静。接待楼层以及我被带去听取简报的各个房间都异常安静，简直就像工厂放假了，只是找了几个人来和我说话。

结果是我想多了。再往上一层便是制造手表的地方，有大量的人和机器，但是依然非常宁静。没有一个房间需要戴耳塞或口罩，到处都给人一种安静、清洁和高效的印象。因此，这里更像是一个学院而不是工业厂房，更像是制表宗教的教堂而不像是工厂这样的地方。

4 名陪同人员首先把我带到工厂的电子区去看制作石英表的地方。长长的走廊上装有大型单片落地玻璃窗，参观者可以看到在齐腰高的长长的生产线上，机器人正在组装零件。这条线在仓库大小的房间内蜿蜒。整个房间分为不同的区域，用于制作不同型号的手表，但各种手表的制作过程基本上都是一样的。零件由料斗送入轨道，然后就像火车车厢被插到了移动的铁轨上一样，在需要的时候进入经过的线路。一旦重量传感器在坯件上检测到零件的存在，生产线上相应的工具就开始执行微小的任务，将其精确地固定在手表的恰当位置。添加了第一个零件的坯件便移动到下一个工位去添加第二个零件，然后是第三个零件，以此类推。房间内尽可能保持一尘不染，由身穿白大褂的年轻人监控机械长蛇般的生产线。只见他们不是在这里调整一下，就是在那里加一滴润滑油，每隔一会儿就微微弯腰为永不停歇的生产线维护引擎。

这条生产线日夜不停地运行，每小时生产 1 000 多块手表，以满足精工所建立的巨大出口市场的无穷无尽的需求，该公司现在最大的利润便来自这个市场。这些机器构成的生产线就像一个巨大的铁路布局模型，不停地进行切割、按压、加热、刻痕、钻孔、去除毛刺、拧紧螺丝、将表面固定到机件上、将玻璃插到表盘上、将表带插入托架、将完成的手表装进盒子里，“嗡嗡”“呼呼”“咔嚓”“嗖嗖”“吱吱”等声响不绝于耳，确实令人着迷，只是这一切似乎与真正的制表没有什么关系。我觉得陪同人员可能从我的脸上隐隐看出了厌倦之色。其中一人笑着说道：“那堵墙后面有您想看的东西。”

1960 年，精工还只生产机械表，设计了一款名为“大精工”的顶级手表。那是一款按照严格的标准手工制作的老式手表，其复古设计显然并非刻意，而是因为其设计师也是守旧之人。这款手表卖得很好，曾获得一个眼光挑剔的瑞士评审机构的各种认证，但是从未投放到海外市场，导致日本境外几乎无人知晓。

后来，石英革命爆发了。1969 年，精工发明了石英表，将阿斯特朗及其后续产品投入大规模生产。结果发现，石英表的迅速走俏在某种程度上导致精工自食其果。大精工机械表很快便滞销了。价格是一个因素，准确度也是一个因素：石英表年计时误差仅为几秒，而机械表的机芯比石英表贵得多，日计时误差在 5 秒之内就已经算是很幸运的了。全日本和精工都迅速对这款手表失去了兴趣，导致其销量暴跌，产量削减，多年来手工制作这款手表的中老年人也被解雇了。最终，精工于 1978 年放弃了这条生产线。

只是，现在似乎到了决定性时刻，看看日本人是否能够重燃对手工艺的热爱。还不到10年，董事会就做出了重启生产的决定。20世纪80年代，精工曾半心半意地进行过徒劳的尝试，试图制造一款大精工石英表，但最终以失败告终。于是，服部家族连调查和焦点小组讨论都未进行便意识到，日本人对手工机械表有着挥之不去的热爱，而且愿意花钱支持制造手工机械表所必需的手工艺的发展。

20世纪80年代中期，管理者留存了所有被解雇的制表工匠的姓名和地址，以防需要他们修理当时存在的大精工表。复工的消息传开后，他们很快就成群结队地回来工作了。那些年纪尚不大的工人尽可能地留在工厂，在再次手工组装手表的同时，还培训了一批年轻的新骨干。这些新骨干至今还留在工厂里，在二楼那堵墙后的车间里工作。

在那个车间里，看不到生产线，也看不到机器人。从走廊里落地窗前放置的一个大沙发上，可以看到24个封闭的工作间。每个用黑檀木围起来的小工作间里都有一个270度的工作台，配备了现代制表业所有可以想象到的必要工具：强光灯、放大镜、计算机屏幕、个人工具架、镊子、微型螺丝刀、针手钳、抛光器、灰尘刷、钳子、显微镜、超声波清洗机、小珠宝盒、主轴、齿轮、主发条、计时装置。这些工具全都被放得井井有条，便于制表工匠取用。制表工匠头戴棉布白帽，身穿棉布白大褂，坐在定制的椅子上用双手制作手表。椅子的高度恰到好处，他们可以将前臂搁在工作台上，尽可能保证双手舒适。

我走到落地窗前，只见每位制表工匠都在默默地通过面前的照明放大镜凝视着一块小得难以想象的手表零件。在这里，训练有素的制表工匠可以做到公差仅为0.01毫米，有些甚至更低。从摆轮到游丝，从轮系夹板到擒纵轮，从上链表冠到擒纵叉，所有零件都是在这栋大楼里的另一堵墙后面手工制作的。可以看到，每位工匠都在用小镊子将相应的零件放入这个极小的洞、那个微小的空间或极小的螺纹槽口。大多数人都弯着腰，全神贯注地做着手头的工作。偶尔有一位制表工匠可能会抬起头来，可能会瞥见路过的访客，他会露齿一笑，然后再次低头继续工作。

每隔 1 小时，整个工作室的人都会休息 10 分钟，他们站起来伸展四肢，准备继续手工制作那些有史以来最低调非凡的手表（见图 10-3）。这些手表可能不如百达翡丽、劳力士或欧米茄那么有名，但它们不断赢得各种瑞士计时奖。对那些懂得它们的人来说，它们的质量无与伦比。

图 10-3　精工手工制表团队在进行公司规定的运动休息

注：在由机器组装廉价手表的楼层上，有一小队熟练的工人手工组装大精工机械表。这个团队每天制作大约100块手表，使用的零件从指针到游丝都是由精工制造的。

其中一位制表工匠出来休息了，此人名叫伊藤勉，45 岁，身材微胖，和蔼可亲，自称是游丝专家。他喜欢游丝被触碰时蜿蜒起伏的样子。当然，只有制作完美的游丝才会这样。他大半辈子都在精工工作，想着要做到自己的双手或眼睛再也承受不住这种压力为止。不过，他的眼睛和双手目前都没有任何问题。他被归类为大师，是工厂里仅有的两位大师之一。

起初，伊藤勉在电子表部门负责维护生产线，却始终立志要进入机械表工作室，因为这里的关键要素是人工的完善，而不是石英表生产线的机器人效率。现在，他一天只做 2 块表，有时做 3 块。到了晚上，他就去用假蝇钓鱼。是的，他自己设计制作假蝇，然后自己系到钓丝上。他还从世界各地收集精美的手表。他注意到了我的劳力士"探险家"（Explorer），但不愿对它的质量进行评论。我问他喜不喜欢石英表，他说石英表比他制作的手表精确很多。我又问他是否会戴石英表，他摇了摇头，说想想就浑身发抖。然后他笑了，看了看自己的大精工潜水机械表，接着便站了起来，说他得回工作间了，有一条特别费劲的游丝需要调整，他想在下班之前完成，否则就得晚回家了。握手道别时，他看着我的劳力士手表，露出了我只能认为是略带嘲讽的笑容。

精工每天生产 2.5 万块石英表，每周 7 天不停地生产。运气好的时候，伊藤勉和他的 20 多名同事从周一到周五制作的手工机械表大约有 120 块。在接待区，一个小玻璃柜里陈列着最新款的手表。标牌上写着：只要向接待人员申请，就可以打开玻璃柜，可以使用 Visa 信用卡。我犹豫了一秒钟，也就是大精工机械表走了一下的时间，然后问可不可以用我的劳力士手表交换。结果，大厅里的陪同人员发出了如释重负的笑声。我认为那是不行的意思。我走到温暖的雨中，凝视着一条竹林小径，只见一种微妙美丽的景色渐渐隐没在凉爽的秋雾中。

不精确的完美

几天后，我再次从东京北上，前往沿海渔港南三陆町，出现在我面前的景色却完全称不上赏心悦目。2011 年 3 月 11 日，日本东北大地震和海啸摧毁了数座城镇，南三陆町便是其中之一。6 年多后，这座城镇仍然没有完全恢复。

在那个寒冷的下午，海啸肆虐，而在此之前，南三陆町还是一个运行良好的繁荣渔港，但人口数量和重要性在缓慢下降。尽管此地位于一个不受风雨侵袭的大海湾的湾头，但几乎没有渔民愿意冒险进入太平洋，因为没有必要。就在海岬峭壁的那边，一冷一暖两股洋流交汇，形成了一种非常适合各种可捕捞的海洋生物生长的海洋环境。

当地渔民养殖牡蛎、扇贝、章鱼和三文鱼，还有一种特别丑陋的生物，名为海鞘，又叫海菠萝，在更具冒险精神的东京厨师中颇受追捧。渔民们会乘晚上的火车将捕获的大量海产运到仙台枢纽站，然后换乘南行快车前往 320 千米外的城市：筑地早市的竞购者会以高价买下这些海产。因此，南三陆人生活富裕、安居乐业，只是心里始终都知道峭壁那边的海洋可能会造成巨大的破坏。1960 年的海啸便造成了相当大的破坏。这场海啸是由智利地震引起的，所以日本人也将复活节岛的摩埃石像选为了城镇吉祥物，使之与更受尊敬的章鱼形象一起护佑这座城镇。

2011 年 3 月的那个周五，在不超过一个小时的时间里，南三陆町长久以来如此安定的一切却变成了碎裂的浮木、扭曲的铁以及破碎的溺水尸体。虽然从表面上看，东北沿海有许多地方都遭到了类似的暴力破坏，但南三陆町却遭遇了特有的辛酸：一场悲剧突显了该地的苦难，使之比其他许多地方的苦难更广为人知。一位名叫远藤未希的 24 岁女子受雇向南三陆人发出洪水警报。在 3 月那个寒冷的日子里，尽管冰冷的洪水在她周围不断上涨，但她仍然坚守在南三陆危机管理中心的岗位上。就像泰坦尼克号上的音乐家一样，她继续工作着，不停地拉响警报器，播放警报音乐，通过市政扩音器广播来袭海浪的高度和位置，直到洪水导致电源短路、扩音器失灵。

电影片段显示，洪水在危机管理中心的三层楼里越涨越高，可以看到人们聚集在屋顶上，一些人爬到了无线电天线上，只有一两个人还在下面；可以看到男人们顽强地坚持了几个小时，直到水位开始下降。在一个镜头中，可以看到他们身后有巨大的灰色瀑布从镇医院楼上的窗户喷涌而出，简直就像世界末日一般。但是扩音器里安静了下来，没有任何声音，这宣告着远藤未希已经溺亡。她在倒下前一直不停地广播警报信息，至今还被视为当地的英雄。

埋葬她的那栋楼的锈红色铁架仍然矗立在那里。关于是否应该将其像广岛原爆圆顶一样留作纪念，目前存在着激烈的争论。许多当地人希望将其拆除，镇政府还没有做出决定。

当时，南三陆町共有 1.7 万人口，其中 1 200 人死亡，远藤未希只是其中之一。渔港周围陡峭的山丘为成千上万的人提供了庇护所。他们有的生活在松树和雪松之间，大多生活在竹林中；有的在冰天雪地里疯狂地开车上路，而这通常需要使用轮胎防滑链。那天下午确实下了雪，万幸的是下得不大。人们在高处无助地看着自己的家园被七波大海浪淹没，进而被破坏得面目全非。洪水退后，人们从山上下来。据说，他们都耐心而毫无怨言地收拾了残局，重新开始工作。

有人可能会问，他们从山上下来后需要做什么？海浪静止后，还有什么是屹立不倒的？毫无疑问，精密制造的东西所剩无几。

在南三陆町，用钛、钢或玻璃制成的东西所剩无几。在洪水中，拥有超精密引擎的船只已被摧毁；装载有精密仪器的汽车如谷壳般被抛来抛去；那些以微处理器为核心装有数百万个微型晶体管的电子设备都失灵了；远藤未希所在的大楼及其他建筑被冲毁、扭曲变形，进而开始生锈。精确无常的证据随处可见。雪松和松树等比较完美的树木也在洪水的摧残中变得破碎不堪。许多人被坠落的树干压死，或者随一堆破败的浮木被退去的洪水冲入海中，再也没有回来。

然而，不精确的东西仍然存在。在城镇周围的森林里，仍然有大量成片的竹林。雪松都已破碎不堪，松树也已被摧毁，而竹子还在那里。虽然不精确，也不完美，但幸存了下来。

竹子在中国人和日本人的日常生活中得到广泛使用，如篮子、衣服、工具、扇子、房屋、箭、帽子、盔甲、建筑材料等。尽管它看起来是一种强壮且生长迅速的树，但其实是草本植物。竹子以其韧性和弹性而闻名，无论再遭受多少次海啸，肯定都会重新茁壮成长，然后为人类所用。它会弯曲、回弹，会重新长出。在南三陆町，有的竹子还在那里，弯弯曲曲，血迹斑斑，但没有屈服；有的则迅速从种子中重新长出，一旦太阳升起，春回大地，它就会以每天长高约 0.9 米的速度变得实用起来。竹子是一种在数学上并不完美却非常有用的植物。

2017 年秋天，当我离开纽约前往日本时，大都会艺术博物馆正在举办一场以竹艺术为主题的展览。这场展览面向成千上万的人，经过精心策划，非常受欢迎。大多数展品都是装饰品，如花篮、茶具、礼品盒与小饰品，而不是严格意义上的实用品。但展览也让参观者想起了所谓“人间国宝”的存在，那是日本对社会上那些最优秀的手工艺创造者的非常独特的奖励和表彰方式。

这些获得官方荣誉的艺术家的存在本身就提醒着我们，日本在这方面确实与众不同。在这里，这种独特的品质标志着人们对尺寸完整性的普遍态度。虽然日本对精确度有着全国性的推崇，但他们也正式承认手工艺对社会有着不可估量的价值，承认手工制作和精确度不高的真正价值（见图 10-4）。

图 10-4 错综复杂的竹制手工艺品

注：这是2017年在纽约市举行的一场展览上展出的一件现代日本装饰品，表明尽管日本以高精确度制造而闻名，但还是为手工制作和精确度不高感到自豪。

“人间国宝”代表了一群杰出人物。他们通常年龄很大，毕生在漆器、陶瓷、木器和金属制品等不精确的艺术领域培养和磨炼技能，在社会上获得了正式的荣誉地位。他们具有的每一项技能的核心美德都是耐心，而这既包括学习工艺所需的耐心，也包括制作艺术品所需的耐心。

例如，古老的漆器工艺“大漆”就完美地诠释了不完美的创造，这种技艺在日本历史上已经过 7 000 多年的磨砺。漆器艺术的核心天然材料是高大的落叶乔木漆树的剧毒汁液，这种树主要产于中国和印度，但几个世纪以来，日本和韩国一直在受到严格保护的森林中进行培育。树液采集者拿着小刀片和小桶，非常小心地在每棵树上切出细小的羽毛状凹槽，在切口愈合前收集滴落的树液，然后在接下来整季，都不再在这棵树上切割采集。一般来说，每棵树上可采集半杯树液，而每个容器里的黏湿树液都要用颜料调出不同的色调，从深红色到深黄色，再到烟草棕色，然后密封起来，直到大漆艺术家开始用它来进行抛光和装饰。

手工漆器（见图 10–5）一般以木材为基料，通常是樟木和柏木，风干长达 7 年之久，以确保没有翘曲或开裂，然后切割成型，刨削至薄到几乎透明，即便不能透过它看清当天《朝日新闻》（*Asahi Shimbun*）上的小字，也可以看出明暗或辨别出艺术家的五根手指。

图 10–5　手工漆器

注：手工漆器是日本一种古老而受人尊敬的工艺的产物，是用受到严格保护的漆树的树脂制作而成，耗时数月。日本非常希望这些手工艺得到传承，因此授予这些精美物品最受尊敬的制造者“人间国宝”的称号。

然后将漆涂在这脆弱的木质基板上。用动物毛刷和细长平整的抹刀进行涂抹，涂得尽可能薄。每一层都在温暖潮湿的空气中风干，这样既能促进氧化，又能刺激各种酶的释放，有助于一层一层地硬化并使其永久化。可能要涂上 20 层，一层接一层，每次都要打磨光滑，所以每一层都涂在一个平整的表面上，这一层的平滑度会反映到下一层的平滑度上，直到奶油般柔滑的坚硬质地和表面掩盖了下面的木质结构，同时也增强了这个几乎看不见的结构。

接下来，风干、熟化，用木炭、皂石、麂皮和浸透黏土的丝绸碎片打磨漆器，使其表面微微泛光，这让它虽然没有任何光彩夺目或华美的装饰，却反射出一种近乎鲜活的柔和质感，只待涂上最好的油漆、金粉或银线便可完成。不言而喻，这最后的装饰过程可能需要几周或几个月的时间，因为大漆艺术家要将墨水瓶、便当盒、水壶、茶碗打造成一件件经久流传的优雅之物，尤其是茶碗，可以在未来几个世纪代表日本的艺术传统。

现在，艺术家隐入幕后，有意将自己的艺术推到台前。耐心、精致的材料，再加上艺术家的远见卓识，这些都是构成最优秀的日本手工艺的基本要素。对于大多数有教养的日本人来说，无论艺术是通过漆器还是通过瓷器来表现，是通过复杂的金属加工还是通过木材的精雕细琢、连接与抛光来表现，都不太重要，重要的是艺术是通过耐心、细心和温柔来表现的，而艺术家满怀崇敬与热爱之情。关键是人的参与。而人的参与绝不是一种支配性的参与，因为在日本，艺术家只寻求与材料合作，而且是在时间的累积中做到这一点。他们不使用任何机器，而是使用经过几代人维护和完善的陈旧的手工工具。其成果可以定义一个国家和民族：看到漆茶碗，就看到了日本几百年来对其手工艺的热爱。

在某种程度上，这些工艺都是对无常的赞颂。世界上很少有其他国家如此充分正式地表明，必须同等重视、尊重和赞赏精确与不精确、机器与手工艺。在尊重钛的同时，当然也要尊重人类智慧和手工艺的产物，尊重竹子。现在，南三陆町正逐渐恢复往日生机，其山坡上便生长着竹子这种最典型的日本植物。

如前所述，在本书撰写时，竹制品正在大都会艺术博物馆展出。

如今，人类迷恋于精密加工和完美球面轴承的价值，叹服于只有工程师才能做到的平整度，或许也应该更为普遍地学会接受自然秩序的同等重要性。否则，大自然迟早会覆盖一切。无论我们的发明是精确到了英国一先令硬币的厚度还是精确到了质子直径的几分之一，最终都将被一片片绿色的丛林包围，被一丛丛绿色的幼竹包围。

在不精确的自然界面前，一切都会衰落，无论多么精确都无法幸免。

后　记

称量万物，时间才是终极依据

完美从时间中诞生。

——约瑟夫·霍尔主教（Bishop Joseph Hall），《作品集》（*Works*）

人类在其文明存在的大部分时间里，都在尝试测量万物。从这条河到那座山有多远？这个人、那棵树分别是多高？我应该买多少牛奶？那头牛有多重？我需要多长的布料？天已经亮多久了？现在是什么时候呢？人类生活中的一切在某种程度上都取决于测量，在人类社会的早期，社会进步的明确证据，就是度量系统的建立和体系化，这也包含了度量系统的接纳程度和普及程度。

度量单位的出现，自然是人类文明早期商业活动的产物之一。巴比伦人的腕尺可能是人类最早发明的一批长度单位，后来罗马人发明了罗马尺，其他世界各地的人又发明了格令、克拉、突阿斯、市斤、码、半码等。在英国历史的早期，人们甚至用手掌、手指和手指甲作为度量单位。

然而，后来随着精确度的发展，人们需要的并不是一系列名称各异的度量单位，而是一个可靠的度量标准。这些标准描述了长度、重量、体积、时间和速度，无论这些度量单位是通过什么样的方式产生的，它们都可以被稳定测量出来。

标准度量单位的发展必然比度量单位的出现要晚得多。多年来，有关度量标准的制定依据一直在稳步发展，度量标准的来源可以分为三种：第一种是源于人类身体结构的一部分，由这部分的尺寸形成度量单位，比如英寸就来源于拇指或指关节的长度；第二种是源于某种人造的物体，比如一根标准的黄铜柱体或一个标准的铂块，如千克的标准原器；第三种利用了自然界中的一些永恒不变的参数，通过科学的测量和观测制定出一系列标准的度量单位。

更加科学的度量系统

1582 年，伽利略朝着制定更加科学的度量单位迈出了第一步，他偶然间注意到了一件看似相当平凡的事情。接下来的这个故事可能是传说，也可能不是：当时，伽利略正坐在比萨大教堂的长凳上，看着吊灯在教堂正厅上方来回摆动，而且摆动的频率是有规律的。后来伽利略用钟摆做了一个实验，他发现钟摆摆动的速度并不取决于摆锤的重量，而是取决于钟摆本身的长度。摆臂越长，钟摆往复的间隔就越长，摆动就越慢，而一个钟摆的摆臂越短，则摆动周期越短，摆动就越频繁。伽利略通过简单的观察，发现钟摆的长度和钟摆摆动周期的长短是相关的，并使长度单位不再是简单地从四肢、指关节和步长的长短中诞生，而是有史以来第一次将长度与时间联系了起来，使得可回溯的单位系统有了最初的一点进步。

一个世纪后，一位名叫约翰·威尔金斯（John Wilkins）[①] 的英国神父提出了一个想法，即利用伽利略的发现来创造一个与当时英国传统的度量单位无关的全新的长度单位。当时，传统的度量单位是一根或多或少由官方背书的杆子，这个杆子的长短就是一码的标准。而威尔金斯在 1668 年发表的一篇论文中，提出了一个非常简单明确的方案，制造一个单次摆动长度为一秒钟的钟摆，然后，无论这个钟摆的摆臂长度是多少，这个摆臂的长度就是新的长度单位。他又进一步提出了类似的度量单位的概念：有了这个长度，就可以依据这个长度创造出一个新的面积单位，进而创造出一个体积单位，而通过用蒸馏水填充这个新的体积单位，就可以得到一个新的质量单位。而上述提议的长度、体积和质量单位，都可以配合该单位的 10 倍大小的衍生单位，或 1/10 大小的衍生单位一起使用。这一提议使威尔金斯神父至少在名义上成为后来度量系统的概念发明者。但遗憾的是，国际计量委员会开始调查这个了不起的人物的时候，从未报道过他的那些提议，而他的提议也就逐渐被人们遗忘了。

但是，威尔金斯的提议并没有付诸东流，他的理念还是得到了支持，

---

①约翰·威尔金斯是牛津大学瓦德汉学院的学监和剑桥大学三一学院的院长，也是一名数学家，但是，如今他的名字鲜为人知。他不仅是一名执业的牧师和大学管理人员，以及圣保罗大教堂的设计师克里斯托弗·列恩（Christopher Wren）和波义耳定律的提出者罗伯特·波义耳（Robert Boyle）的朋友，而且他对科学也非常感兴趣。他曾经提出过月球上可能有生命的假设，设想过太阳系尚且还有未被发现的新行星存在，还为潜艇、飞机和永动机提出过设计方案，同时威尔金斯也提出过一个基于钟摆的度量系统。因为拉丁语的固有缺陷，威尔金斯还建议开创一种新的通用语言。此外，在瓦德汉学院期间，他创造了一种透明的蜂箱，以便在不干扰蜜蜂正常生活的情况下获取蜂蜜。

尽管是在一个世纪后，才在英吉利海峡对岸的法国巴黎得到了官方首肯。这个方案得到了当时的政治红人、牧师兼外交官塔列朗（Talleyrand）的鼎力支持。在 1791 年法国大革命两年后，塔列朗向国民议会提出了正式的提议，该提议与威尔金斯的想法别无二致，只是在细节上进行了改进：米的定义为一秒钟摆一次的钟摆的摆臂长度，但是，这个钟摆必须悬挂在北纬 45°。由于在不同的地理位置，引力场差异会导致垂摆的表现有些微差别，因此在下定义时控制纬度，将有助于解决这个问题。

但塔列朗的提议并不能呼应在法国大革命之后诞生的狂热情绪。法兰西共和历是由当时一些狂热的革命党人发明的，因此有一段时间，法国采用了新命名的月份，其中包含果月、雨月和获月，以 20 日为一旬，从首日开始，到第十日结束，替代原有的周，而且 1 天为 10 个小时，每小时 100 分钟，每分钟 100 秒。由于塔列朗提出的“秒”与革命党人提出的“秒”不统一，后者比旧历定义的秒短 13.6%，因而，大多数国民议会议员为了坚决维护新立法的正统性，否决了这个提案。

可惜还得再过 200 年，科学界才充分意识到“秒”这个概念对于科学研究的重要性。但在这个故事所描述的背景下，在 18 世纪的法国议员的心目中，长度这个概念的地位可比时间要高得多。

法国的议员们抛弃了塔列朗的方案，转向了另一个设计度量单位的全新思路，因为这个设计思路与地球的天然属性更加相关，所以在议员们看来，更具有革命性。这个设计思路是测量地球的经线或赤道的长度，并把这个长度分成 4 000 万个相等的部分，这样一来，每个部分的长度就是新的单位长度，这个单位就是新的基本测量单位。经过一系列激烈的辩论，议员们最终决定把经线当成参照物，一部分原因是经线穿过法国首都巴黎。然后，议员们还规定，为了使项目易于操作，在计算单位长度时，无须考虑环绕地球一周的整根经线，而是只考虑从北极到赤道的那1/4。因此只需把这1/4分成1 000万份就可以了，每一部分的长度便命名为“米”。该词来自希腊语名词 μετρον，也是一种长度单位，与英语中“米”一词的发音接近。[①]

法国议会立即授权进行了一次大型地理勘测，目的就是搞清楚作为新长度标准制定依据的确切长度，或者具体来说，是需要确定参与标准制定部分的1/10的长度，即一个大约9度长的弧，相当于一根经线1/4部分的1/10，即把90度分成10份，每份就是9度，根据现在的测量标准，大约有1 000千米长。但在当时，为了使新单位诞生，这段长度必须用18世纪法国的旧制单位来衡量，即突阿斯，突阿斯的长度大约为2米，可以分成6法尺，每法尺可分成12法寸，每法寸还可以进一步分成12法厘。但这些法国的旧制单位并不重要，因为最重要的是测算出那段经线的总长度，然后除以1 000万。无论最终测量的结果如何，由法国创造的这个新的度量标准，终将惠及全世界。

计划进行实地勘测的经线部分，是从法国北部的敦刻尔克到法国南部的巴塞罗那，因为每个港口城市都很显然位于海平面附近。由于这个9度的弧线位于地球的中纬度地区，敦刻尔克在北纬51°，巴塞罗那在北纬41°，而这两座城市之间连线的中点，吉伦特（Gironde）的圣梅达尔－德吉济耶尔村（Saint-Medarde-de-Guiziers），地处北纬45°，因此人们认为地球的形状是扁球形的，地球在赤道附近的球体半径更长，进而影响了地球的形状，这使地球看起来更像是个橙子，而不是足球。地球是

①作者此处所说的经线与我们在中学地理课上学到的经线概念有所不同，我们学的经线是半圆的，作者在文中提到的经线是环形的。——译者注

椭圆形的这一事实，很容易通过科学计算确认。为了进一步确认地球的形状，法国科学院派人进行了两次地理测量的探险，一次是在秘鲁，另一次是在北欧的拉普兰（Lapland），以便观测高纬度地区地球经线曲度的变化：所有这些都证实了牛顿在几个世纪前预测的地球的形状，即地球的形状像个橙子。

被派去法国和西班牙对经线进行三角测量的团队，是由皮埃尔·梅尚（Pierre Méchain）和让-巴蒂斯特·德朗布尔（Jean-Baptiste Delambre）两人组成的，他们进行这一测量的时间，恰好是法国大革命后最糟糕的恐怖政策时期。这两位测量员在 6 年勘测工作中所经历的故事，堪比英雄的冒险史诗。因为很多机缘巧合，这两位测量员与法国大革命后的大规模暴力活动擦肩而过，要知道这一活动的后果可不只是被关起来那么简单，而法国大革命后的政治斗争也远超出了这本书的讨论范围。真正影响精密制造的发展，并惠及此后数百年世界各地的工程师的，正是这次举世瞩目的地理勘测本身，这次勘测活动最终孕育出了沿用至今的度量系统，这两个法国人勘测出的系统一经确认，标准原器的制作就开始了。这个标准原器，实际上就是一根经过精密加工的、由青铜或铂构成的金属棒。

这次地理勘测的结果于 1799 年 4 月公布。根据勘测的结果可以外推计算出，经线 1/4 的长度为 5 130 740 突阿斯。换句话说，制造一个新的度量单位的标准原器，只需要切割或铸造一个长度为 0.513 074 0 突阿斯的金属棒就可以了。法国大革命之后，这个长度便成为人们所采用的标准度量单位，即今日世界通用的单位——米。

法国国民议会的委员们随后下令，希望能用白金制作一根长度为 1 米的金属棒，作为标准原器。一位名叫马克·艾蒂安·简尼特（Mark

Étienne Janety）的前宫廷金匠被选中，负责打造这个原器，这名金匠被从马赛召回，他自大革命爆发以来一直在马赛躲避革命后的恐怖气氛。简尼特的工作成果至今依然被人用心地保留了下来，它就是那个时代“米”的标准原器，由一根纯度比较高的铂金棒制成。这根米的标准原器宽 25 毫米，厚 4 毫米，长度正好为 1 米，于 1799 年 6 月 22 日正式被呈送给国民议会。

但这还没完，因为除了米的铂制标准原器以外，几个月后，还要打制一个纯铂制成的圆柱体，人们称它为质量的标准原器，这个原器的单位为千克，也是简尼特打制的，材料也是铂金，这个标准原器高 39 毫米，直径也是 39 毫米，储存在一个整洁的八角形匣子里，匣子上的标签用拿破仑历标注着：“这台千克标准原器于共和历 3 年芽月 18 日完成，于共和历 7 年获月 4 日开始展示。”

长度和质量这两种最基本的度量单位应该具有密不可分的相互关联性。一旦确定了长度的标准单位，那么通过这种长度单位，就可以确定一种新的体积单位，然后使用一种标准的材料来填充这个标准的体积，便可以得到一个新的标准下的质量单位。① 因此，在令人精疲力尽的 18 世纪末的巴黎，人们决定根据一个优雅而简单的公式，创建一个新的广泛使用的标准单位。这个新的标准单位来自新的 1/10 米的长度，今天我们将其称之为分米，然后我们把 1 分米作为边长，从而精确地打造出一个每一边长都是 1 分米的立方体。这个立方分米的量器就成为“升”的标准原器，

①将长度与质量的标准单位联系起来，并且使用水作为质量单位的填充物这个想法，最早是由约翰·威尔金斯提出的，在前文中我们提到了他建议使用钟摆来创造一个长度单位。

这个升的标准原器使用钢或银制成，并尽可能打制得更加精确。然后，往这个标准原器里倒满蒸馏水，水尽可能保持在 4 摄氏度的温度环境下，即水密度最稳定的温度。由此，在特定的体积、特定的液体和特定的条件下，即 1 升 4 摄氏度的蒸馏水，被定义为质量的新单位：1 千克。

金匠简尼特精心铸造了用作标准原器的铂块，并且在铸造时不断进行调整，直到这个铂块恰好等同于 1 立方分米的水的重量。毕竟铂的密度大约是水的密度的 22 倍，所以 1 千克铂当然也比 1 千克水的体积小得多。从 1799 年 12 月 10 日起，那个铂块的重量就是 1 千克。

就这样，人们制造出了“米”的标准原器，并以此为依据制造出了“千克”的标准原器，这些标准原器很快成为新的世界度量系统的基础。虽然这个新的系统起初只包含长度和质量单位，但是，影响后世的公制系统就这样正式诞生了。

最初制造的这两个标准原器仍然留存于世，它们就位于巴黎市中心附近的法国国家档案馆内，存放在档案馆深处的一个钢制保险箱中。一个原器放置在一个八角形的黑色皮箱里，另一个原器则静静地躺在一个细长的红棕色皮箱里。

除此之外，在测量学的世界中，有一个不变的真理，那就是完美的事物总是可遇不可求。在这些原器诞生很多年以后，这些原器所依赖的标准——经线长度被重新修订了。这就不可避免地出现了令人倍感烦恼和沮丧的一幕，人们发现德兰布雷和梅辛在 18 世纪进行的那场持续 6 年的地理勘测中存在纰漏，因此这时的科学界已经不再参考他们当年测量的经线长度了。虽然测量时产生的误差并不大，但这也足够对当时的标准度量单位造成影响了，之前定下的米制单位标准长度，比根据新的经线计算出来的米短了 0.2 毫米。因而，如果米的长度有问题，那么立方米也有问题，以此类推，1 立方分米也有问题，那么 1 升也有问题，最终通过 1 升水得来的千克也就有问题了。

因此，一个烦琐的工程便要再度启动了，现在又需要打造一套全新的标准原器了，而新一代标准原器将力求达到 19 世纪晚期科技水平所能实现的精确度。为了实现这一目标，国际社会花了 70 多年的时间才就制作方法达成一致，后来又花了很多年的时间来研究如何存放和保管这些形态各异的原器。在这些原器的制造过程中发生的各种事情证明了：自威尔金森为瓦特制造气缸的那个世纪以来，精密制造的理念已经经历了长足的发展。终于，人们开始把想象中的“完美”作为一种标准，在逐步追求完美的实践中，完美成为既令人痴迷，又让人们可以在实践中脚踏实地去不断靠近的目标。

为了修订度量系统，50 多名来自世界各国的代表聚集起来参加 1872 年 9 月在巴黎举行的国际米制委员会第一次会议，这 50 多名国际代表都是白人，都留着长胡子，他们就这样开始了这一新的度量系统的修订。他们在中世纪时代修建的圣马丁教堂修道院召开会议，这个修道院后来成为法国国家艺术和音乐学院，以及世界上最伟大的科学仪器库之一。①

决定世界测量系统未来的国家包括当时几乎所有的西方大国，有英国、美国、俄国、奥匈帝国、奥斯曼帝国，但值得指出的是，当年中国和日本都没有受邀参加会议。在这次探讨世界测量系统的会议以及与这一会

①在 2010 年 5 月中旬的一次事故中，1851 年制成的傅科摆重重摔在了地板上，这次事故对文物本身，尤其是这个文物的机械结构造成了不可逆的损坏。有些人认为，当时有人在博物馆举行私人聚会，与会者随意玩弄钟摆，导致文物遭受了损坏。

议相关的子会议当中，最受关注的是“米制系统”的外交会议，这个会议更多讨论的是计量系统对于国际政策和外交的影响，而不是制作原器涉及的技术问题，因此想要在这次会议中达成协议似乎遥遥无期。

然而，上述一系列会议最终促成了《米制公约》（*The Treaty of the Metre*）在 1875 年 5 月 20 日签署。该公约要求成立国际计量局，这个机构位于巴黎郊区塞弗附近的帕维永 · 德布勒特伊（Pavillon de Breteuil），时至今日该机构依旧在此地办公。后来这个机构及其下属机构，在不同的时间、以不同的方式，负责打造新一代各式各样的原器。

国际计量局花了近 15 年的时间来打造一套国际公认的标准，新标准下的单位原器随后将被铸造、加工、研磨、校准和抛光，并最终交给世界各国来确认。1889 年 9 月 28 日，标准原器分发仪式在巴黎举行。

在这一系列原器中，两个铸造得最好的原器被定为国际标准原器，这两个原器的外观和尺寸都异常精确，因此成为不二之选。这两个原器被授予国际度量原器的权威称号，其中“国际米原器”在英文中用大写的黑体字母“M”来体现它的权威地位，而“国际千克原器”用大写的黑体字母“K”来表示。这两个铂铱合金铸件随后在法国塞夫尔镇的帕维永 · 德布勒特伊地下室内的保险柜中保存。

当时，这些原器都在天文台的展厅展出。国家标准原器存放在两层玻璃罩子下，而国际标准原器存放在三层玻璃罩子下，粗短的千克原器在玻璃罩子下闪闪发光，而国际米原器则放置在一块木制保护台上，如果需要搬运，人们就将该原器封闭在黄铜管中，确保原器不会在运输过程中受损。

每一个原器的认证证书都由巴黎的商业印刷公司斯特恩公司印

制，证书用加厚的日本和纸制成，纸上印上了证书的文字内容。每一个证书上都印上了一部分公式化的内容，这部分内容描述了对应原器的部分物理和化学特征：如 39 号，铂铱合金圆柱体，上面写着"46.402mL、1kg-0.118mg"，意思是该圆柱体的体积为 46.402 毫升，而这个原器比 1 千克轻了 0.118 毫克。米原器的证书更复杂，写着"$1m+6^{\mu}.0+8^{\mu}.664T+0^{\mu}.00100T2$"，这意味着在 0 摄氏度下，该原器比 1 米长 6 微米，在 1 摄氏度下，该原器将比 1 米长 8.665 微米。

会场里的主席台上放了 3 个匣子，这些匣子是抽签用的，委员会的官员们在每一张纸条上都写着剩余原器的编号，然后委员会将以抽签的方式来决定原器在各参会国之间的归属。

抽签当天正巧是个周六，一个秋日的午后，天气温暖宜人，世界主要大国的代表们齐聚一堂，就好像各国在出价竞标体育赛事的贵宾票一样。官员们按法语字母顺序先后宣读了这些国家的名称。德国是第一位[①]，瑞士是最后一位。抽签仪式一共持续了 1 个小时。当抽签结束时，美国已经获得了 4 号千克原器和 20 号千克原器，以及 21 号米原器和 27 号米原器。[②] 英国获得了 16 号米原器和 18 号千克原器；日本当时已经于 1875 年签署了条约，在这场抽签中获得了 22 号米原器和 6 号千克原器。[③]

---

①法语中德国是 Allemagne，A 开头所以排位靠前。——译者注

② 27 号千克原器，作为美国的米的标准原器被使用了 71 年，在此期间曾 4 次被带回巴黎与国际标准千克原器进行校准。最终 27 号千克原器于 1960 年退役，随后被重新安置到了华盛顿特区附近的美国国家标准与技术研究院的博物馆中，存放在一个玻璃匣子里。

③中国直到 1977 年才成为该条约的缔约国，但到这个时间节点，整个测量系统的理论基础已经发生了变化。

最后，代表们带着这些标准原器从巴黎回到自己的祖国。各国代表将这些堪称无价之宝的标准原器从钟形玻璃罩中取出，将它们装在盒子里，同时也支付了原器的费用。这些原器的费用也都不少：铂铱合金米原器的造价为 10 151 法郎，而千克原器相对便宜，只需要 3 105 法郎。在几天或几周内（日本人乘船回国的时间恐怕还要更长一点），新的标准原器已经送达了参会各国的首都，各个参会国都在其首都设立了专门的度量机构，这些机构负责妥善保管这些原器。持有标准原器的国家无疑都会小心翼翼地、严加看护地储存好原器。虽然没有哪个国家对自家原器的精心呵护程度，能比得上法国对国际标准米原器和国际标准千克原器的保管，但是现在各国都将标准原器存放在地下保险柜中，那是一片漆黑、与世隔绝的地方。这些标准原器是无与伦比、准确无疑、精密非凡的，而在附近的保险柜里有 6 个比照原器制造的复制品，这些复制品将定期与标准原器进行比较，这些复制品的参数也将力求准确。

但是，凡事都不绝对，随着度量标准的定义发生变化，原器的参数也就相对不准了，只是度量标准更新的速度不算很快。计量学基础的理论研究者一直肩负着不断关注基础科学前沿、永远追寻更好的度量标准的使命。而随着时间的推移，他们确实找到了一个新的标准。

科学界发现，度量系统还存在更好的方案，而这个方案最早提出的时间是在国际计量大会召开的几年前，也就是 1870 年，那时，铂合金标准原器还没有开始制造，甚至连形状和尺寸都还没有确定好。英国物理学家詹姆斯・克拉克・麦克斯韦（James Clerk Maxwell）在利物浦举行的英国科学促进会年会上发表了一次演讲，这次演讲对测量标准的一切都产生了影响。他的话至今仍然在世界各地的测量学家耳边回响。他提醒听众，现代的测量系统始于对大自然的测量，随后是法国对经线的测量，并从中推导出度量单位，而这一切的基础是地球的固有参数。

毕竟，地球有固定的尺寸和自转的周期，虽然与我们目前的测量单位相比，这些参数相对而言是非常稳定的，但是这些参数从物理学的意义上讲却并非如此。地球可能因为温度变化而热胀冷缩，其尺寸也可能由于一块陨石的撞击而变得更大，而且，地球的转速可能会因陨石的撞击而减缓，但地球的本质不会变，跟过去一样，依旧是一颗行星。但是，如果一个氢分子的质量或振动周期哪怕发生了最微小的变化，那这个物质就不再是一个氢分子了。

如果我们希望制定出绝对可靠的长度单位、时间单位和质量单位，那么制定这个单位的理论依据一定不是源于宏观物体的尺寸，或者宏观物体运动的规律以及行星的质量，而是源于物理意义上的波长，微观上的振动周期和绝对质量等这些亘古不变、恒常稳定的、在每个分子之中都普遍存在的现象。

麦克斯韦所做的贡献就是挑战了迄今为止所有测量系统的科学基础。长期以来，一个基于人体尺寸的系统——拇指、手臂、步幅等，本质上是不可靠的、主观的、可变的，这样的度量系统在科学面前是苍白无力的。现在麦克斯韦认为，以前被认定为可靠的标准，比如地球一部分的经线长度、钟摆的周期或一天的长短，也不一定是恒定的。他宣称，**自然界中唯一真正存在的常数，只能在非常基础的原子水平上才能找到**。

当历史的车轮前进到这一步的时候，科学进步为人类了解原子尺度的奥秘提供了窗口，揭示了迄今为止人类不曾想到的结构和特性。麦克斯韦认为，这些结构和特性在本质上是真实存在且永恒不变的，应该作为衡量其他一切的标准。如果国际标准度量系统不采用这样的制定方式，那就根本不合逻辑。这些系统以基本物理特征为参照，有着最适合做度量单位的特质。既然如此，为什么不采用这样的系统呢？

光的波长是最初用来确定标准长度“米”的基本物理特征。毕竟，光是由原子受到激发引起的一种可见的辐射形式，即原子受到能量激发导致它们的电子从一种能量态跳到另一种能量态时产生的现象。不同的原子产生的光分布在不同的光谱上，因此光具有不同的波长和颜色，这时在光谱仪中，就能测出各种各样可识别的谱线。

之后，又过了 100 年的时间，国际社会才完全认同将光和光的波长与测量系统联系起来的意义。对于当时那些拥有掌管世界的权力的中年人来说，选择以光为依据称量万物，而放弃以地球为依据称量万物，显得有些奇怪，这就类似于告诉他们，连地球本身都不是稳定的，连脚下的大陆都是会动的一样。因此，把基本物理特征引入测量单位的想法并没有很快付诸实践。但是，到了 1965 年，当板块构造理论首次有理有据地发表出来后，大陆漂移理论一夜之间成为显而易见的常识，长期被忽视的现实一下子变得清晰可见，板块漂移的理论对计量学产生的巨大冲击，并不亚于它对地质学产生的影响：使用特定原子和特定原子发出的光的波长，作为一个新的标准测量系统的依据，自然而然地成为最明智的选择。

19 世纪晚期的马萨诸塞州的天才查尔斯·桑德斯·皮尔斯（Charles Sanders Peirce）是第一个将光谱与标准单位关联起来的人。在与他同时代的人中，几乎没有人能比他更聪明，当然也几乎没有人能做出比他更令人发指的事情，比他更擅长惹是生非。皮尔斯有很多头衔：数学家、哲学家、测量师、逻辑学家，但他同时也是一个饱受疼痛折磨的人（他的面部神经似乎有问题），一个患有精神疾病的人（很可能是严重的双相情感障碍患者），一个难以控制自己脾气的人。在皮尔斯的人生中，积极的一面十分鲜亮：他可以站在黑板前，用右手在右边写下一条数学理论，与此同时，用左手在左边写出这条数学理论的解析；而消极的一面是：皮尔斯曾经因为用砖袭击自己雇用的厨娘而被厨娘告上法庭。他酗酒，服用鸦片酊，并且结了许多次婚，他对婚姻不忠的程度堪称病态。

但正是皮尔斯这个人在 1877 年第一次让钠发出纯净而明亮的白炽光，白炽状态下的钠发出了黄色的光，与此同时，皮尔斯尽力以米为单位测量钠光的波长，从而建立了光和长度之间的尺寸联系。测量时，皮尔斯通过衍射光栅，即一种高精确度棱镜来测量波长，衍射光栅会生成黑色的光谱线，用于辅助测量波长。

可惜的是，这个实验只是他 75 年人生中遭遇的诸多不幸中的一个，这个实验从来没有完全成功过，要么是光栅玻璃的膨胀影响了实验结果，要么是用来测量玻璃温度的温度计出现问题。尽管如此，他还是在《美国科学杂志》（*American Journal of Science*）上发表了一篇短小的论文，并在杂志上声称自己是有史以来第一个进行这种尝试的人。

如果他成功了，那么他的名字就会被后人经常挂在嘴边。但事实上，他在 1914 年就孤苦伶仃地去世了，晚景凄凉的他，居然可怜到不得不向当地的面包店讨要过期面包的程度。现实中没有如果，现在他早已被大众遗忘了，当然凡事皆有例外，也有少数人同意罗素（Bertrand Russell）的观点，罗素称皮尔斯是“美国有史以来最伟大的思想家”。

到了 1927 年，在科学家进行大量探讨之后，他们最终被麦克斯韦的论点说服了，一致认为麦克斯韦提出的方案的确是制定出最可靠的标准度量系统的最佳方法，所以国际计量委员会虽然对采用新的系统有些怨言，但也达成了一致。委员会正式接受这个方案，并且考虑用一个长度已经被测量出来的特定的元素的光的波长为参照，然后以米为单位表示这个波长，当然光的波长通常很短，需要用米的分数形式来表示，甚至可以说是一个极小的数字。[①]

委员会随后同意，以波长乘以倍数的形式表示米。相比之下，这个倍数会是一个非常大的数字，至少是个 7 位数，用这样一个数乘以波长得到新的单位长度，作为米的标准长度。

我们所讨论的元素是镉——一种银色的、带有泛蓝色金属光泽、毒性很强的金属，化学性质与锌元素相似，在相当长的一段时间里与镍一起用于电池材料，同时，冶金领域也用镉来强化部分钢材的抗腐蚀性，现在我们也用镉（和碲）制造太阳能电池板。当镉被加热时，它会发出非常纯的红光，它的光谱线可以用于确定波长，镉的波长可以得到非常准确的测量，因而国际天文联合会用镉的波长来定义一个新的、非常小的长度单位——埃（Angstrom），埃是一百亿分之一米，即 10^{-10} 米。

经测量，人们将镉发出的红光波长定义为 6 438.469 63 埃。20年后，负责测量的官员接受了波长作为测量单位的基础并选择了镉。最终在定义时，红光波长被四舍五入去掉了末尾的数字“3”，因此最终镉红光的波长被定为 6 438.469 6 埃，而米的标准长度可以很容易得出，即 1 米等于 1 553 164 个镉红光的波长。（将 6 438.469 63 除以 100 亿，再乘以 1 553 164，可以得到一个非常接近 1 的数字。）

但是，在米这一定义发展的曲折历史中，人们抛弃一个刚刚选定的标准并不算是什么奇怪的事情。当仔细测量时，人们发现，镉的光谱线并不像人们认为的那么精细和纯净。镉的样品中可能掺杂了镉的各种同位素，

---

①可见光的波长很短，只相当于很多微生物的长度。——译者注

因而这个样品其实是一个混合物，如果样品不纯，就会破坏测量的严谨性，所以，米从来没有正式用镉来定义。有很多其他的单位在制定时，并没有那么科学严谨，但神圣不可侵犯的“米”却必须追求严谨。就这样，铂铱合金的金属原器依旧在国际计量委员会上坚守自己的阵地，经受住了各种由辐射和波长定义的米的挑战。直到 1960 年，国际计量委员会才终于达成了一致。

最终大家选择了氪。这种惰性气体直到 1898 年才被发现，在大气中恒量存在，它最为人所知的用处，可能是作为霓虹灯中最常用的气体之一，但是人们很少用氪气把霓虹灯充满。之所以选择氪，是因为在研究用波长来定义米的标准长度的长期探索中，氪具有极其清晰的光谱特征。“氪-86”是氪的 6 种天然稳定同位素之一，是非常适合作为测量万物的参考依据的物质。[①]1960 年 10 月 14 日，国际计量委员会几乎一致决定，鉴于氪-86 这种气体所特有的优点，氪超越镉成为最合适的选择，现在用氪的光波长（6 057.802 11 埃），取代之前已经清晰测量出的镉红光波长，成为新的米的长度依据。

后来，由于委员会观察到，只是简单用氪-86 的波长来定义米的长度，还“不足以满足当今测量的需要”，最终委员会一致确认，把米的定义设定为“在氪-86 原子的 2p10 和 5d5 能级之间进行跃迁时产生的辐射，在真空中波长长度的 1 650 763.73 倍”。

①氪也存在不稳定同位素，比如“氪-85”，氪-85 的半衰期约为 11 年，是核爆炸和核燃料加工的副产物，例如，在朝鲜上空运行的卫星能检测到上层大气中存在氪-85 气体的羽流。

有了这个简单的定义，之前铸造的铂合金标准原器就逐渐失去作用了。自 1889 年以来，这个原器一直都是所有长度测量的最终标准：路德维希·维特根斯坦（Ludwig Wittgenstein）曾经以令人费解但又准确的语言讽刺了标准长度的变迁，有个物件，我们现在既不能说它是 1 米长，也不能说它不是 1 米长，那就是巴黎的国际标准米原器。因为从 1960 年 10 月 14 日起，巴黎和其他地方都没有标准原器了。从此测量这件事情已经离开了人们所熟悉的经典物理世界，进入了真实宇宙那绝对和无情的世界里。

7个重要的单位

此外，自 1960 年起，只要是和平时期，国际计量委员会每 4 年都要举行一次大会，大会的地点通常定在巴黎，这可能是自“科学”方法论发明以来，计量学领域最有意义的事件。令人印象深刻的是，1960 年的会议正式启动了今天的国际单位系统，通常被简称为 SI，首字母源自法语的国际单位系统。现在世界上大多数人都熟知、承认、理解和使用的系统就是 SI，其主要有 7 个单位：长度（前文已经反复描述的米）、时间（秒）、电流（安培）、热力学温度（开尔文）①、光强度（坎德拉）、物质的量（摩尔）和质量（千克）。上述 7 个单位都是根据物质的基本特性来定义的，一般都源于最基础的原子辐射、原子的行为特征或物质的数量。

①在任何一个定义中，几乎没有什么东西有浪漫或者诗意可言，尽管也许有些人会在“开尔文”这个单位中发现一点浪漫的暗示。水的三相点温度是 1/273.16 开尔文，而这个温度正是水以液体、固体和气体三相平衡共存时的温度。但这个温度的来源，并非普通的水。测量出这个温度，需要使用被称为“维也纳标准平均海水”的液体，这种液体是来自世界各大洋海水的蒸馏水，并且之所以特意选择了一个内陆国家的首都来命名，是因为维也纳这个城市离欧洲的各大海洋距离差不多。

会议上还产生了很多基本单位以及衍生单位，如赫兹（频率）、伏特（电压）、法拉（电容）、欧姆（电阻）、流明（光通量）、贝可勒尔（放射性活度）、亨利（电感）、库仑（电荷量），以及授权的标准大小前缀，十（10^{1}）、千（10^{3}）、吉咖（10^{9}）、太拉（10^{12}）、艾可萨（10^{18}）、泽它（10^{21}）和尧它（10^{24}），以及缩小版：分（10^{-1}）、毫（10^{-3}）、纳诺（10^{-9}）、皮可（10^{-12}）、飞母托（10^{-15}）、仄普托（10^{-21}）和幺科托（10^{-24}），前后的单位都是计量学意义上对称的。

但是，会议没有产生任何明确的结论，来取代另一个旧标准——千克标准原器。创建了一个全新测量系统的代表们，要在 10 月底离开巴黎，而千克的标准原器还在那里，如同服刑一般继续被锁在黑暗的地下室里，装在 3 层玻璃罩下。质量的标准原器无人问津，它依旧是 20 世纪科学技术的产物。

千克的标准原器还需要近 60 年的时间才能找到替代品，这个千克的标准原器是一个高度抛光的实心金属圆柱体，大约和一个 Zippo 打火机一样高、一样宽，整体大约有一个高尔夫球那么大，它承担着校准世界上所有千克重量的责任，直到 2018 年底，人们才将它从守卫森严的地下室里取出来，与保护它的钟形玻璃罩一起，放在博物馆里，真正成为往日技术的遗迹。由于千克标准的更新比米要晚得多，所以质量的制定理论借鉴了很多计量学的新发展，吸纳了技术演进的红利。这个千克的标准将与一个长期被忽视的单位有关，这个单位对于所有其他单位而言都至关重要，这个单位就是时间的单位“秒”。

时间与频率的概念有关，毕竟频率是时间的倒数，是每秒出现的次数。在今天的 7 个基本测量单位中至少有 6 个与频率相关。频率几乎无处不在。

在此，我举三个例子。“坎德拉”，一个指示光源强度的单位，乍一看似乎与时间完全无关。但实际上坎德拉与时间有关，国际社会现在将坎德拉定义为：在给定方向上，该光源发出频率为 540×10^{12} 次每秒的单色辐射，且在此方向上的辐射强度为 1/683 瓦。光在这里的的确确与秒产生了关联，因此光的强度也与时间的概念联系在了一起。

以 7 个单位[①] 中的长度单位为例，米的长度现在也用秒来定义，米的定义是光在真空中 1/299 792 458 秒的时间内所经过的路线的长度。因此，长度也与时间有关。这个是计量学界一致的观点。

直到近几年，广受关注的“千克”，这个一直被那个放在巴黎地下室里的、很久之前被精心加工出来的铂柱（标准原器）所定义的单位，终于成为历史了。这一次，千克将以光速来定义，并通过著名的普朗克常数与光速相连，这里面的细节过于复杂，就不详细描述了，总之这个数字是 $6.626\ 070\ 04\times10^{-34}m^2\times kg/s$，正如符号所暗示的，与频率紧密相连，因而与秒紧密相连。因此，质量是根据时间来定义的。现在所有人都认同了这个观点，即时间是一切的基础。

就像伽利略抬头看着比萨的吊灯时预见性地意识到的那样，正如威尔金斯后来的提议，以及再后来塔列朗再次在法国国民大会上提出的那样：

---

①如前所述，7 个基本单位为千克（质量）、米（长度）、秒（时间）、安培（电流）、开尔文（温度）、坎德拉（发光强度）和摩尔（物质的量）。还有一系列被称为“衍生单位”的单位，如库仑（电荷）、牛顿（力）、帕斯卡（压力）、法拉（电容），除此之外还有大约 15 个衍生单位，包括受欢迎的特斯拉，特斯拉定义的是一种叫作“磁通量密度”的、概念略显模糊的物理属性，纪念科学界很受欢迎的科学家尼古拉·特斯拉（Nikola Tesla）。1960 年，特斯拉在去世 17 年后，获得了这个冠名标准单位的殊荣。

所有计量单位都与时间连接起来了。

时间是什么

但是，一切都与时间挂钩，那时间单位的基础是什么呢？

“在没有人问我时间是什么的时候，”圣奥古斯丁说，“我知道时间是什么。但是，当我想向提问者解释时间是什么时，我又不知道怎么解释。”时间是在流逝的，我们知道时间是在流逝的。但时间是如何流逝的呢？时间到底是什么？为什么时间只朝着一个方向前进呢？就时间而言，方向到底意味着什么？有没有谁曾经提出比爱因斯坦更简单明了的疑问，那就是，时钟是测量时间的工具吗？所有这些问题突然之间都联系在一起了。我们应如何划分时间？在历史上，我们又是如何划分时间的呢？其实，这通常是一个主观选择的问题。在如何划分分钟、小时和天这个问题上，全世界都有十分一致的划分方式。[①]

毕竟，日出日落长期以来塑造着人类对时间的认知，因此，也创造了一个方便人类以天为基础、把天从大到小拆开的方案，并据此建立起一套时间概念。甚至直到 20 世纪 50 年代，人们依旧采取这种自上而下的时间划分方式，即秒被定义为一天时间的 1/86 400。

---

① 60 秒是 1 分钟、60 分钟是 1 小时和 1 天是 24 小时，现在可能是几乎所有人普遍接受的时间划分方式，但法国有“十进制时间记法”的悠久传统，这种记法的支持者坚持认为，时间应该与长度和质量的划分方式保持一致，也采用十进制。几个世纪以来，中国也以十进制的方式划分一天的时间，但并不总是这么划分。在中国历史的某些时期，基本单位刻的持续时间与其他时期明显不同。17 世纪，西方传教士把西方的计时系统传入中国，把刻与 1/4 小时相对应，从此温和地引导中国的时间系统逐步与西方世界接轨。

然而，还有比天更大的时间单位。在我们的认知中，还有所谓的周、月和年等人类文明对于时间的其他划分方式，这些划分方式根据宗教和习俗而变化。因为人类社会多元的特性，这些划分方式显得变幻莫测、反复无常，使得不同文化之间对时间的划分变得非常不同。但现代计量学家在处理有关基本单位的问题时，所考虑的目标是，所有单位都应该完全一致。就时间单位而言，在一定程度上时间带有随意性。但科学意义上的秒的长度，因为与众多其他单位关联，其自身必须是准确无疑的。

直到 1967 年，秒一直与一种自然现象有关，那就是 1 天的长度，从而才将其金字塔式地划分成时、分、秒，然后通过日晷的刻度或摆的持续时间加以确定。想要调整秒这一时间概念的话，只需要简单地调整钟摆的长度，让钟摆的摆动频率正好与两个正午间时间长度的 1/86 400 相等即可。这个不难计算，只需要利用公式：$2\pi\sqrt{lg}$，就能反向推算出钟摆的长度。其中，l 是钟摆的长度，g 是重力加速度，T 是钟摆每次所花费的时间。

从 1 天的时间长度中推断出秒的长度确实不难，但自古我们就认识到这样的算法有个更大的问题，由于一系列地球自身的原因，如潮汐的摩擦效应，还有天文的影响因素，如地球自转周期的变化、地轴进动效应等，1 天的长度本身几乎是永远变化的。而且地球自转周期本身就是在稳定的减速之中的，不过这一周期偶尔也会随机加速。

如果秒这个单位本身的依据是不稳定的，那么秒又怎么能成为其他单位的依据呢？这个问题与麦克斯韦在当年提出的灵魂拷问如出一辙。当计量学界第一次处理这个问题时，采取的解决方案是使用更加精确的宏观时间概念，在自上而下的时间划分系统中，通过把年的长度测量得更加精确，进而作为年的分数的那些更小的时间单位也就更加准确了。年的定义被准确记为：地球沿公转轨道完整围绕太阳旋转 1 周的时间，而“星历时间”的概念便由此诞生。“星历”是基于几个世纪以来，人们对行星和恒星的运动的观测得来的计时方式，并据此推算出“星历时间”。

这种计时方式被称为星历，或者用更加通俗的语言来说：历法。随着时代的发展，历法变得越来越准确，因为科学家先通过望远镜观测宇宙来改进历法，后来现代人又通过卫星观测来校准时间。因此便有了从帕萨迪纳市的喷气推进实验室计算出的“星历时间”（天文时间）这一概念，这个概念自 1952 年问世以来，便成为众多科学活动参照的标准。

在这种计量系统下，秒被定义为一年的 1/31 556 925.975，但这不是随便哪一年都行，这一年选择的是 1900 年，其实是 1899 年 12 月 31 日午夜 0 点整，同时也是 1900 年 1 月 1 日的起点的那一时刻。不过这个记法忽略了一个事实，那就是它不符合一般人的习惯，在日历当中，我们从不把日期标记为 0。我们的计数系统有 0.5，时钟有 00.23 小时，但是日历只有 1 月 1 日，从来没有 1 月 0 日。

但后来，选择年作为时间单位“秒”的依据，相当于选择了基于行星围绕恒星公转的时长一样，经过测量也跟选择以“天”为依据定义“秒”一样不可靠，不够精密。所以仍然需要更好的“秒”的定义方式，而恰好，一个更好的定义方式也在等待着我们去探索，这就是沿着麦克斯韦提供的方向去发掘时间的定义方式。

自然界中有些物质的特性是极其稳定的，尤其是在原子和亚原子的尺度上。我们发现，原子会以永远不会变化的频率振动，或者其振动频率的变化太小了，小到我们没有任何手段可以测量出变化的程度。

我们在参观精工制表公司的加工厂时发现，石英的确有这样的特性。石英计时器对于时间的计量非常精确。就这样，在悄无声息之间，石英把精确记录下来的秒积累成了准确的分钟、小时和天。

然而，就像麦克斯韦反对使用人类的尺度甚至行星尺度作为定义米和千克的依据一样，20 世纪下半叶，虽然石英的精确程度足以满足一般消费者的计时需求，但它显然不能满足科学家和世界各国的计量机构进行精密时间测量的需求。这推动了今日采用的计时基础的演变，并最终促进了众多原子钟的先后诞生。

原子钟的基本原理与石英钟有相似之处。当一种天然的物质可以在一定条件下，以均一、稳定且可测量的速度振动时，就可以用于计时，比如石英晶体，它可以在电荷影响下稳定地振动，而且石英不但振动稳定，而且还易于测量，这样的特性使石英成为一种具有潜力的计时材料。而对于一个原子而言，频率是一件更加微妙的事情。我们希望把原子的振动用于计时，而原子的振动是这样产生的：当围绕该原子的原子核进行环绕的电子要从一个轨道转移到另一个轨道，即进行量子跳跃或量子跃迁时，振动就产生了，这就是“量子跃迁”一词的起源。自 19 世纪以来，人们就知道，当电子从基态跃升到另一个更高能级时，原子本身会释放出高度稳定的电磁辐射。

许多物理学家认为，这种量子跃迁的辐射十分精确和稳定，有一天可能会被用于计时。这个基本设想于 1949 年在美国被首次证明可行，科学家使用在激光的前体——脉泽来激发分子，并使用氨分子作为受激对象，打造了第一台氨分子钟。

世界上第一台真正的原子钟是由英国人路易斯・埃森在 1955 年发明

的，当时他和同事杰克·帕里（Jack Parry）制作了一个原型，该原子钟的原理是将铯原子的电子跃迁产生的振动作为计时的依据。铯原子似乎是一个奇怪的选择：铯是所有金属中最软的，在室温下几乎是液态的，单质成淡金色，在空气中还会自燃，与水接触时会剧烈爆炸。

然而，铯原子在计量领域的作用和价值是难以衡量的。因为铯原子中稳定地发生着电子跃迁现象，而且铯原子释放出辐射的振动节拍是如此恒常稳定，以至于常驻在巴黎塞弗尔的国际计量委员会的科学家很快就欣然同意把铯原子的振动作为秒的新定义的基础，在埃森和他所在的英国国家物理实验室进行反复论证之后，铯原子的振动成为秒的新定义的理论基础。

用铯原子的震动定义秒这一原则沿用至今，现在 1 秒的定义很简单：铯 -133 同位素基态两个超精细能级之间跃迁辐射的 9 192 631 770 个周期所持续的时间间隔。

虽然 9 192 631 770 是个长达十位的巨大数字，乍一看可能令人生畏，但每一个计量学家都知道这个数字，因为对于计量学家而言，这个数字就像一个稀松平常的美国的电话号码，毕竟美国的电话号码也是十位数。

铯原子钟现在在世界各个大国已经普及开来，即使这种原子钟造价高昂且体积庞大，但它们仍然是这个世界不可或缺的计时装置。据说，全世界有 320 台铯原子钟，各个铯原子钟之间也在进行相互对照和校准。美国的铯原子主钟每 12 分钟进行 1 次校准，以消除纳秒级别的误差。能校准铯原子钟的，是由一批比铯原子钟更精确的计时器，这种计时器被称为“铯喷泉钟”。全世界的铯喷泉钟只有十几个，简而言之，铯喷泉钟是一种利用激光在钢容器内影响铯原子，进而获得与普通的铯原子钟相比精确度更高的计时器。

铯原子主钟位于美国马里兰州和科罗拉多州，而第 8 章详述的全球定位系统，就是一个高度精确且基于时差系统建立起来的系统。该系统的关键时间参数源自华盛顿特区的海军天文台①，海军天文台里配备了不少于 57 台铯原子钟，集中整合了关键的时间数据，但这还不够，在科罗拉多州保护严密的施里弗空军基地里，又额外部署了 24 台原子钟。

与此同时，这些时钟正在不断地创造着新的时间计量的精确度纪录，至于更加精确的时间计量手段，科学家也正在世界各地的计量科学研究所里不断地进行实验，并尝试建构出来。此时此刻，铯原子钟正在美国国家标准与技术研究院进行调试。现在马里兰州的一些科技研究实验室里，计量科学的专家们将计量精确度推向了难以置信的技术前沿。例如，英国标准协会宣称，虽然标准铯原子钟的精确度约为 10^{-13} 秒，但英国标准协会调出的名为“NPL-CsF2”的第二台铯原子喷泉钟经过测量，精确度可以达到 2.3×10^{-16} 秒。这意味着这台钟在 1.38 亿年内既不会快 1 秒，也不会慢 1 秒。

现在，有人提出“量子逻辑钟”和“光钟”等计时方案，这些方案有实现更高精确度的潜力，一些科学家声称，这些时钟在未来也许能让计时精确度达到 8.6×10^{-18} 秒，这就意味着这台计时器即使工作 10 亿年，其

①美国海军天文台设在一座丘陵上，附近就是英国大使馆和马萨诸塞大道，最初选择这里是为了躲避当时还不大的南部城区带来的城市光污染。现在，这座天文台已经被郊区的小房屋包围起来了，万家灯火也越来越影响天文观测。与此同时，附近也有特勤局的警卫设施，那里还曾经有警长的官邸，现在是美国副总统的官邸的地下室里有一个能抵御核武器攻击的地堡。

误差依旧小到可以忽略不计，这就意味着旧时代的那种浪漫行为“每隔几天掏出怀表，然后满怀珍爱地校准它”将逐渐从现实中永远消失，最终从人类的想象和记忆当中淡去。

时间才是终极依据

现在，科学的发展使我们进入了精密时间计量这一奇异的领域。大量资金、精密设备和科研人员投入与测量时间有关的一些神奇的研究上来，之所以在这一领域进行如此大的投入，是因为计量学家充分认识到，时间是一切的基础。现在看来，“一切”的定义似乎也包括重力的性质。如果一个桌子上的时钟比另一个桌子上的时钟高 5 厘米，那么这台位于更高处的时钟记录的秒就会比位于更矮处的时钟更短，而且这是肯定的。这仅仅是因为那台更高的时钟受地球引力的影响较小，哪怕两台时钟的高度只差几厘米。

这种时间和重力之间的关系，现在已经得到了证实。而且这一重大研究的主要团队是在中国，这是在现代物理学的发展进程中并不多见的。在中国，有很多关于时间本质的研究，而这项工作具有某种意想不到的魅力。对于那些在北京城区附近依靠崭新的实验设施、资金充足的实验人员来说，这里存在一种令人欣慰的传承。在他们所在的研究中心的前门外，有一份来自英国的主要计量研究所，即位于伦敦西部特丁顿的国家物理实验室的礼物。

这个礼物是一棵苹果树，它处于一片小树林中，从表面上看只是一棵普通的树而已。但事实上，它确实是一棵非常特殊的树。如果北京的夏天温暖而不干燥，这棵苹果树就会结出一种名为“肯特之花”的苹果，据说这种苹果松脆、多汁、味道酸甜。但这棵树之所以在此，并不是为了结苹果，而是因为其自身独特的血统。

在英国国家物理实验室把这颗苹果树送到北京作为礼物之前，这颗苹果树的母体是 20 世纪 40 年代扦插在伦敦南部的水果研究站的一棵植株，而这棵植株又是白金汉郡的一个花园里的一棵苹果树扦插而来的，而白金汉郡的花园里的苹果树是在 19 世纪 20 年代种下的。这棵树的树种来源于一棵更大的树，这棵更大的树现在已经变成了遗迹，在一场巨大的风暴中被摧毁，这场风暴同时也破坏了林肯郡的伍尔斯索普庄园。

伍尔斯索普庄园是牛顿的故居。1666 年，牛顿从剑桥逃到了林肯郡。那年夏天，正是在自家的庄园里，牛顿看到了从树上落下来的苹果，而在研究“是什么力使苹果落地”这个问题时，牛顿提出万有引力的概念，是引力使这颗微不足道的苹果落到了地面上，但是，经过富有逻辑的推论后，牛顿做出这样的判断：使月球环绕地球，并保持稳定的运动周期与高度的力量的，也正是这种引力。

所以，牛顿的苹果树，或者更恰当地说是牛顿苹果树的后代，今天也在北京的土地上开花结果，这片土地就在明朝皇帝的皇家陵寝附近①，在这里，人们可以看到长城沿着山脊蜿蜒延伸；在这里，中国新一代的科学家正以最大的精确度，计算着地心引力对自然流逝的时间的影响，从而取得他们渴求的学术成果。

换句话说，中国的科学家试图建立并证明一种在物理上可追溯的联

---

①作者所说的明朝皇帝的皇家陵寝指的是十三陵，因此这个研究所应该是中国计量科学研究院。——译者注

系，一边是把我们束缚在地球上的引力，另一边是稳定流逝的时间。从本源上讲，时间是我们创造的精密计量系统的终极依据，而最终，时间也将帮助我们塑造无限趋于完美的精密计量系统，正是这样的系统，为我们提供了现代社会运转所需的精确度。

致 谢

至少在过去的 7 个世纪里，星盘的装饰性黄铜面板被称为“rete”，这个词源自拉丁语，原意是“网络”。从字面意思来讲，“网络”一词还是很精确地描述了这个黄铜面板的，因为许多古代星盘的表面看起来就像一张金属网，覆盖在这种最古老的天文仪器的外面，而星盘内部则包裹着更为坚固和复杂的转盘和齿轮。

这个词如今用于互联网。现在有一个以“rete”为名的邮件群组，该群组的介绍和联系方式展示在一个由牛津科学史博物馆运营的永久性网站上，通过这个网站，世界各地的人连接在了一起。加入这个群组的人，都是对测量技术、科学装置（其中就包括星盘和太阳系仪）、光学、密码机以及精确和准确的概念之争感兴趣的人。

早在 2016 年，我就加入了这个邮件群组，当时我审慎地提出了一个小小的想法，大意就是我想写一部有关精确的发展史的书，询问其他人是否有什么想法。一瞬间，从波茨坦到帕多瓦，从波多黎各到巴基斯坦，来自地球各个角落的人纷纷对我提供热情帮助，大批有着科学精神的人向我提供建议，把相关的书单发送给我，向我提供学术论文的链接、会议邀请函，以及精确科研领域的领军人物的姓名。

在此，我首先要感谢rete邮件群组的发起人和组织者，并向那些对我提供巨大帮助的、希望被称为“rete人”的各位致敬，他们给了我下笔之前关键的帮助。下面很多人的名字都是我第一次通过rete邮件群组遇到的人，他们都渴望在大大小小的方面提供帮助。其中包括：西尔克·阿克曼（Silke Ackermann）、查克·阿利坎德罗（Chuck Alicandro）、保罗·贝尔托雷利（Paul Bertorelli）、哈里什·巴斯卡兰（Harish Bhaskaran）、约翰·布里格斯（John Briggs）、斯图尔特·戴维森（Stuart Davidson）、迈克尔·德波德斯塔（Michael dePodesta）、谢里·德拉戈斯－普里查德（Cheri Dragos-Pritchard）、巴特·弗里德（Bart Fried）、梅丽萨·格拉夫（Melissa Grafe）、西格弗里德·赫克（Siegfried Hecker）、本·休斯（Ben Hughes）、戴维·凯勒（David Keller）、约翰·拉维耶里（John Lavieri）、安德鲁·刘易斯（Andrew Lewis）、马克·麦凯克伦（Mark McEachern）、罗里·麦克沃伊（Rory McEvoy）、格雷厄姆·梅钦（Graham Machin）、黛安娜·缪尔（Diana Muir）、戴维·潘塔洛尼（David Pantalony）、林赛·帕帕斯（Lindsey Pappas）、伊恩·罗滨逊（Ian Robinson）、戴维·鲁尼（David Rooney）、克里斯托夫·罗泽（Christoph Roser）、布里吉特·鲁特曼（Brigitte Ruthman）、詹姆斯·索尔兹伯里（James Salsbury）、道格拉斯·苏（Dougls So）、彼得·索科洛夫斯基（Peter Sokolowski）、康拉德·斯蒂芬（Konrad Steffen）、马丁·斯托里（Martin Storey）、威廉·托宾（William Tobin）、詹姆斯·厄特巴克（James Utterback）、丹·维尔（Dan Veal）、斯科特·沃克（Scott Walker）。

在我为这本书的写作进行第一次调研之后，群组中的很多人强烈建议我与精确领域的两位领袖级专家联系，他们是英格兰南部克兰菲尔德大学的帕特·麦基翁（Pat McKeown）和北卡罗来纳大学夏洛特分校的克里斯·埃文斯（Chris Evans）。我亲自拜访了这两位专家，后来这两位专家都为我提供了大量的支持和慷慨的帮助。如果没有他们的帮助和鼓励，这部作品将很难成书，我对他们深表感激。如果本书存在任何疏漏和错误，那都是我个人造成的。

在撰写本书期间，我访问了英国、日本、中国和美国的国家计量研究所，因此，我希望在此表达对以下机构及研究人员的特别感谢，他们是：英国国家物理实验室的保罗·肖尔（Paul Shore）、劳拉·蔡尔兹（Laura Childs）和萨姆·格雷沙姆（Sam Gresham ）；美国国家标准与技术研究院的盖尔·波特（Gail Porter）、克里斯·奥茨（Chris Oates）和约瑟夫·坦（Joseph Tan）；中国计量科学研究院昌平校区的严珂；日本国家计量研究所的 Toshiaki Asakai 和 Kazuhiro Shimaoka，以及东京大学的 Masanori Kunieda 教授，这些人都为本书的写作提供了宝贵的建议和帮助。

其中参与了哈勃望远镜和詹姆斯韦伯太空望远镜的 NASA 工作人员给本书的相应章节给予了巨大的帮助，在此特别感谢戈达德太空飞行中心的马克·克拉潘（Mark Clampin）和李·范伯格（Lee Feinberg）、哈佛大学的埃里克·蔡森（Eric Chaisson）以及大学天文研究协会的马特·芒廷（Matt Mountain）。

我还要特别感谢理查德·雷（Richard Wray）、克洛·沃尔特斯（Chloe Walters）和位于德比的劳斯莱斯工厂的比尔·奥沙利文（Bill O’Sullivan）；劳斯莱斯银魅协会的比利·凯里（Billi Carey）；伦敦科学博物馆的马克・约翰逊（Mark Johnson）、安德鲁・内厄姆（Andrew Nahum）、本・拉塞尔（Ben Russell）、吉姆・本纳特（Jim Bennett）和詹尼・费里（Jenni Fewery）；总部位于荷兰艾恩德霍芬（Eindhoven）的阿斯麦公司的耶尔姆・弗朗斯（Jelm Franse）；我的老朋友托尼・塔克（Toni Tack），感谢他在荷兰考察期间为我提供了接待和住宿；加州理工学院的约翰・格罗青格（John Grotzinger）和埃德・施托尔珀（Ed Stolper）；帕萨迪纳亨廷顿图书馆的史蒂夫・欣德尔（Steve Hindle）（我曾在那里做过短期交流学者，在那里的生活很惬意）；理查德・奥文登（Richard Ovendon），他是博德利图书的管理员（他的办公室是世界上最好的办公室之一）；汉福德引力波探测实验室的弗雷德・拉布（Fred Raab）和迈克尔・兰德里（Michael Landry）；诺斯罗普・格鲁曼公司的杰西卡・布朗（Jessica Brown）；精工制表公司的 Keiko Naruse 和 Takashi Ueda；莱卡公司的斯蒂芬・丹尼尔（Stefan Daniel）以及我报社的同事克里斯・安杰洛格鲁（Chris Angeloglou），一位受人尊敬的莱卡照相机收藏家。

斯蒂芬・沃尔弗拉姆（Stephen Wolfram）和他的同事埃米・杨（Amy Young）对精确测量都非常了解，他们给我写这本书提供了建设性的意见（埃米还送给了我一些圣诞小饼干）。杰里米・伯恩斯坦（Jeremy Bernstein）是核科学领域问题的全才专家，他告诉了我很多关于钚的事情。我和马克斯・惠特比（Max Whitby）是 40 年的老相识，他带给我一些有关纳米技术的有趣见解。我在牛津大学时的硕士生同学罗杰・安斯沃思（Roger Ainsworth）是劳斯莱斯叶片冷却技术研究小组的组长，他为我们提供了宝贵的资料。佛蒙特州温莎市美国精密博物馆的安・劳利斯（Ann Lawless）自本书筹划之初就给予了我很多帮助。作家维托尔德・雷布琴斯基（Witold Rybezynski）和电影制作人纳撒尼尔・卡恩（Nathaniel Kahn）也表达了对本书的兴趣和对我个人的鼓励，对此我深表感激。

我的儿子鲁珀特·温切斯特（Rupert Winchester）一直是我最忠实的热心读者，他对接近完备的书稿提供了宝贵的见解，他总是帮忙给我的书把关。

对于哈珀柯林斯出版社的本书编辑萨拉·尼尔森（Sarah Nelson），我想说：虽然我们合作的时间不算太长，但是我给予这位编辑最高的评价，她为这本书倾注了极大的热情，把自己多年的专业知识融入了我的手稿当中，并把本书的书稿完善成了一部令我非常自豪的作品。在我写作本书期间，与她配合工作是我当时最大的乐趣，我相信我们已经建立了融洽的合作关系，希望这种关系能一直持续下去。尼尔森的助手丹尼尔·瓦斯克斯（Daniel Vazquez）在本书即将出版的最后几周里，又成功与玛丽·高卢（Mary Gaule）合作，顺利完成这本书的最后收尾工作。高卢和瓦斯克斯的成功，证明了尼尔森对于优秀作品的把握，以及对后辈编辑的培养，并且也印证了和瓦斯克斯两人配合的默契程度。同样，在伦敦，对哈珀柯林斯出版社的另一个与我合作的编辑阿拉贝拉·派克（Arabella Pike），我也想说：虽然我们只是合作了很短的时间，但是受这本书的影响，她为她的小儿子买了一套量块作为圣诞礼物，相信我们也会成为好朋友。

我一如既往地感谢我在奋进集团控股公司的经纪人苏珊·格卢克（Suzanne Gluck）和西蒙·特里温（Simon Trewin），以及格卢克的助手安德烈亚·布拉特（Andrea Blatt）。你们对于事业坚韧不拔的精神使你们成为传奇人物，作为与你们合作的受益者，我非常感激。因此我希望我们不但能在商业合作中取得更大的成功，也希望我们之间的友谊长存。

最后，我要感谢我的妻子佐藤亚纪子，她对精密制造与手工匠心之间的微妙关联提出了独到的见解，这种关联在日本尤为凸显。我对我的妻子对这本书的热情支持感激不尽。

西蒙·温切斯特，于马萨诸塞州

准确度：在本书中，准确度指的是测量或者动作与理想的预期结果的接近程度，例如，一枪射中靶心，说明射击的准确度很高。

浑仪：一个由复杂交叉的黄铜环规组成的框架型仪器，用于辅助观察各种天文相关的现象，例如，在观测时辅助模拟黄道、月轨或地球的回归线等。

像散 / 散光：由于透镜形状不规则导致的成像问题，当照相机或望远镜出现该问题时称为像散，当肉眼出现该问题时称为散光。

星象仪：一种机械装置，与星体仪和天文钟相似，它能预测天文事件和行星出现在天空中的位置。

阿伏伽德罗常数：一种物质中所含的粒子、原子、光子或分子的数量，每 1 摩尔的物质中都含有 1 个阿伏伽德罗常数那么多的对应物质微粒。摩尔是国际单位制标准单位之一。阿伏伽德罗常数的数字表示为 6.022×10^{23}。

双金属片：不同的金属在不同的温度下会表现出不同的特性，因此可以利用这个特性把两种不同的金属片贴在一起，使金属片随着温度的变化而弯曲，从而切断或开启电器（如恒温器）的开关。

滑车 / 滑轮组：滑车以及滑轮组系统通常在其外侧安装了木制外壳，滑轮组主要是用来提拉帆船的索具或提起重物。

钎焊：一种利用热量将金属与金属连接起来的方法，比传统的焊接及锡焊更加稳固持久。

卡尺：测量仪器的钳口，一侧固定，另一侧可以转动或滑动，用来测量物体的外部尺寸。

卡宾枪：一种比步枪略短小和轻巧的枪，最早由骑兵装备。

碳纤维：一种特别坚固而轻盈的材料，最早于 20 世纪 60 年代在实验室中配置成功，如今在多种机械和建材中发挥各种作用。

倒角：磨平工件锋利的边缘或棱角。

彗差：当用望远镜观察物体时，如果物体外围被一团类似于彗发[①]的模糊异像包围，我们就称之为望远镜出现了彗差，这种现象是球面镜片成像异常导致的。

衍射光栅：把一块透光的板子用纤细且平行等距的线划分成多个区域，当光线通过光栅时产生的光谱。

分度机：一种装置，通常是由蜗轮带动一个大齿轮运动，用来在测量仪器上精确地切割出刻度。

销钉：类似于光滑的棍子或塞子的零件，由木头或金属制成，用于加固物件。

电火花加工：用高强度火花在金属工件上塑造加工所需的性状，通常用来在难以加工的零件表面上开小孔。

以太：一种不可见的物质，曾被认为是一种能充满所有的空间，能携带各种辐射的物质，而且是光的传播介质。

燧发枪：通过打火石撞击金属火镰产生火花，并通过火花点燃火药以进行发射的枪支，但是产生火花这一过程的可靠性不佳。

①指彗核四周向外膨胀的彗星大气层。——编者注

傅科摆：以 19 世纪发现这种现象的法国物理学家傅科的名字命名。傅科用一个摆线非常长且运动缓慢的钟摆沿单一方向摆动，而摆锤下面的刻度盘可以显示出钟摆的摆动方向在旋转，以此证明地球自转。

火镰：燧发滑膛枪枪机的金属零件，当燧石敲击火镰时，会产生火花，点燃火药。

下滑道：飞机即将着陆时最稳妥的着陆航线。

通止规：一种检验工具，用于检测公差，检测的对象通常是零件（如螺杆或螺丝），待检验的零件需通过通止规，如果不能通过，则公差不符合要求，以此确保出厂零件尺寸的正确性。

调速器：附在发动机上的机械装置，可以调节和限制发动机的转速。

石墨烯：一种特殊结构的碳，通常由厚度只有一层分子的、肉眼难以观察到的碳网构成的薄片加工而成，于 2004 年首次人工合成，现在由于其强大的强度和较轻的重量而成为研究的重点。

下沉草沟：一种人造的沟渠，通常建在大型庄园里，使其在作为农田、草地和花园的周围边界的同时，不会遮挡视野。

可互换零件：现代制造业的基础之一，因为所有的零件都是照着相同的规格制造出来的，所以在装配时，对应的零件也可以随意地组合在一起。这一概念最早是在 18 世纪的法国发展起来的，并成为 19 世纪的美国制造业的主导思想。

干涉仪：一种高度精确的光学测量装置，它把一束光一分为二并重新组合起来，因为两条光束在空间中行走的路径长度不同，因此带来的长度差异引起光波干涉，并产生彩色图案，从中可以推断出长度的差异。

夹具：通常是手工制作的一种导轨或支架，它有助于固定工具或钻头，使同一种机械加工可以反复稳定地进行。

车床：起源于古代的一种车削机器，这种机器车削的对象，通常是木头、象牙或金属，待加工的材料被牢牢地固定在车床上，承受切削工具的加工。

愈创木：通常指西印度群岛常青树木的木材，以其极大的硬度和自润滑特性而闻名。它长期被用于制造齿轮和其他机械零件。这种木头的比重比水大。

激光干涉仪引力波天文台：虽然通常是指位于美国路易斯安那州和华盛顿州的两个天文台，但也泛指所有记录和探测引力波的全球设备网络。

机床：一种加工工具，通常是不可移动的，用于钻孔、铣削或金属机件成型，常常被誉为生产机器的机器。

电磁火花装置：一个由小型磁铁和导线线圈构成的装置，当转动电磁火花装置时，会产生火花。

千分尺：一种测量装置，通常以一个精密的螺丝和一个刻度装置为基础，利用转动螺丝使测量夹具收缩或扩大，用于高度精确地测量尺寸。

磁共振成像：磁共振成像是一种检查物体内部的方法，通常检查的对象是人体的组织和器官，这种技术也可以配以强磁场和高频无线电波应用于非生命物体的内部成像。

星象仪：为观赏或教学而模拟天体围绕太阳或地球运动的机械，通常是发条驱动的机械装置。

比例绘图仪：一种由相互连接的金属平行四边形组成的机器，可以用来精确复制平面图、原型图甚至是实体样品，因为通过装置的一端追踪轮廓会在另一端产生完全相似的笔画或切削操作。

二叠纪：一个持续约 5 000 万年的地质历史时期，大约始于 2.9 亿年前，二叠纪之前是石炭纪。在二叠纪这个地层的早期时代开始，地层中沉积了大量的砂岩和其他的沉积岩，导致该地层有盖层产生，因此容易形成油气藏。

光刻术：最初是一种印刷形式，用于把图像转印到印刷物表面，今天人们借助此原理发展出了半导体制造的光刻术。

普朗克常数：以德国物理学家马克斯·普朗克（Max Planck）的名字命名，它将电磁辐射的量子能量与其频率联系起来，通常用符号 h 表示。

等离子体：气体通常在很高的温度下

会形成等离子体，等离子体的特征是同时产生带有负电荷的自由电子和带有正电荷的离子。

精确度：虽然我们通常认为准确度是精确度的同义词，但工程师认为精确度是指通过改进生产工艺，来实现精细程度，小数点后的 0 越多，表明可测量和可实现的精确度就越高。

量子力学：物理学的一个分支，研究原子和亚原子粒子的现象和相互作用。

分级：风帆战舰的分级，通常以军舰能自持的远航时长为分类依据，或是大致根据舰炮的数量来划分：一艘一级的战舰大约配备 100 门大炮，一艘二级战舰大约配备 80 门大炮，以此类推。

摆锤均衡键：钟表的一个组成部分，一个由配重和弹簧组成的系统使表的摆锤供应的能量更加均衡和稳定。

失控：如果发动机调速器发生故障，发动机就很可能会失控，如果情况变得难以遏制，那就可能会导致非常危险的意外事故。

无裤党：因其成员大多来自贫苦百姓，穿不起套裤而得名“无裤”，具体指的是在法国大革命罗伯斯庇尔“恐怖时期”支持革命的法国底层百姓。

半导体：一种具有可改变导电性的材料，比如硅、锗。它们是小型电子产品中几乎所有晶体管的基础。

六分仪、八分仪：利用恒星和行星进行导航的手持仪器。尽管当代的领航员仍然需要学习它们的用法，但是全球定位系统几乎已经完全取代了六分仪和八分仪。

国际单位制：国际通用的标准度量衡单位系统，只有缅甸、利比里亚和美国拒绝使用国际单位制，SI 是国际单位制的简称。

硅：地球上的岩石中最常见的元素之一，现在是构成大多数计算机芯片的核心元素。

滑座：车床的一部分，用来支撑各种用于车床加工的刀具，这些刀具通常直接作用于工件。

计算尺：几十年以前，电子计算器发明的时候，所有的工程师都带着一个口袋计算尺，这是一种使用起来速度很快，但计算精确度有限的便携式计算装置，这个装置通常带有对数的刻度，通过滑动计算尺，熟练的工程师可以立即得到对应的计算结果。

系缆：指将船只固定到码头桩上，放松系缆的命令意味着船只已准备航行。

钻井：开始钻井时，钻头在地面上上下弹跳，直到钻出 30 厘米深的孔，才能进一步深钻并固井。

挺杆：机器中的一个小零件，与凸轮轴上的偏心轮相连，进而上升或下降，这样可以使较大的零件（如气门）活动。

配重测试仪：在引力波天文台每个观测室的末端安装的熔融石英圆柱体，它是由一组复杂的补偿砝码和弹簧组成的用于测量引力波的装置。

铁瓶：日本的一种铸铁茶壶，有盖子和把手，与一般茶壶制型类似，通常直接在炭火上加热制茶。

突阿斯：一直沿用到 19 世纪初才被淘汰的法国旧时计量单位，用于计量长度，1 突阿斯大约相当于 1.9 米，突阿斯的下级单位是法尺，1 突阿斯等于 6 法尺。

公差：加工零件所能容许的、与标准样品的尺寸的最大偏差。越是精密的加工，要求公差越小。

可追溯性：指的是任何测量结果和参数都可以追溯到一个基础的概念或一个权威的标准上，就像是一条可以向上回溯的链，例如，手表上的秒针示数可以追溯到国家天文台的原子钟上，并最终根据原子钟校对手表。

震动线圈：早期用于汽车点火系统的电磁火花发生器，福特 T 型车就安装了这样的装置。

钒：在炼钢时加入这种银灰色的重金属元素，可以大大提高钢的硬度，冶金专家以钒为基础，调配出了许多用于冶炼复杂合金的添加剂。

侘寂：侘寂一词与完美一词在审美意义上处在两个不同的极端，是欧美时下流行的美学术语，它所代表的是对无常、自然和原始的欣赏，倾向于给人带来宁静的体验（朴素、寂静、谦逊、自然）。

未来，属于终身学习者

我们正在亲历前所未有的变革——互联网改变了信息传递的方式，指数级技术快速发展并颠覆商业世界，人工智能正在侵占越来越多的人类领地。

面对这些变化，我们需要问自己：未来需要什么样的人才？

答案是，成为终身学习者。终身学习意味着具备全面的知识结构、强大的逻辑思考能力和敏锐的感知力。这是一套能够在不断变化中随时重建、更新认知体系的能力。阅读，无疑是帮助我们整合这些能力的最佳途径。

在充满不确定性的时代，答案并不总是简单地出现在书本之中。“读万卷书”不仅要亲自阅读、广泛阅读，也需要我们深入探索好书的内部世界，让知识不再局限于书本之中。

湛庐阅读 App：与最聪明的人共同进化

我们现在推出全新的湛庐阅读 App，它将成为您在书本之外，践行终身学习的场所。

- 不用考虑“读什么”。这里汇集了湛庐所有纸质书、电子书、有声书和各种阅读服务。
- 可以学习“怎么读”。我们提供包括课程、精读班和讲书在内的全方位阅读解决方案。
- 谁来领读？您能最先了解到作者、译者、专家等大咖的前沿洞见，他们是高质量思想的源泉。
- 与谁共读？您将加入到优秀的读者和终身学习者的行列，他们对阅读和学习具有持久的热情和源源不断的动力。

在湛庐阅读 App 首页，编辑为您精选了经典书目和优质音视频内容，每天早、中、晚更新，满足您不间断的阅读需求。

【特别专题】【主题书单】【人物特写】等原创专栏，提供专业、深度的解读和选书参考，回应社会议题，是您了解湛庐近千位重要作者思想的独家渠道。

在每本图书的详情页，您将通过深度导读栏目【专家视点】【深度访谈】和【书评】读懂、读透一本好书。

通过这个不设限的学习平台，您在任何时间、任何地点都能获得有价值的思想，并通过阅读实现终身学习。我们邀您共建一个与最聪明的人共同进化的社区，使其成为先进思想交汇的聚集地，这正是我们的使命和价值所在。

CHEERS

湛庐阅读 App
使用指南

读什么

- 纸质书
- 电子书
- 有声书

与谁共读

- 主题书单
- 特别专题
- 人物特写
- 日更专栏
- 编辑推荐

怎么读

- 课程
- 精读班
- 讲书
- 测一测
- 参考文献
- 图片资料

谁来领读

- 专家视点
- 深度访谈
- 书评
- 精彩视频

HERE COMES EVERYBODY

北京市版权局著作权合同登记号　图字：01-2023-1930

图书在版编目（CIP）数据

追求精确 /（英）西蒙·温切斯特（Simon Winchester）著；曲博文，孙亚南译. -- 北京：中国财政经济出版社，2023.5

书名原文：The Perfectionists

ISBN 978-7-5223-2158-5

Ⅰ. ①追… Ⅱ. ①西… ②曲… Ⅲ. ①制造工业－技术发展－研究 Ⅳ. ①T

中国版本图书馆 CIP 数据核字（2023）第 068075 号

责任编辑：罗亚洪　　责任校对：胡永立
封面设计：ablackcover.com　　责任印制：张　健

追求精确
The Perfectionists

中国财政经济出版社 出版
URL：http://www.cfeph.cn
E-mail:cfeph@cfemg.cn
（版权所有 翻印必究）
社址：北京市海淀区阜成路甲 28 号　邮政编码：100142
营销中心电话：010-88191522
天猫网店：中国财政经济出版社旗舰店
网址：https：//zgczjjcbs.tmall.com
唐山富达印务有限公司印装　各地新华书店经销
成品尺寸：170mm×230mm　16 开　27.50 印张　378 000 字
2023 年 5 月第 1 版　2023 年 5 月河北第 1 次印刷
定价：139.90 元
ISBN 978-7-5223-2158-5
（图书出现印装问题，本社负责调换，电话：010-88190548）
本社图书质量投诉电话：010-88190744
打击盗版举报热线：010-88191661　QQ：2242791300